土与结构动力相互作用的半解析方法

周 叮 王 珏 著

科 学 出 版 社
北 京

内 容 简 介

高效率的土与结构动力相互作用分析方法一直是工程抗震设计所迫切需要的。本书详细介绍了基于解析法的明置条形基础、块状基础、单桩基础以及群桩基础的振动阻抗最新研究成果，通过建立振动阻抗的等效递归集总参数模型，应用子结构法研究地基基础上建筑结构、渡槽结构和储液罐结构的动力学特性及其地震响应。

本书可作为结构工程、地基工程、岩土力学、防灾减灾工程、地震工程以及机械振动工程专业的高等院校研究生教学用书，也可作为科研院所研究人员的科研参考书。

图书在版编目（CIP）数据

土与结构动力相互作用的半解析方法/周叮，王珏著. —北京：科学出版社，2019.11

ISBN 978-7-03-063293-7

Ⅰ. ①土… Ⅱ. ①周… ②王… Ⅲ. ①土动力学－结构动力学 Ⅳ. ①TU435

中国版本图书馆 CIP 数据核字（2019）第 255593 号

责任编辑：惠 雪 高慧元/责任校对：杨聪敏
责任印制：赵 博/封面设计：许 瑞

科 学 出 版 社 出版
北京东黄城根北街 16 号
邮政编码：100717
http://www.sciencep.com
北京厚诚则铭印刷科技有限公司印刷
科学出版社发行 各地新华书店经销
*
2019 年 11 月第 一 版 开本：720 × 1000 1/16
2025 年 1 月第二次印刷 印张：13
字数：260 000

定价：99.00 元

（如有印装质量问题，我社负责调换）

前　言

随着城市化进程的加速，在相对狭小的区域内建造邻近的建筑结构已很普遍，如密集的建筑群、相邻的地铁轨道等。这时相邻结构的基础通过地基土联系在一起，形成了一个完整开放的结构体系。在外荷载的作用下，不仅单个基础与地基土之间存在着动力相互作用，而且相邻基础之间通过地基土的连接也同样存在着动力相互作用。土与结构动力相互作用问题是一个涉及土动力学、结构动力学、地震工程学和计算力学等众多学科的交叉性研究课题。以有限元和边界元为代表的数值法虽然可以建立精细化的分析模型，但巨大的计算量难以通过参数化分析得到地基对结构动力特性及其响应的影响规律，不易应用于实际工程，因此采用高效率的计算方法分析土与结构相互作用是一个迫切需要研究的课题。

本书旨在基于子结构法的概念系统地介绍研究地震作用下土与基础的动力相互作用的半解析方法。全书共分 11 章。第 1 章对土与结构相互作用的理论基础、研究方法以及研究成果作了全面阐述，有助于读者更好地了解该课题的研究现状。第 2 章介绍了结构动力学基础知识，为后续章节中弹性半空间、桩基础以及上部结构运动方程的建立和应用提供基础，对该内容熟悉的读者可以直接跳过该部分。第 3、4 章论述了作者提出的求解任意多个明置条形基础群振动阻抗的基础分割法，该方法不仅可以考虑单个条形基础与地基的相互作用，还可以考虑基础群之间的动力相互作用。第 5 章总结了求解明置块体基础振动阻抗的锥体模型，该模型为简化的等效力学模型，具有计算简单且能满足工程精度要求的特点。第 6、7 章论述了作者提出的求解单桩及群桩基础振动阻抗的双剪切模型，该模型弥补了传统 Winkler 地基模型中土体变化不连续的缺陷，也克服了传统欧拉梁模型中桩身变形不连续及转动惯性忽略不计的缺点。第 8 章论述了作者提出的将频域振动阻抗等效时域化的切比雪夫递归集总参数模型，该模型不仅能够很好地描述阻抗函数的频率相关性，还能避免拟合复杂函数时因阶次较高引起的数值振荡问题，且可根据拟合精度的需求进行递归扩展。第 9～11 章详细介绍了应用子结构法研究考虑土与结构动力相互作用效应的建筑结构、渡槽结构以及圆柱形储液罐结构动力学特性及其地震响应问题。

本书的研究工作得到国家自然科学基金项目（51978336，51708179）、江苏省自然科学基金项目（BK20131410，BK20170299）的资助，博士生孟逊参加了第 10、11 章的撰写。特此致谢。

本书的内容为我们多年来的科研成果的积累，由于作者水平和时间所限，书中难免存在疏漏之处，敬请广大读者批评指正。

作　者

2019 年 10 月

目　　录

第1章 绪　论

1.1 工程背景与研究意义

土与结构动力相互作用（soil-structure interaction，SSI）问题是伴随着工程实践提出的，目前对这一问题的研究对象已涉及核电站、储油罐、高层建筑、大型桥涵、海洋结构等，是地震工程领域的热点研究课题。由于缺少简单实用的 SSI 分析方法，现今的抗震设计规范仍采用刚性地基假定[1]，即认为地震时结构基础的运动与其周围自由场地完全一致，仅对于一些特定情况①，则在刚性地基假定计算的基础上将地震剪力按系数折减。由于土体是一种变形体，波动能量可以在由上部结构与半空间介质组成的开放系统间相互传播，从而减弱了地基运动的高频成分，提高了结构的阻尼，延长了结构的自振周期，当结构基频与地震动卓越频率相近时，就会引起结构惯性力增大，反而产生较强烈的震害。其中，最著名的是 1985 年墨西哥 Guerrero 发生 7.3 级地震时，震中附近自振周期较短的老建筑几乎安然无恙，而坐落在 400km 外墨西哥城湖积区软弱地基上的高层建筑却出现了严重的破坏现象，特别是 10～15 层的建筑遭到严重的破坏和倒塌。震后调查发现这些建筑与当地高塑性软土组成的体系自振周期较大，而远处的地震波由于被软土滤去了高频成分而使得低频占主导地位，由此它们在较窄的频带范围内产生了选择性共振的结果。因此，地震动、场地条件以及建筑结构的振动特性对结构的动力响应具有重要的影响，考虑 SSI 效应对建筑结构抗震设计具有十分重要的现实意义。

此外，沿海地区发达的经济加速了城市化进程，稀缺的城市建设用地使得建筑物之间的距离不断减小，同时轨道交通迅速发展以满足城市居民的出行需求。这些邻近的基础通过地基土联系在一起，形成了开放的结构体系。在动荷载的作用下，不仅单个结构与基础之间存在着 SSI 效应，振动过程中一个结构的振动能量可以通过地基向邻近结构辐射，产生结构-土-结构间的动力相互作用（structure-soil-structure interaction，SSSI）。SSSI 问题作为 SSI 问题的分支领域，是近些年发展起来的研究课题。通过将考虑 SSSI 效应的多个建筑物动力响应与仅

① 地震烈度八度和九度时建造于Ⅲ、Ⅳ类场地，采用箱基、刚性较好的筏基和桩箱联合基础的钢筋混凝土高层建筑，当结构基本自振周期处于特征周期的 1.2～5 倍范围时，若计入地基与结构动力相互作用的影响，对刚性地基假定计算的水平地震剪力可按规定折减。

考虑 SSI 效应的单个建筑物动力响应对比，可得出 SSSI 效应对结构物动力特性的改变规律或由此导致的震害现象变化，从而促进结构减振和抗震设计从局部单体结构物到整体多个结构群的设计概念转变。

我国位于环太平洋地震带与亚欧地震带间，是全球大陆区域里地震最活跃的国家之一。2008 年“5.12”汶川 8.0 级地震，2010 年“4.14”青海玉树 7.1 级地震，2011 年“3.11”日本本岛 9.0 级地震，2015 年“4.25”尼泊尔 8.1 级地震，2017 年“8.8”九寨沟 7.0 级地震等，相继给人民群众的生命财产造成了巨大威胁，但作为突发式的自然灾害，迄今为止地震的准确预测仍是世界级的难题。为了对建筑基础及上部结构进行合理的设防，减轻地震灾害，准确掌握考虑 SSI 效应下的土与结构系统动力特性，具有重要的理论价值和工程应用前景。

1.2 土与结构动力相互作用的研究方法概述

土与结构动力相互作用的研究最早始于动力机械基础，1904 年 Lamb[2]首先研究了弹性半空间在动力荷载下的反应，他利用积分变换解决了 SSI 研究中的基本问题，即基础半空间理论中的动 Bossinesq 问题。早在 20 世纪 30 年代，Reissner[3]基于接触面均布应力假设得到了圆形基础板在竖向振动时的稳态解，明确了地基辐射阻尼对结构动力影响的重要性，奠定了土与结构动力相互作用的研究基础。1967 年 Parmelee[4]将上部结构简化为带刚性底板的单自由度刚架，利用刚性基础振动的稳态解建立了 SSI 问题的基本方程，反映了结构和地基之间的振动能量传递机制，初步揭示了 SSI 效应的一些基本规律，标志着 SSI 研究进入深化阶段。全球范围内破坏性大地震的频发以及震区建筑结构的大量兴建，推动了 SSI 研究在理论和应用方面的深入发展，取得了很多创新性的成果[5]，形成多部具有代表性的著作。例如，王贻荪等的《动力基础半空间理论概论》[6]，蒋通和田治见宏的《地基-结构动力相互作用分析方法：薄层法原理及应用》[7]，日本建筑学会的《建物と地盤の動的相互作用を考慮した応答解析と耐震設計》[8]，Wolf 的 *Dynamic Soil-Structure Interaction*[9]和 *Foundation Vibration Analysis Using Simple Physical Models*[10]等。

研究土与结构动力相互作用的方法主要有图 1-1 所示的三大类：原位测试、模型试验和理论分析。原位测试是基于地震监测台网以及预埋在建筑结构内的传感器得到的实测数据，并可在地震结束后进行震害调查，为 SSI 研究提供真实的数据和现象。模型试验主要分为大比例现场试验和小比例室内试验，前者采用稳态强迫振动或埋入式爆炸来模拟地震动激励，后者则利用土工离心机或液压振动台再现动力响应。原位测试和大比例现场试验代价昂贵，通常用于核电站建筑物与地基相互作用问题的研究。小比例室内试验相对易行，边界条件和材料特性易于控制，但对于地基土的模拟仍然受到很多因素的影响及限制。例如，模型和原型间只能近似满足主要参数的相似比关系；振动台的承载能力有限；土箱存在边界效应等。原位测试和模型试验是提高研究者对 SSI 问题认识的重要手段，可以定性地再现实际现象、解释物理机制、推断变化过程以及分析灾变后果。但只有在此基础上建立能反映实际动力相互作用规律的数理模型，发展相应的解析、半解析和数值分析方法并最终通过试验结果予以验证，才能定量地分析不同参数对 SSI 效应的影响，是研究 SSI 机理较为合理的研究途径。

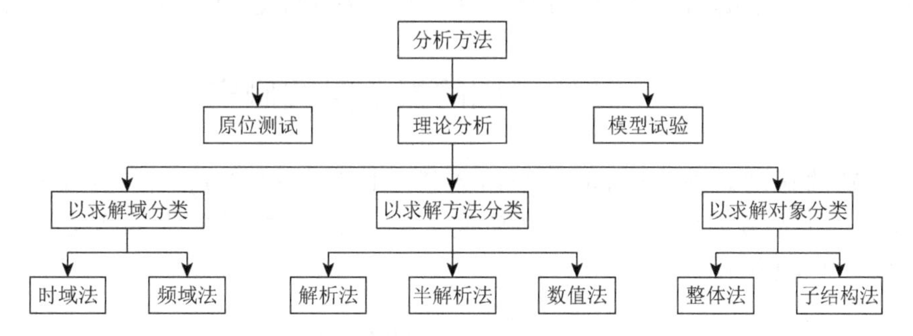

图 1-1 土与结构动力相互作用研究方法分类

计算机技术的进步带动了数值计算的发展，数值仿真技术可以精细化地建立土-基础-上部结构的整体模型，从而直接计算系统动力特性及其时程响应。该方法具有适用面广的优点，不仅能考虑基础及结构的复杂几何形状及受荷条件，还能考虑系统的非线性问题（如土和混凝土等材料非线性，土与基础界面分离、滑移等几何非线性）。早期为了反映在振动过程中土体能量不断向远场散逸的无限域特性，需要在足够大的范围内（一般土体宽度取为基础宽度的 5 倍）对地基进行离散，但有限域的划分并不能真正模拟整个半空间的动力反应。因此人工边界得到了广泛的研究，如黏滞阻尼边界、叠加边界、旁轴边界、透射边界和无限元边界等。通过在弹性半空间介质中取出有限计算域，并在其边界上建立能够模拟连续介质辐射阻尼的人工边界，保证了散射波能在计算域内透过人工边界而不发生波动反射。但总体来说，基于数值解的整体法分析精度受制于离散模型的单元数量及其类型，且长时间的计算耗时限制了通过系统化的参数分析得到 SSI 效应对上部结构动力行为的影响规律。

子结构法与建立土-基础-结构系统模型的整体法不同，它将土、基础和上部结构分成单一问题进行求解，再通过交界面上力和位移的相容、协调条件，最终得到系统的动力学方程。该方法最早是由 Chopra 和 Perumalswami[11]分析基础与大坝动力相互作用研究时提出的，他们首先求解弹性半空间中基础的动力刚度，再将地基和基础交界面上动力相互作用的力-位移关系代入结构的运动方程中进行求解。由于该方法可以对每个子结构采用最适合的分析方法，且可得到有意义的中间结果，从而有助于加深对 SSI 机理的阐释，也有助于检验结果的精度，因而在 SSI 的研究中发展较为成熟，并得到了广泛的应用和推广。

子结构法中一个重要的环节是确定反映结构振动中基础振动位移与外力关系的振动阻抗，以此模拟土与基础间的动力相互作用。另外，SSI 效应与无限域的辐射阻尼有关，且基础振动阻抗是外激振频率的函数，因此该问题在频域内分析具有一定的优越性。但频域方法一般只适用于线弹性或黏弹性系统而不适用于非线性系统。因此，将振动阻抗直接用于上部结构的时域动力分析是需要解决的又一个问题。

1.3 结构基础的振动阻抗研究

基础的振动阻抗 $\mathcal{R}(\omega)$ 是一个描述基础振动位移 $U(\omega)\mathrm{e}^{\mathrm{i}\omega t}$ 与外激振荷载 $F(\omega)\mathrm{e}^{\mathrm{i}\omega t}$ 关系的复变函数，以实部的刚度系数 $K(\omega)$ 和虚部的阻尼系数 $C(\omega)$ 来描述土对基础的影响：

$$\mathcal{R}(\omega)=\frac{F(\omega)\mathrm{e}^{\mathrm{i}\omega t}}{U(\omega)\mathrm{e}^{\mathrm{i}\omega t}}=K(\omega)+\mathrm{i}C(\omega) \tag{1-1}$$

上述函数与基础的类型、几何形状、材料特性、埋置情况、半空间介质特性以及相互作用面情况等诸多因素有关。结构工程的基础形式一般分为块式基础和桩基础，前者本身刚度大，动力计算时可近似看作刚体，多用于机械工程，后者则须考虑基础自身的弹性变形，多用于建筑结构。因此下面主要对块式基础振动阻抗和桩基础振动阻抗的解析、半解析及简化模型研究进行简要的综述分析。

1.3.1 块式基础

对于实际工程中浅埋的块式基础可将其等效为弹性半空间上的明置基础。研究者通过基于弹性半空间理论的解析法（主要有应力边值法和混合边值法两种）、半解析法或者建立等效力学模型的方法对块式基础的振动阻抗进行了研究。

1. 应力边值法

应力边值法假定基础和地基之间的应力分布形式后求解地基位移。Sung[12]讨论了半空间表面的圆形刚性基础在中心荷载作用下的表 1-1 所示的三种基础与土界面反力分布假定——静刚性分布、线性分布和抛物线分布。他认为基础竖向谐和振动的基底反力分布就相应于上述三种分布的一种。Arnold 等[13]和 Bycroft[14]基于以上分布假定得到了代表性的阻抗解答。Anam 和 Roësset[15]基于两种应力分布假定的优化组合得到了层状地基表面明置基础的阻抗函数。国内学者王贻荪等[16]采用双重 Fourier 变换，求得了均布反力下矩形基础的阻抗。虽然应力边值法数学求解容易，但由于假定的应力分布不能完全满足实际接触条件，因此需要通过取刚性基础中心位移，或者接触面内平均位移，再或者加权平均位移近似作为基础的刚性位移，进而得到基础的近似振动阻抗。若将应力边值法直接用于相邻基础分析，受 SSSI 效应的影响其应力分布假定不一定成立，计算精度不能保证。

表 1-1 明置基础基底土反力分布形态

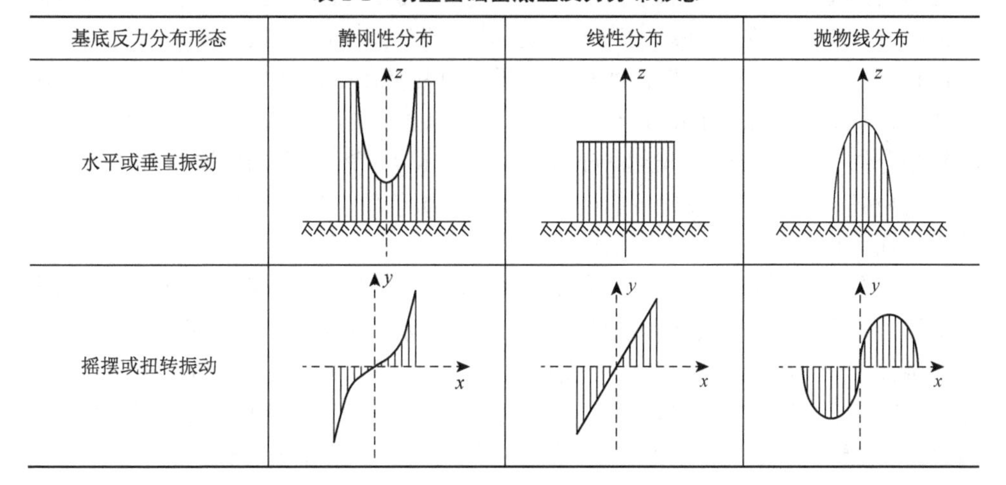

基底反力分布形态	静刚性分布	线性分布	抛物线分布
水平或垂直振动			
摇摆或扭转振动			

2. 混合边值法

混合边值法假设基础与地基之间的接触应力是未知函数，求解在基础强迫位移作用下基础和地基之间的接触应力，再推导该应力作用下的位移。Awojobi 等[17]用对偶积分方程表达圆形刚性板振动的边值问题，直接从积分方程出发，采用逐次逼近法求解。Luco 等[18]将未知函数对偶积分方程化为第二类 Fredholm 积分方程，最后用数值法求解了刚性圆盘振动的各种情况。Veletsos 等采用了与 Luco 等基本一致的数学方法对基础回转振动和滑移振动[19]、黏弹性地基的扭转振动[20]等问题提出了一系列的研究成果。国内学者蔡袁强等[21, 22]采用混合边值法建立了饱和地基表面条形明置基础竖向及摇摆振动的接触应力对偶积分方程，并采用 Jacobi 正交多项式转换为一组线性代数方程，从而得到了饱和弹性半空间上条形基础的振动阻抗。混合边值问题需要求解包含未知接触应力的对偶积分方程，由于应力函数不能用初等函数表示，只能对积分方程采取逐次逼近求解，或者将未知函数转化为第二类 Fredholm 积分再数值求解，因而在数学求解上具有一定的局限性，更是难以推广到求解多个块式基础振动阻抗的求解问题。

3. 半解析法

上述基于弹性半空间理论的解析法虽然计算量小，但其应用范围受到很大限制，一般都需引入必要的假定，且难以考虑基础埋深。半解析法则介于解析法和数值法之间，它同时兼顾了解析法精度高和数值法适用面广的特点。半解析边界元法是一个特别适用于分析无限域和半无限域问题的方法，它只需对基础-地基接触面进行离散，域内仍可采用弹性力学的基本解及相关积分运算，域外能够自动满足远场的辐射条件。动荷载作用下半空间的动力格林函数是边界元法的基本解，Lamb[2]在 1904 年创造性地发表了均质弹性半空间表面受简谐线荷载以及点荷载时位移场的积分形式解，但该解析解由于含有复变函数的多值广义积分，需利用数值法计算积分。此后 Lamb 问题受到了广泛关注，研究者通过势函数理论[23, 24]、精细积分法[25]、薄层法（thin layer method，TLM）[26-28]等不同的数理方法得到了各种地质条件或外荷载条件下的格林函数及其数值解。王立忠等[29]为避免势函数的引入而采用算子法解耦方程研究了饱和弹性半空间低频激振下的位移解。丁伯阳等[30, 31]解决了波动方程快、慢纵波解耦问题，从而提出了一系列饱和多孔介质中的格林函数解答。对于层状半空间问题，TLM 在水平坐标方向采用解析解，沿土层方向进行有限元离散，最终将各个离散薄层的单元矩阵进行集总求解。蒋通和田治见宏[7]在其著作中对 TLM 基本原理及应用做了详细的阐述，且通过二次形函数离散改进薄层法，并将其应用于由高架、地面及地下轨道交通引发的环境振动问题。

以上弹性半空间的格林函数为半解析法求解块式基础振动阻抗奠定了基础。Lin 等利用精细积分法得到的弹性半空间格林函数计算了层状半空间表面条形基础的振动阻抗[32]，并将其推广到任意形状明置基础[33]（计算模型如图 1-2（a）所示）以及任意形状埋置基础[34]（计算模型如图 1-2（b）所示）的振动阻抗研究。蒋通等[35]利用容积法和二次形函数离散的薄层法点源荷载和线荷载格林函数解推导不同类型基础的振动阻抗。文学章等[36]基于薄层法格林函数研究了

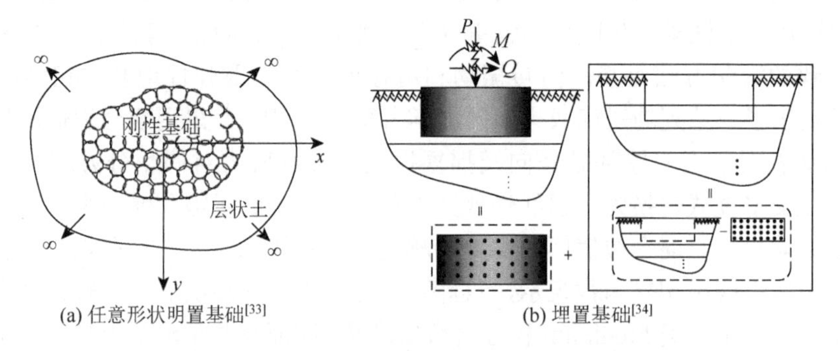

(a) 任意形状明置基础[33]　　(b) 埋置基础[34]

图 1-2　基于半解析法的块式基础振动阻抗计算模型

“L”形和“C”形的不规则刚性筏板基础的扭转振动阻抗。Pak 等[37]基于黏弹性层状半空间内点源格林函数并结合椭圆形的双重连续域理论计算了明置圆形基础的振动阻抗，并通过试验得以验证。由此可以看出，基于格林函数的块式基础振动阻抗半解析研究取得了很大的进展，使得土体多相性和横观各向同性[38]、基础埋置深度[34]以及相邻基础影响[39-41]等问题得以进一步解决。

4. 动力锥体模型

基于弹性半空间理论的解析及半解析方法求解块式基础振动阻抗虽在数理上较为严密，但是将它们直接用于工程计算则显得较为复杂。为了更好地适应工程实践，寻求既可简化计算过程又能满足工程精度要求的简化物理模型是十分必要的。1942 年，Ehlers[42]在分析明置圆盘平动时首次提出图 1-3 所示的动力锥体模型（conemodel）。该模型把地基-基础接触面看作一个特征半径为 r_0 的无质量刚性板，用一个顶点高度为 z_0 的截头半无限弹性锥体代替半无限地基，计算其波传播过程。但在 20 世纪 90 年代之前，因模型过于简化而被主要用于定性分析。后来 Wolf 利用布西内斯克理论详细说明了锥体模型的物理意义，论证了利用锥体模型代替弹性半空间的可行性，并归纳总结形成一套较完整的弹性半空间地基上明置基础振动阻抗简化计算方法[10]。虽然锥体模型与弹性半空间理论解相比损失了精度，但经过研究者的改进可计算明置基础及埋置基础的振动阻抗[43]，能完全满足由机械振动或地震激励引起的中、低频范围内的工程精度要求[44]，能考虑相邻基础的相互影响[45]，也能反映均质半空间、含覆盖层基岩以及层状半空间的不同地质条件[46]。

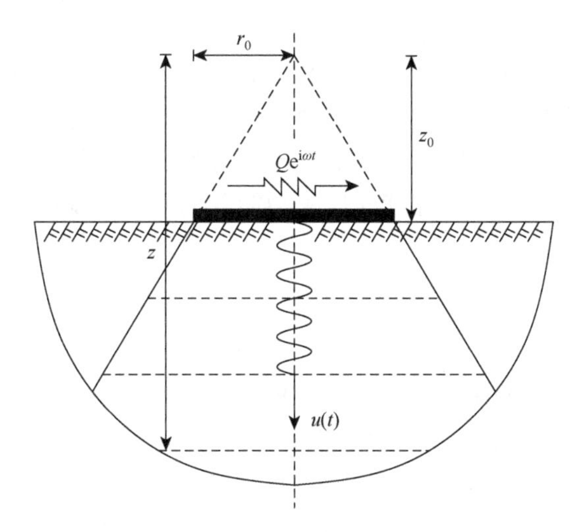

图 1-3 动力锥体简化模型示意图[42]

1.3.2 桩基础

桩基础因其具有较高的承载力、差异沉降小的特点，成为桥梁、高层建筑、近海工程的主要基础形式。它可以将上部结构所受的汽车行驶制动力、风浪、地震惯性力等动力荷载传递到桩侧土及桩端较坚硬的土或岩层中。求解桩基础振动阻抗与块式基础不同，需要考虑其自身的弹性变形以及同一承台基础下群桩效应的影响。

1. 连续介质模型

连续介质模型将土视为线弹性的半无限体，利用弹性半空间理论及波动力学原理来求解考虑桩土相互作用时的桩基阻抗。这种方法类似于块式基础振动阻抗求解的边界元法，但与之相比所需格林函数的基本解形式不同。块式基础多采用点源或线荷载的格林函数，而桩基础常采用环形或圆盘荷载的格林函数。Muki 等[47]最早在桩的计算中把桩土体系分解为一个扩展的半空间线弹性体系和一根虚拟桩，虚拟桩的弹性模量为真实桩和半空间土的弹性模量之差，利用半空间圆形荷载格林函数建立了桩土作用的第二类 Fredholm 积分方程。Lu 等[48]基于 Muki 法研究了桩顶集中质量对其竖向振动的影响。Pak 等[49]利用均布圆盘荷载的动力格林函数，并将桩作为一维梁处理，通过求解第二类 Fredholm 积分方程，研究了垂直和水平受荷桩的动力问题。Kaynia[50]通过边界积分法得到了针对桩身的桶形荷载及针对桩底的圆盘荷载的格林函数，进而结合桩身振动方程及两端边界条件得到了桩基的振动阻抗。连续介质模型在理论上比较严密，能考虑弹性波向外辐射所产生的几何阻尼以及弹性半空间的材料阻尼，对桩土相互作用机理的研究具有十分重要的意义。当需要进一步考虑桩土界面上脱离、松动等非线性情况时，可将桩周土等效为一系列无穷薄且上下相邻层间相互独立的桩土层，从而将连续介质模型简化为平面应变模型，可使理论求解更为简便[51]。

2. Winkler 地基梁简化模型

Winkler 地基梁（beam-on-dynamic-Winkler-foundation，BDWF）模型为桩土动力相互作用分析的简化模型，该模型的优点是当地基的反力和位移的关系确定以后，桩土动力相互作用问题即可转化为一维梁的变形问题求解。它将桩比拟成梁，将土体对桩身的动反力 $q(z, t)$采用独立的弹簧和阻尼器来模拟：

$$q(z,t)=ku(z,t)+c\frac{\partial u(z,t)}{\partial t} \tag{1-2}$$

式中，$u(z,t)$为桩身位移；k 和 c 分别为弹簧和阻尼器系数，也称 Winkler 地基系数。选取合理的 Winkler 地基系数是保证桩基础阻抗分析精度的关键步骤，其取值方法主要有三种：①通过试验确定 p-y 曲线，从而得到地基刚度系数；②基于有限元解的回归分析，进而得到地基刚度系数及阻尼系数的简化表达式；③通过与桩土相互作用连续介质模型的动力反应系数进行匹配得到，也可简化为与平面应变假定条件下的理论解等效得到。Mylonakis[52]详细讨论了 BDWF 地基系数的取值方法。Anoyatis 等[53]归纳了已有文献对 BDWF 地基参数的取值方法，进而分析了桩基阻抗对该参数的敏感性。

在实际工程中，桩通常以群的形式出现，群桩中的单桩除了承受上部结构的荷载，还承受由邻桩通过场地波动而施加的沿轴向分布的附加荷载。Kaynia[50]最早将静力相互作用因子概念推广到与外荷载频率相关的桩-土-桩动力分析领域，采用动力影响因子叠加法得到了群桩基础振动阻抗。Dobry 等[54]基于忽略被动桩与土体间动力相互作用的 BDWF 模型，提出了基于竖向和水平位移衰减函数的相邻桩基础动力相互作用模型，并利用影响因子叠加法计算了群桩振动阻抗。由于 BDWF 模型具有物理概念清晰且计算量小的优点，该模型被广泛用于考虑邻桩相互作用的群桩基础阻抗研究。Gazetas 及其合作者[55-57]进一步考虑了被动桩与土体之间的动力相互作用，并将群桩周围的均质地基推广到图 1-4 所示的非均质情况，取得了许多代表性的研究成果。随后国内外学者在此基础上做了进一步拓展，考虑了土体分层[58]和多相性[59]、桩身及土体在振动中的剪切效应[60-62]、桩顶存在轴向荷载作用[63]、不规则的相邻桩基础相互作用[64, 65]、桩周土的扰动效应[66-68]等。目前土体非线性双曲本构关系、土体分数阶导数黏弹性本构关系等开始被用于基础振动阻抗的研究[69]，从而更精确地反映桩土相互作用过程中土体的应力-应变关系，更真实地模拟桩土相互作用的实际工作状态。

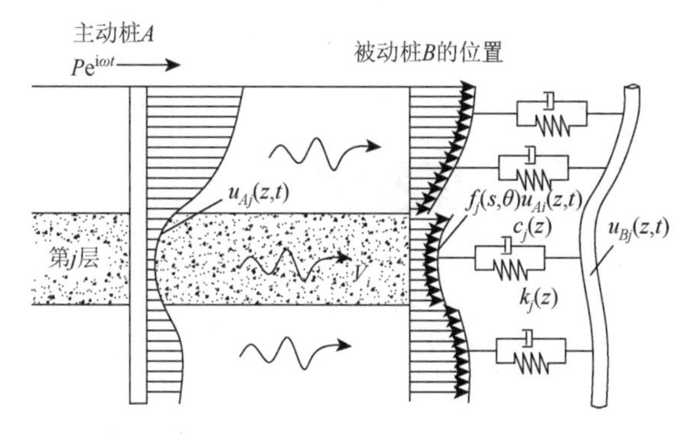

图 1-4 层状地基中相邻桩基础动力相互作用模型[57]

1.4　上部结构动力响应研究

描述基础振动位移与外力关系的振动阻抗对外荷载激振频率具有依赖性，难以直接应用于时域内求解考虑 SSI 效应的上部结构的动力时程响应。对于线弹性或黏弹性系统，耦联体系的动力特性可以采用图 1-5 所示的频域子结构模型求解，进而通过傅里叶变换获得其时域动力响应[70]。但是，根据抗震规范“小震不坏，大震不倒”的基本原则，除了对结构进行小震下的弹性分析外，还应进行大震下的动力弹塑性分析。对于非线性系统，在时域内采用与频率有关的振动阻抗来分析是很难实现的。解决这个问题有效而实用的途径是建立振动阻抗等效力学模型，使其能反映振动阻抗的频率相关性，又能直接用于时域动力计算。

对于振动阻抗的频率相关性较弱的基础，如明置基础和单桩基础，可忽略其相关性而将振动阻抗常数化，采用由一个弹簧和阻尼器组合而成的单自由度模型来模拟 SSI 效应，模型参数可以取上部结构自振频率所对应的阻抗值，也可以取在静力作用下基础-结构体系自振频率所对应的值。但对于振动阻抗具有强烈频率依赖性的基础，这种近似会对上部结构动力响应分析产生较大的误差。因此，研究者提出了用由多个与频率无关的质量块、阻尼器、弹簧等力学元件按某种形式组合起来的半经验集总参数模型（图 1-6），来描述地基振动阻抗对频率的依赖性，并能直接用于时域内求解[71-74]。目前，这些模型开始被引入子结构试验系统中，将其与上部结构的物理模型实时耦联，从而实现了不带土箱的考虑 SSI 效应的结构振动台试验，也解决振动台试验中无限地基辐射阻尼问题[75]。但是，上述多参数集总参数模型都是基于“半经验法”提出的，通过最小二乘拟合来识别模型参数，它们无法根据精度要求进行扩展。

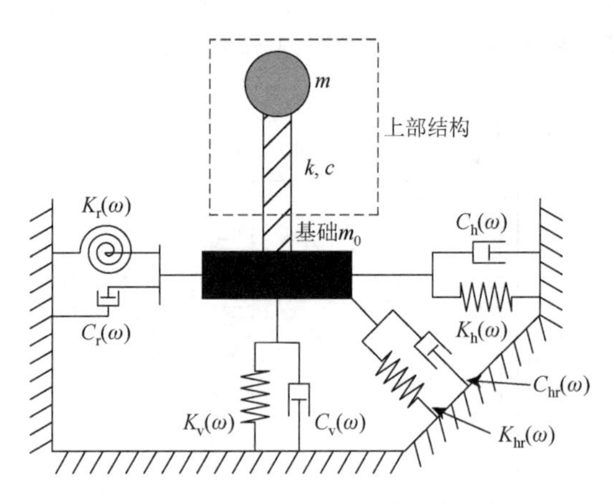

图 1-5　土与结构动力相互作用频域模型

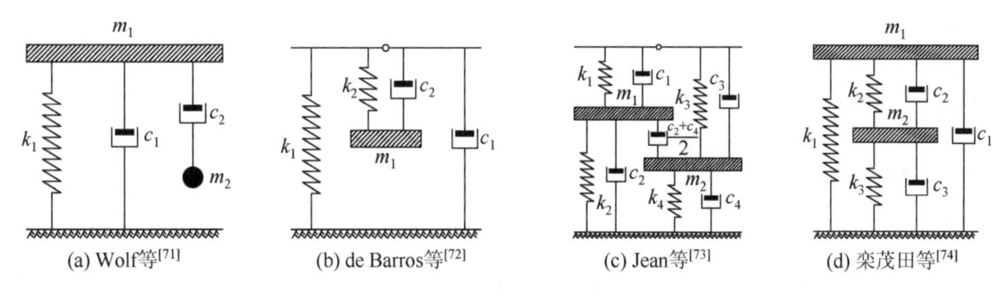

图 1-6 半经验集总参数模型

为了解决集总参数模型无法进行精度扩展的问题，Wolf[76]通过普通多项分式对动力刚度系数进行数学处理，不但得到了图 1-7（a）所示的形式多样的集总参数模型，而且理论上能达到极高的精度。Wolf[10]还建议通过引入权函数来提高低频范围在拟合时的支配地位，提高目标函数的拟合精度，但是没有明确权函数与频率的关系。Safak[77]将 Gaussian 函数作为权函数，采用 z 变换将频率相关的振动阻抗等效成多项分式，从而得到了土体的集总参数模型。Wu 等[78, 79]基于柔度函数发展了一系列如图 1-7（b）和图 1-7（c）所示的由弹簧和阻尼器组成的可以根据精度要求进行扩展的集总参数模型，并在后续研究中得以改进和发展[80]。这些模型随后被广泛用于 SSI 问题的结构动力分析，并与经傅里叶变换的频域解进行对比验证了集总参数模型解的有效性[81]。虽然上述集总参数模型理论上可以通过不同的力学元件组合描述振动阻抗的频率依赖性，并且可以通过提高模型阶次，使得集总参数模型达到任意的精度要求，但为了提高 SSI 分析的稳定性和合理性，研究者就以下问题对模型进行了改进。

第一，数值稳定性问题。过高的阶次会在数值拟合阶段、模型参数识别阶段以及上部结构动力响应求解阶段带来数值振荡问题，使得计算无法进行[82]。Du 等[83]对此提出了有理近似稳定的判别准则，基于罚函数法和遗传算法提出了能预先保证稳定性的参数识别方法，并提出了图 1-7（d）所示可以与有限元结合使用的高阶弹簧-阻尼器-质量模型[84]。高广运等[85]基于矢量匹配进行了集总参数模型的参数识别，并提出了运用 Routh 理论对高阶模型降阶处理的方法，提高了模型的数值稳定性。

第二，地震动输入问题。含有质量元的集总参数模型虽然在计算上部结构响应的时候，可与上部结构有限元模型实现整体计算，但其中的质量元改变了输入结构的地震动荷载。为此 Wu 等[86]提出了地震动输入的修正方法。Saitoh[87]提出了图 1-7（e）所示由耦合质量单元组成的集总参数模型，它消除了含有传统质量元的集总参数模型的质量惯性效应，使得外源地震动可以直接在模型端部等效输入。该模型随后被用于考虑地震作用下土-桩动力相互作用效应的上部桥梁非线性动力响应问题[88]。

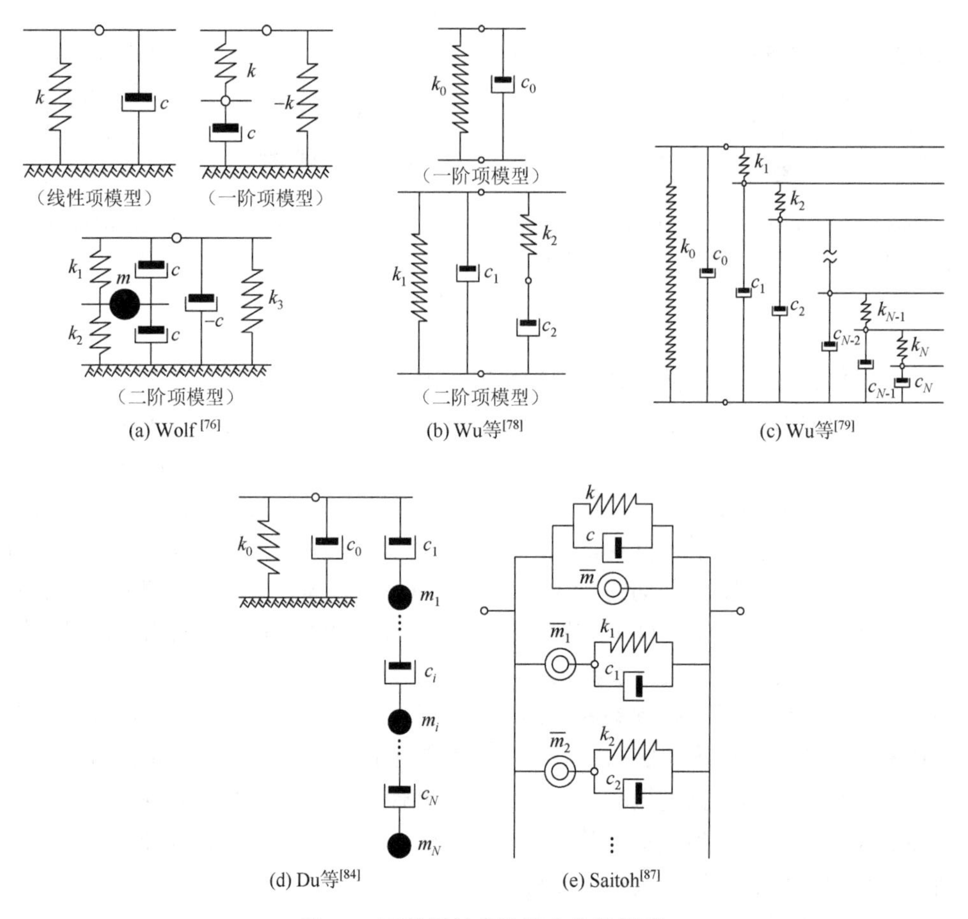

图 1-7　可扩展的高阶集总参数模型

1.5　本书的主要内容

从国内外对考虑 SSI 效应的研究现状分析可以看出，现有的数值计算方法虽然可以精细化建模但计算量大，而现场和室内的模型试验则需投入大量的人力和财力。上述两种方法都很难对 SSI 问题进行系统的参数化研究从而得到相邻基础间的动力相互作用机理及其影响规律，不易于指导工程实际。基于阻抗函数的子结构法则具有计算效率高、适用面广的特点。因此，本书基于子结构法的概念提出了研究地震作用下土与基础的动力相互作用的半解析方法，以及参数化分析基础之间以土为介质的动力相互作用及影响规律，主要创新点和内容章节安排如下。

（1）针对轨道工程、机械工程中的明置基础动力相互作用问题，提出基于弹性半空间格林函数求解明置条形基础群振动阻抗的基础分割法，介绍了基于锥体模型求解块状明置基础振动阻抗的简化公式。

第3章和第4章分别研究了弹性半空间表面任意多个明置基础垂直振动、水平-摇摆耦合振动时的振动阻抗。将各明置条形基础与地基的接触面分割成若干个子单元。运用格林函数以及基础刚性位移所决定的各子单元位移的边界条件，求解了基础与地基接触面间的接触应力。根据叠加法原理得到了考虑相邻明置条形基础件动力相互作用的耦合振动阻抗。该方法与需求解对偶积分方程的混合边值法相比，避免了基础应力分布函数的数学求解，但其计算简单且精度高于假定应力分布形式的应力边值法。第5章介绍了锥体模型的建立过程，推导归纳了明置块体基础振动阻抗的简化公式。

（2）针对实际工程中的群桩基础，提出同时考虑土体及桩身剪切效应的求解群桩基础阻抗的双剪切模型。

第6章基于Pasternak地基理论以及Timoshenko梁理论提出了可以考虑桩身及土体剪切效应的双剪切模型。采用初参数法求解双剪切模型中桩的水平振动微分方程，运用传递矩阵法得到层状地基中单桩桩顶振动阻抗。第7章利用双剪切模型和相邻桩基础间的位移衰减函数得到了层状地基中邻桩动力相互作用因子。在此基础上结合单桩阻抗，采用叠加法原理进一步求解了群桩基础的振动阻抗。双剪切模型弥补了Winkler地基模型中土体变化不连续的缺陷，克服了Euler梁模型中桩身变形不连续及转动惯性忽略不计的缺点，使得在分析短桩及高频激振时得到更高的精度，解决了在分析多桩相互作用时因误差叠加而导致的精度下降问题，使桩基础阻抗的求解在理论上更合理，结果更可靠，计算精度更高。

（3）为实现频域阻抗函数在时域中的应用，提出了基于切比雪夫复多项式的递归集总参数模型。

第8章引入切比雪夫复多项式对考虑SSSI效应的振动阻抗函数进行拟合，将频域中的阻抗函数等价成可应用于时域分析的与频率无关的弹簧和阻尼器递归集总参数模型。基于切比雪夫复多项式的递归集总参数模型通过组合与频率无关的弹簧-阻尼器离散模型，很好地描述了阻抗函数的频率相关性。该模型还能根据拟合精度的要求进行扩展运算，避免了传统集总参数模型中普通多项式拟合复杂函数时因阶次较高所产生的数值振荡问题。在求解地震作用下考虑SSSI效应的上部结构时程响应时，该方法及模型程序简单合理，计算量小，参数确定方便，具有较强的实用性，其递归特性使得时域分析程序具有更广的通用性和更宽的扩展性。

（4）将基于切比雪夫复多项式的递归集总参数模型应用于地震作用下考虑SSI效应的建筑结构的动力响应分析。

第9章针对考虑SSI效应下多层建筑结构的地震响应问题，利用描述土与群桩基础动力相互作用的切比雪夫复多项式的递归集总参数模型，建立考虑上部建筑结构水平运动与基础水平-回转运动相耦合的动力学方程，利用逐步积分法求解地震作用下建筑结构的时程响应。第10章针对考虑SSI效应下带隔板的渡槽结构的地震响应问题，利用描述土与明置条形基础动力相互作用的集总参数模型以及描述渡槽内流体晃动的离散等效模型，建立了土/基础-渡槽-流体动力相互作用的运动控制方程，利用逐步积分法求解了地震作用下槽内流体的晃动特性以及隔板的减振效果。第 11 章针对考虑 SSI 效应带隔板的圆柱形储液罐的地震响应问题，利用描述土与明置圆形基础动力相互作用的集总参数模型以及描述储液罐内流体晃动的离散等效模型，建立了土/基础-储罐-流体动力相互作用的运动控制方程，利用逐步积分法求解了罐内流体的晃动特性和地震响应。

参考文献

[1] 中华人民共和国住房和城乡建设部. 建筑抗震设计规范[S]. 北京：中华人民共和国住房和城乡建设部, 2010.

[2] Lamb H. On the propagation of tremors over the surface of an elastic solid [J]. Philosophical Transactions of the Royal Society of London. Series A, 1904, 203(1): 1-42.

[3] Reissner E S. Axialsymmetrische durch eine sehuttelnde masse erregte schwingungen-eines homogenen elastischen halbraumes[J]. Ingenieur-Arch, 1936, 7(6): 381-396.

[4] Parmelee R A. Building-foundation interaction effects[J]. Journal of the Engineering Mechanics Division, 1967, 93(2): 131-152.

[5] 王珏, 周叮. 基于子结构方法的土-结构动力相互作用半解析方法研究现状综述[J]. 世界地震工程, 2019, 35(2): 96-106.

[6] 严人觉, 王贻荪, 韩清宇. 动力基础半空间理论概论[M]. 北京：中国建筑工业出版社, 1981.

[7] 蒋通, 田治见宏. 地基-结构动力相互作用分析方法: 薄层法原理及应用[M]. 上海：同济大学出版社, 2009.

[8] 日本建筑学会. 建物と地盤の動的相互作用を考慮した応答解析と耐震設計[M]. 日本建筑学会, 2006.

[9] Wolf J P. Dynamic Soil-Structure Interaction[M]. New Jersey：Prentice Hall Int., 1985.

[10] Wolf J P. Foundation Vibration Analysis Using Simple Physical Models[M]. Englewood Cliffs: Prentice-Hall, 1994.

[11] Chopra A K, Perumalswami P R. Dam-foundation interaction during earthquakes[C]. Proceedings of 4th World Conference on Earthquake Engineering, Santiago, 1969.

[12] Sung T Y. Vibrations in Semi-infinite Solids Due to Periodic Surface Loading[Z]. Boston: Harvard University, 1953.

[13] Arnold R N, Bycroft G N, Warburton G B. Forced vibrations of a body on an infinite elastic solid[J]. ASME Journal of Applied Mechanics, 1955, 77: 391-401.

[14] Bycroft G N. Forced vibrations of a rigid circular plate on a semi-infinite elastic space and on an elastic stratum[J]. Philosophical Transactions of the Royal Society of London. Series A, Mathematical and Physical Sciences, 1956, 248(948): 327-368.

[15] Anam I, Roësset J M. Dynamic stiffnesses of surface foundations: An explicit solution[J]. International Journal of Geomechanics, 2004, 4(3): 216-223.

[16] 李刚, 王贻荪, 尚守平. 弹性半空间上矩形基础稳态振动积分变换解[J]. 湖南大学学报(自然科学版), 2000, 27(4): 88-93.

[17] Awojobi A O, Grootenhuis P. Vibration of rigid bodies on semi-infinite elastic media[J]. Proceedings of the Royal Society of London. Series A. Mathematical and Physical Sciences, 1965, 287(1408): 27-63.

[18] Luco J E, Westmann R A. Dynamic response of a rigid footing bonded to an elastic half space[J]. Journal of

Applied Mechanics, 1972, 39(2): 527-534.

[19] Veletsos A S, Wei Y T. Lateral and rocking vibration of footings[J]. Journal of Soil Mechanics & Foundations Division, 1971, 97(9): 1227-1248.

[20] Veletsos A S, Nair V V. Torsional vibration of viscoelastic foundations[J]. Journal of the Geotechnical Engineering Division, 1974, 100(3): 225-246.

[21] Cai Y Q, Cheng Y M, Alfred A S K, et al. Vertical vibration of an elastic strip footing on saturated soil[J]. International Journal for Numerical and Analytical Methods in Geomechanics, 2008, 32(5): 493-508.

[22] 马晓华, 蔡袁强, 徐长节. 饱和地基上条形弹性基础的摇摆振动[J]. 岩土力学, 2010,(7): 2164-2172.

[23] Pak R Y, Guzina B B. Three-dimensional Green's functions for a multilayered half-space in displacement potentials[J]. Journal of Engineering Mechanics, 2002, 128(4): 449-461.

[24] Philippacopoulos A J. Lamb's problem for fluid-saturated, porous media[J]. Bulletin of the Seismological Society of America, 1988, 78(2): 908-923.

[25] 韩泽军, 林皋, 周小文. 三维横观各向同性层状地基任意点格林函数求解[J]. 岩土工程学报, 2016,(12): 2218-2225.

[26] Waas G. Linear two dimensional analysis of soil dynamics problems in semi-infinite layered media[D]. Berkeley: University of California, 1972.

[27] Kausel E, Roesset J M. Semianalytic hyperelement for layered strata[J]. Journal of the Engineering Mechanics Division, 1977, 103(4): 569-588.

[28] Tajimi H. A contribution to theoretical prediction on earthquake engineering[C]. 7th World Conference on Earthquake Engineering, Istanbul, 1980.

[29] 王立忠, 陈云敏, 吴世明, 等. 饱和弹性半空间在低频谐和集中力下的积分形式解[J]. 水利学报, 1996,(2): 84-88.

[30] 丁伯阳, 陈军, 潘晓东. 饱和多孔介质中 Lamb 问题的 Green 函数解答[J]. 力学学报, 2011, 43(3): 533-541.

[31] Ding B, Xu T, Chen J, et al. Comprehensive form of solution for Lamb's dynamic problem expressed by Green's functions[J]. Applied Mathematics and Mechanics, 2013, 34(12): 1543-1552.

[32] Lin G, Han Z, Zhong H, et al. A precise integration approach for dynamic impedance of rigid strip footing on arbitrary anisotropic layered half-space[J]. Soil Dynamics and Earthquake Engineering, 2013, 49: 96-108.

[33] 林皋, 韩泽军, 李建波. 层状地基任意形状刚性基础动力响应求解[J]. 力学学报, 2012, 44(6): 1016-1027.

[34] Han Z, Lin G, Li J. Dynamic impedance functions for arbitrary-shaped rigid foundation embedded in anisotropic multilayered soil[J]. Journal of Engineering Mechanics, ASCE, 2015, 141(11): 4015045.

[35] 蒋通, 程昌熟. 用薄层法分析层状地基中各种基础的阻抗函数[J]. 力学季刊, 2007, 28(2): 180-186.

[36] 文学章, 尚守平. 形状不规则基础-地基的动力扭转相互作用[J]. 振动工程学报, 2008, 21(4): 359-364.

[37] Pak R Y S, Ashlock J C. A fundamental dual-zone continuum theory for dynamic soil-structure interaction[J]. Earthquake Engineering & Structural Dynamics, 2011, 40(9): 1011-1025.

[38] Amiri-Hezaveh A, Eskandari-Ghadi M, Rahimian M, et al. Impedance functions for surface rigid rectangular foundations on transversely isotropic multilayer half-spaces[J]. Journal of Applied Mechanics, 2013, 80(5): 51017.

[39] 王珏, 周叮, 刘伟庆, 等. 基于格林函数的相邻条形基础摇摆动力相互作用[J]. 岩土力学, 2015, 35(1): 97-103.

[40] Wang J, Lo S H, Zhou D, et al. Frequency-dependent impedance of a strip foundation group and its representation in time domain[J]. Applied Mathematical Modelling, 2015, 39(10): 2861-2881.

[41] 王珏, 周叮, 刘伟庆, 等. 相邻明置刚性条形基础的水平-摇摆耦合阻抗研究[J]. 振动工程学报, 2016,

29(2): 253-260.

[42] Ehlers G. The effect of soil flexibility on vibrating systems[J]. Beton und Eisen, 1942, 41: 197-203.

[43] 胡灿阳, 陈清军, 徐庆阳, 等. 埋置块式基础地基阻抗函数的简化计算方法研究[J]. 振动与冲击, 2011, 30(5): 252-256.

[44] Pradhan P K, Baidya D K, Ghosh D P. Dynamic response of foundations resting on layered soil by cone model[J]. Soil Dynamics and Earthquake Engineering, 2004, 24(6): 425-434.

[45] Chen W. Cone model for two surface foundations on layered soil[J]. Earthquake Engineering and Engineering Vibration, 2006, (2): 183-187.

[46] Nakamura N. A practical method for estimating dynamic soil stiffness on surface of multi-layered soil[J]. Earthquake Engineering & Structural Dynamics, 2005, 34(11): 1391-1406.

[47] Muki R, Sternberg E. Elastostatic load-transfer to a half-space from a partially embedded axially loaded rod[J]. International Journal of Solids and Structures, 1970, 6(1): 69-90.

[48] Lu J, Zhang X, Wan J, et al. The influence of a fixed axial top load on the dynamic response of a single pile[J]. Computers and Geotechnics, 2012, 39: 54-65.

[49] Pak R Y S, Jennings P C. Elastodynamic response of pile nder transverse excitations[J]. Journal of Engineering Mechanics, ASCE, 1987, 113(7): 1101-1116.

[50] Kaynia A M. Dynamic stiffness and seismic response of pile group[D]. Cambridge: Massachusetts Institute of Techology, 1982.

[51] Nogami T, Novak M. Resistance of soil to a horizontally vibrating pile[J]. Earthquake Engineering & Structural Dynamics, 1977, 5(3): 249-261.

[52] Mylonakis G. Winkler modum for axil piles[J]. Geotechnique, 2001, 51(5): 455-461.

[53] Anoyatis G, Lemnitzer A. Dynamic pile impedances for laterally-loaded piles using improved Tajimi and Winkler formulations[J]. Soil Dynamics and Earthquake Engineering, 2017, 92: 279-297.

[54] Dobry R, Gazetas G. Simple method for dynamic stiffness and damping of floating pile groups[J]. Geotechnique, 1988, 38(4): 557-574.

[55] Gazetas G, Makris N. Dynamic pile-soil-pile interaction. Part I: Analysis of axial vibration[J]. Earthquake Engineering & Structural Dynamics, 1991, 20(2): 115-132.

[56] Makris N, Gazetas G. Dynamic pile-soil-pile interaction. Part II: Lateral and seismic response[J]. Earthquake Engineering & Structural Dynamics, 1992, 21(2): 145-162.

[57] Mylonakis G, Gazetas G. Lateral vibration and internal forces of grouped piles in layered soil[J]. Journal of Geotechnical and Geoenvironmental Engineering, 1999, 125(1): 16-25.

[58] 黄茂松, 吴志明, 任青. 层状地基中群桩的水平振动特性[J]. 岩土工程学报, 2007, 29(1): 32-38.

[59] Liu Y, Wang X, Zhang M. Lateral vibration of pile groups partially embedded in layered saturated soils[J]. International Journal of Geomechanics, 2015, 15(4): 04014063.

[60] 高广运, 赵元一, 高盟, 等. 分层土中群桩水平动力阻抗的改进计算[J]. 岩土力学, 2010, 31(2): 509-515.

[61] Wang J, Zhou D, Liu W Q. Horizontal impedance of pile groups considering shear behavior of multilayered soils[J]. Soils and Foundations, 2014, 54(5): 927-937.

[62] 王珏, 周叮, 刘伟庆, 等. 考虑成层土剪切效应的相邻桩基动力相互作用[J]. 振动工程学报, 2013, 26(5): 732-742.

[63] Jiang J G, Zhou X H, Zhang J S. Dynamic interaction factor considering axial load[J]. Geotechnical and Geological Engineering, 2007, 25(4): 423-429.

[64] Wang J, Lo S H, Zhou D. Effect of a forced harmonic vibration pile to its adjacent pile in layered elastic soil with double-shear model[J]. Soil Dynamics and Earthquake Engineering, 2014, 67: 54-65.

[65] Wang J, Zhou D, Ji T, et al. Horizontal dynamic stiffness and interaction factors of inclined piles[J]. International Journal of Geomechanics, 2017, 17(9): 04017075.

[66] Wang K H, Yang D Y, Zhang Z Q, et al. A new approach for vertical impedance in radially inhomogeneous soil layer[J]. International Journal for Numerical and Analytical Methods in Geomechanics, 2012, 36(6): 697-707.

[67] Wang J, Gao Y. Vertical impedance of a pile in layered saturated viscoelastic half-space considering radial inhomogeneity[J]. Soil Dynamics and Earthquake Engineering, 2018, 112: 107-117.

[68] Li Z, Gao Y, Wang K. Torsional vibration of an end bearing pile embedded in radially inhomogeneous saturated soil[J]. Computers and Geotechnics, 2019, 108: 117-130.

[69] Wang J, Zhou D, Zhang Y, et al. Vertical impedance of a tapered pile in inhomogeneous saturated soil described by fractional viscoelastic model[J]. Applied Mathematical Modelling, 2019, 75: 88-100.

[70] Zhong R, Huang M. Winkler model for dynamic response of composite caisson–piles foundations: Seismic response[J]. Soil Dynamics and Earthquake Engineering, 2014, 66: 241-251.

[71] Wolf J P, Somaini D R. Approximate dynamic model of embedded foundation in time domain[J]. Earthquake Engineering & Structural Dynamics, 1986, 14(5): 683-703.

[72] de Barros F C, Luco J E. Discrete models for vertical vibrations of surface and embedded foundations[J]. Earthquake Engineering & Structural Dynamics, 1990, 19(2): 289-303.

[73] Jean W Y, Lin T W, Penzien J. System parameters of soil foundations for time domain dynamic analysis[J]. Earthquake Engineering & Structural Dynamics, 1990, 19(4): 541-553.

[74] 栾茂田, 林皋. 地基动力阻抗的双自由度集总参数模型[J]. 大连理工大学学报, 1996, 36(4): 477-482.

[75] Wang Q, Wang J, Jin F, et al. Real-time dynamic hybrid testing for soil–structure interaction analysis[J]. Soil Dynamics and Earthquake Engineering, 2011, 31(12): 1690-1702.

[76] Wolf J P. Consistent lumped-parameter models for unbounded soil: Physical representation[J]. Earthquake Engineering & Structural Dynamics, 1991, 20(1): 11-32.

[77] Safak E. Time-domain representation of frequency-dependent foundation impedance functions[J]. Soil Dynamics and Earthquake Engineering, 2006, 26(1): 65-70.

[78] Wu W, Lee W. Systematic lumped-parameter models for foundations based on polynomial-fraction approximation[J]. Earthquake Engineering & Structural Dynamics, 2002, 31(7): 1383-1412.

[79] Wu W, Lee W. Nested lumped-parameter models for foundation vibrations[J]. Earthquake Engineering & Structural Dynamics, 2004, 33(9): 1051-1058.

[80] Wang J, Zhou D, Liu W, et al. Nested lumped-parameter model for foundation with strongly frequency-dependent impedance[J]. Journal of Earthquake Engineering, 2016, 20(6): 975-991.

[81] Andersen L. Assessment of lumped-parameter models for rigid footings[J]. Computers &Structures, 2010, 88(23/24): 1333-1347.

[82] 赵建锋, 杜修力. 地基阻抗力时域递归参数的计算方法及程序实现[J]. 岩土工程学报, 2008,(1): 34-40.

[83] Du X, Zhao M. Stability and identification for rational approximation of frequency response function of unbounded soil[J]. Earthquake Engineering & Structural Dynamics, 2010, 39: 165-186.

[84] Du X, Zhao M. High-Order Spring-Dashpot-Mass Boundaries for Cylindrical Waves[M]. Berlin: Springer, 2009: 193-199.

[85] 赵宏, 高广运, 姜洲. 基于矢量匹配-劳斯法的群桩阻抗改进模型[J]. 岩土力学, 2014,(9): 2448-2454.

[86] Wu W, Chen C. Simplified soil-structure interaction analysis using efficient lumped-parameter models for soil[J]. Soils and Foundations, 2002, 42(6): 41-52.

[87] Saitoh M. Simple model of frequency-dependent impedance functions in soil-structure interaction using frequency-independent elements[J]. Journal of Engineering Mechanics, 2007, 133(10): 1101-1114.

[88] Lesgidis N, Kwon O, Sextos A. A time-domain seismic SSI analysis method for inelastic bridge structures through the use of a frequency-dependent lumped parameter model[J]. Earthquake Engineering & Structural Dynamics, 2015, 44(13): 2137-2156.

第 2 章　结构动力学基础

振动是自然界和工程领域普遍存在的现象。例如，汽车、火车、飞机、轮船和舰艇等，它们都在不停振动着。高层建筑、桥梁、水坝等大型结构，在受到激励后也会发生振动。振动对实际工程而言，既有有害的一面也有有利的一面。振动常常会危害结构物的强度，大量结构在地震作用下发生了损伤和倒塌，美国的塔科马海峡大桥在 67km/h 的风荷载作用下发生了剧烈扭转振动而最终坍塌，机械连接件会由于振动而发生松动进而影响加工或测量精度，人体会受振动噪声的影响而健康受损。但是，振动有其可利用的一面，如地震仪、混凝土振捣器、振动打桩机、振动送料机、振动筛、超声电动机等都是利用振动的特性而进行工作的。工程振动是研究结构体系的动力特性及其动力响应分析的一门科学[1-3]，是研究土与结构动力相互作用的基础知识。本章对经典的结构动力学理论的一些基本概念和原理做了简要的介绍，推导了离散系统和连续变形体的振动方程，为后续章节中弹性半空间、桩基础以及上部结构运动方程的建立和应用提供基础。

2.1　振动的基本概念

2.1.1　振动的分类

按照描述结构振动的运动方程的性质的不同，结构振动可以分为线性振动和非线性振动。当振动的单位和时间微分之间所有的关系为线性的，称为线性振动，反之称为非线性振动。工程中许多非线性特性是材料本身决定的。例如，在小的形变下，结构的应力和形变可被认为是线性关系，当形变较大时，这个假定不再成立，结构动力反应则需要进行非线性分析。

按照振动产生的原因可以分为自由振动和受迫振动。自由振动是指当体系的平衡被破坏而干扰已经撤走，只靠其弹性恢复力来维持的振动。当存在能量耗散时，振动逐渐衰减。受迫振动是指在外荷载的持续作用下被迫产生的振动。结构的振动与外荷载的方向、幅值以及频率密切相关。自由振动可以用来求解结构的动力特性，而强迫振动可以确定结构对动力荷载的响应。

引起结构不同形式振动的原因是作用动荷载的不同。动力荷载是指大小、方向或作用点随时间变化的荷载或在短时间内突然作用或消失的荷载。作用点随时间变化的荷载称为移动荷载，例如，车辆或者高铁在运行过程中对道路或轨道的作用都可以看作移动荷载。按照动荷载随时间变化规律的不同，可将其分为以下几个方面。

1. 简谐荷载

如图 2-1（a）所示，荷载随时间的周期性变化能用一项正弦或者余弦函数表达。结构对简谐荷载的反应规律可以反映出结构的动力特性。

2. 周期非简谐荷载

如图 2-1（b）所示，荷载随时间的变化可以用周期函数表达，但不能简单地用单个简谐函数来表示。周期非简谐荷载可以用一系列简谐荷载的叠加来表示，即将问题转化为了一系列简谐荷载作用下的结构反应问题。

3. 冲击荷载

如图 2-1（c）所示，荷载的幅值在很短的时间内急剧增大或减小。例如，爆炸引起的冲击波、打桩等。

4. 一般任意荷载

如图 2-1（d）所示，荷载随时间的变化复杂，难以用解析函数表示，例如，地震引起的地震动，脉动风引起的结构表面的风压时程等。地震动和风压荷载往往在动力分析前，其大小和方向随时间的变化并不确定，但可以从统计方面加以描述，因此也称为随机荷载。

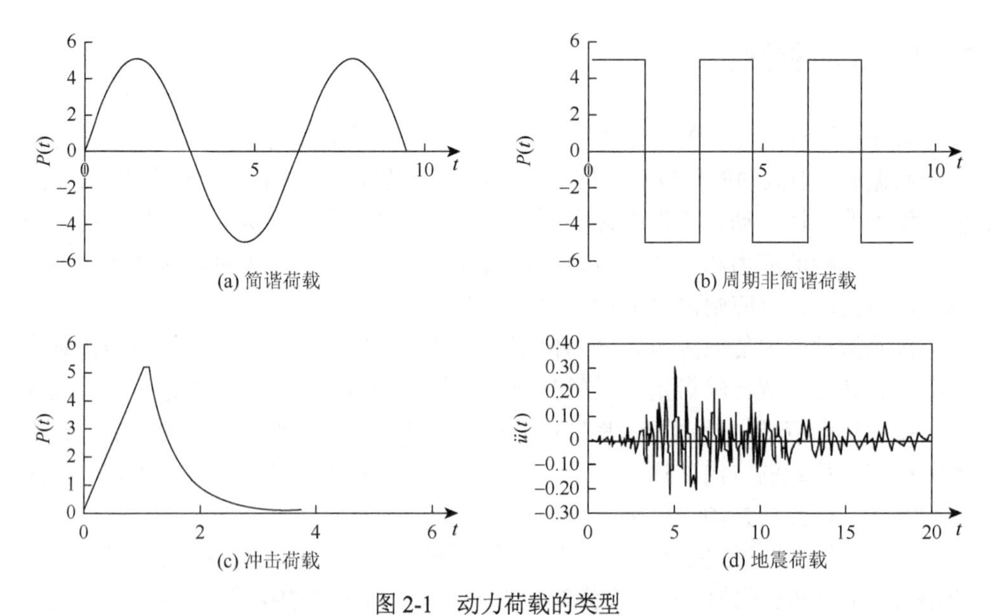

图 2-1　动力荷载的类型

2.1.2　振动分析的方法

建立合理的力学模型和数学模型是研究结构振动分析的关键，因此需要对研究对象进行适当的简化和抽象，形成一种理想的振动系统。结构动力学的分析模型可以分为两种基本类型：连续模型和离散参数模型。前者为具有连续分布的质量和弹性的系统，后者为由一系列有限数量的惯性元件、弹性元件和阻尼元件组成的等效系统。在完整约束的离散模型中，确定其位置所需的独立坐标数称为自由度，因此离散模型根据自由度的不同分为单自由度模型和多自由度模型，而连续模型则具有无限自由度。

如图 2-2 所示，研究烟囱结构在水平激振作用下的动力反应，为了简化分析，当把烟囱简化为图 2-2（b）所示的弹性梁时，即为连续弹性体模型，其运动方程为偏微分方程。若将烟囱的弹性梁模型用图 2-2（c）所示的有限个离散质点来描述其惯性特征，即可简化为多自由度模型，其运动方程为一组常微分方程组。若将烟囱的质量集中到其顶部，用图 2-2（d）所示的单个质点来描述其惯性特性，即可简化为单自由度模型，其运动方程为一个常微分方程。

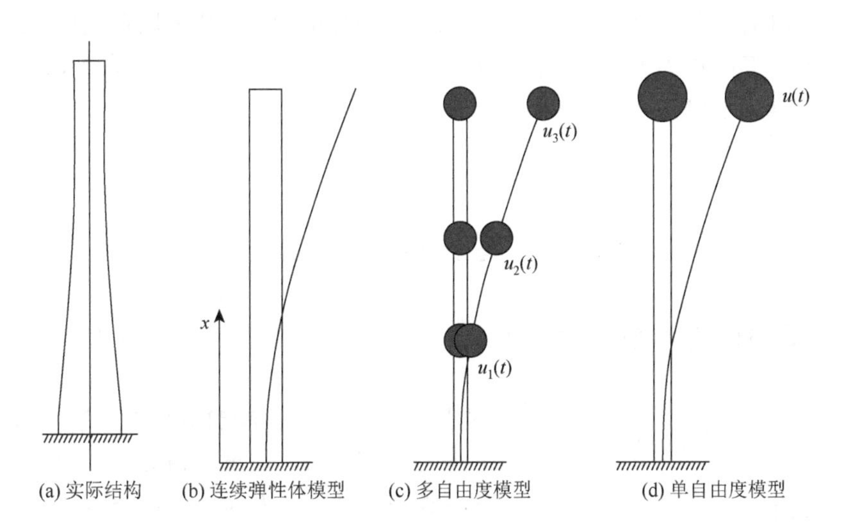

图 2-2　烟囱结构的不同等效动力学模型

下面介绍离散模型中常用的力学元件。

1）惯性元件

惯性元件是指具有质量或转动惯量的元件。当物体的运动状态改变时，惯性将反抗运动的改变，提供一种反抗物体运动状态改变的力，被称为惯性力 F_{I}。

惯性力的大小等于物体的质量 m 与加速度 $\ddot{u}(t)$ 的乘积，方向与加速度的方向相反，即

$$F_{\mathrm{I}}=-m\ddot{u}(t) \tag{2-1}$$

对于转动问题，惯性力矩 M_{I} 的大小等于物体的转动惯量 J_{C} 与角加速度 $\alpha(t)$ 的乘积，方向与角加速度的方向相反，即

$$M_{\mathrm{I}}=-J_{\mathrm{C}}\alpha(t) \tag{2-2}$$

2）弹性元件

弹性元件是在外力或外力偶作用下可以产生变形的元件，这种元件可以通过外力做功来储存能量。按变形性质可以分为线性元件和非线性元件，通常等效成弹簧来表示。对于线性弹簧元件，弹簧的恢复力 F_{S} 与位移$\Delta x(t)$成正比，比例常数为弹簧刚度 k，弹性恢复力的作用方向总是指向弹簧的原长位置，即

$$F_{\mathrm{S}}=k\Delta x(t) \tag{2-3}$$

3）阻尼元件

阻尼元件是消耗能量而不储存能量的元件。任何实际结构在自由振动过程中一定存在能量的消耗，结构振幅逐渐减小，这种使结构振动衰减的作用称为阻尼力。产生阻尼的物理机制有很多且同时存在，例如，固体材料变形时的内摩擦，结构连接处各部件之间的摩擦等。在结构动力分析中，常用的阻尼元件是线性黏滞阻尼器，其阻尼力 F_{D} 与速度 $\dot{u}(t)$ 成正比，比例常数为黏滞阻尼系数 c，阻尼力的作用方向与速度的方向相反，即

$$F_{\mathrm{D}}=-c\dot{u}(t) \tag{2-4}$$

2.2　离散系统的振动

2.2.1　单自由度系统运动方程

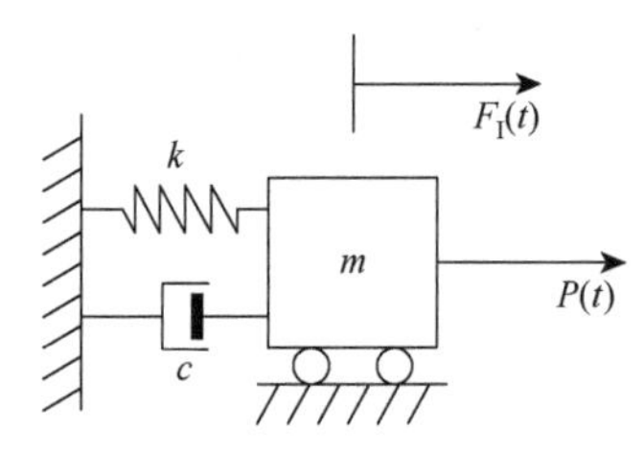

图 2-3　有阻尼的单自由度系统

对于图 2-3 所示的单自由度体系受动荷载 $P(t)$ 作用，在任意时刻 t，质量块相对于平衡位置的位移、速度和加速度分别为 $u(t)$、$\dot{u}(t)$ 和 $\ddot{u}(t)$，质量块受到的弹性恢复力为 $-ku(t)$，黏性阻尼力为 $-c\dot{u}(t)$，惯性力为 $-m\ddot{u}(t)$。根据达朗贝尔原理，可建立该单自由度体系的运动方程为

$$m\ddot{u}(t)+c\dot{u}(t)+ku(t)=P(t) \tag{2-5}$$

将式（2-5）等号两边除以质量 m 后可改写为

$$\ddot{u}(t)+2\xi\omega\dot{u}(t)+\omega^{2}u(t)=P(t)/m \tag{2-6}$$

式中，$\omega=\sqrt{\dfrac{k}{m}}$，为单自由度结构体系的自振圆频率；$\xi=\dfrac{c}{2m\omega}=\dfrac{c}{2\sqrt{mk}}$，为单自由度结构体系的阻尼比。

当外部激振荷载为地震动时，即 $P(t)=-m\ddot{u}_{\mathrm{g}}(t)$，此时地震作用下单自由度结构的运动微分方程为

$$m\ddot{u}(t)+c\dot{u}(t)+ku(t)=-m\ddot{u}_{\mathrm{g}}(t)\ \text{或}\ \ddot{u}(t)+2\xi\omega\dot{u}(t)+\omega^2u(t)=-\ddot{u}_{\mathrm{g}}(t) \tag{2-7}$$

2.2.2　多自由度系统运动方程

对于图 2-4 所示的多自由度体系受一系列动荷载 $P_n(t)$作用时（$n=1, 2, \cdots, N$），根据达朗贝尔原理，可建立该多自由度体系的运动方程组为

$$\begin{cases} m_1\ddot{u}_1(t)+c_1\dot{u}_1(t)+c_2[\dot{u}_1(t)-\dot{u}_2(t)]+k_1u_1(t)+k_2[u_1(t)-u_2(t)]=P_1(t) \\ m_2\ddot{u}_2(t)+c_2[\dot{u}_2(t)-\dot{u}_1(t)]+c_3[\dot{u}_2(t)-\dot{u}_3(t)]+k_2[u_2(t)-u_1(t)]+k_3[u_2(t)-u_3(t)]=P_2(t) \\ \qquad\vdots \\ m_N\ddot{u}_N(t)+c_N[\dot{u}_N(t)-\dot{u}_{N-1}(t)]+k_N[u_N(t)-u_{N-1}(t)]=P_N(t) \end{cases} \tag{2-8}$$

整理成矩阵形式有

$$\boldsymbol{M}\ddot{\boldsymbol{u}}(t)+\boldsymbol{C}\dot{\boldsymbol{u}}(t)+\boldsymbol{K}\boldsymbol{u}(t)=-\boldsymbol{M}\boldsymbol{I}\ddot{u}_{\mathrm{g}}(t) \tag{2-9}$$

式中，$\boldsymbol{M}=\begin{bmatrix} m_1 & & & \\ & m_2 & & \\ & & \ddots & \\ & & & m_N \end{bmatrix}$为多自由度体系的质量矩阵；

$\boldsymbol{K}=\begin{bmatrix} k_1+k_2 & -k_2 & \cdots & 0 & 0 \\ -k_2 & k_2+k_3 & \cdots & 0 & 0 \\ \vdots & \vdots & & \vdots & \vdots \\ 0 & 0 & \cdots & k_{N-1}+k_N & -k_N \\ 0 & 0 & \cdots & -k_N & k_N \end{bmatrix}$为多自由度体系的刚度矩阵；

$\boldsymbol{C}=\begin{bmatrix} c_1+c_2 & -c_2 & \cdots & 0 & 0 \\ -c_2 & c_2+c_3 & \cdots & 0 & 0 \\ \vdots & \vdots & & \vdots & \vdots \\ 0 & 0 & \cdots & c_{N-1}+c_N & -c_N \\ 0 & 0 & \cdots & -c_N & c_N \end{bmatrix}$为多自由度体系的阻尼矩阵；在实际工程的动力分析中，阻尼矩阵的具体形式和采用的阻尼假定有关，常用的 Rayleigh 阻尼假定中，阻尼矩阵 $\boldsymbol{C}=\alpha_1\boldsymbol{M}+\alpha_2\boldsymbol{K}$，其中$\alpha_1$和$\alpha_2$为与结构体系有关的常系数。

$\boldsymbol{u}=[u_1(t),u_2(t),\cdots,u_N(t)]^{\mathrm{T}}$ 为多自由度体系的位移列向量；$\boldsymbol{I}=[1,1,\cdots,1]^{\mathrm{T}}$ 为 $N\times1$ 维单位列向量。

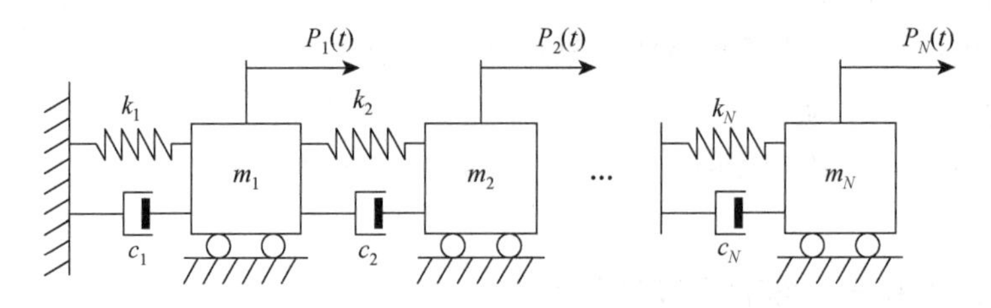

图 2-4　有阻尼的多自由度系统

1. 自振频率

令多自由度体系的振动方程激振项为零并忽略阻尼的影响，得多自由度体系的无阻尼自振方程为 $\boldsymbol{M}\ddot{\boldsymbol{u}}(t)+\boldsymbol{K}\boldsymbol{u}(t)=0$，设该运动微分方程的特解为

$$\boldsymbol{u}(t)=\boldsymbol{X}\sin(\omega t+\varphi) \tag{2-10}$$

式中，位移幅值列向量 $\boldsymbol{X}=[x_1,x_2,\cdots,x_N]^{\mathrm{T}}$。

将特解代入无阻尼自由度体系的无阻尼自振方程，并消去 $\sin(\omega t+\varphi)$，得到

$$(\boldsymbol{K}-\omega^2\boldsymbol{M})\boldsymbol{X}=0 \tag{2-11}$$

若使式（2-11）有非零解，其系数矩阵行列式必须为零。于是得到该系统的特征方程：

$$|\boldsymbol{K}-\omega^2\boldsymbol{M}|=0 \tag{2-12}$$

式（2-12）是关于 ω^2 的 N 次多项式。对于刚度矩阵为正定的系统，由它可以求出 N 个大于零的实特征值 ω_n，它们即为多自由度体系的固有频率。一般情况下，结构体系有多少个自由度就有多少个固有频率。将各个固有频率按照由小到大的顺序排列为 $0<\omega_1\leqslant\omega_2\leqslant\cdots\leqslant\omega_N$，其中最低阶固有频率 ω_1 称为第一阶固有频率或者基频，然后依次称为第二阶、第三阶固有频率。

2. 主振型

将各个固有频率 ω_n 逐次代入式（2-11），可解得 ω_n 对应的特征矢量：

$$\boldsymbol{X}^{(n)}=[x_1^{(n)},x_2^{(n)},\cdots,x_N^{(n)}]^{\mathrm{T}} \tag{2-13}$$

它表示系统在以各固有频率做自由振动时，各质点振幅的相对大小，称为系统的第 n 阶主振型或固有振型。为了便于计算，可令其中某一自由度为 1，例如令 $x_N^{(n)}=1$，于是可得到第 n 阶主振型矢量为 $\boldsymbol{X}^{(n)}=[x_1^{(n)},x_2^{(n)},\cdots,1]^{\mathrm{T}}$。

将各阶固有振型放在一起即可得到模态矩阵 $\boldsymbol{X}=[\boldsymbol{X}^{(1)},\boldsymbol{X}^{(2)},\cdots,\boldsymbol{X}^{(N)}]$。当

$\omega_n \neq \omega_m$ 时，有 $\boldsymbol{X}^{(n)\mathrm{T}}\boldsymbol{M}\boldsymbol{X}^{(m)}=0$， $\boldsymbol{X}^{(n)\mathrm{T}}\boldsymbol{K}\boldsymbol{X}^{(m)}=0$，这称为振型关于系统质量矩阵和刚度矩阵的正交性。

多自由度系统运动方程是一组相互耦联的方程，在求解多自由度体系的动力响应问题中，振型分解法就是利用各振型相互正交的特性对方程进行解耦，将原来耦联的微分方程组变成若干相互独立的微分方程，从而使原来多自由度体系的动力计算变为若干个单自由度体系的问题，进而利用解析法或者 Duhamel 积分的数值方法求得各单自由度体系的解后，再将各个解进行组合，进而求得多自由度体系的动力响应。

2.2.3　动力时程分析数值方法

上述求解多自由度体系结构动力响应的振型分解法基于叠加原理，当外荷载较大时，结构反应可能进入弹塑性，或结构位移较大时，结构可能进入几何非线性，此时该分析方法并不适用，逐步积分法则可以直接对动力方程积分求解。由已知的 t_i 时刻的位移、速度和加速度反应，近似地推得 t_{i+1} 时刻的位移、速度和加速度反应，从而由 $t=0$ 时刻开始，逐步做出系统动力响应的时程曲线。逐步积分的方法有很多，常用的有线性加速度法、Wilson-θ 法、Newmark 法、Runge-Kutta 法等。

这里介绍动力响应分析采用的 Wilson-θ 法。该方法是在线性加速度法的基础上提出的一种无条件收敛的计算方法。该方法假定在 $\theta\Delta t$ 的时程步长内，体系的加速度反应按照线性变化。研究表明：当 $\theta \geqslant 1.37$ 时，此方法是无条件收敛的，但取得太大时，会出现较大的计算误差，通常取 1.4。对于动荷载持续时间内的每一个微小时段，从第一时段开始到最后一个时段，逐一地重复计算步骤，即可得到结构动力响应的全过程。这里不再进行公式推导，直接给出 Wilson-θ 法的计算步骤。

1. 初始计算

形成多自由度系统的刚度矩阵 $\boldsymbol{K}$，质量矩阵 $\boldsymbol{M}$，阻尼矩阵 $\boldsymbol{C}$。

设定积分参数 θ 以及时间步长 Δt，计算如下积分常数 a：

$$a_1=\frac{6}{(\theta\Delta t)^2},\quad a_2=\frac{3}{\theta\Delta t},\quad a_3=2a_2,\quad a_4=\frac{\theta\Delta t}{2} \tag{2-14}$$

$$a_5=\frac{a_1}{\theta},\quad a_6=-\frac{a_3}{\theta},\quad a_7=1-\frac{a_3}{\theta},\quad a_8=\frac{\Delta t}{2},\quad a_9=\frac{(\Delta t)^2}{6} \tag{2-15}$$

按照系统初始时刻的状态（初始位移 $\boldsymbol{u}_0$ 和初始速度 $\dot{\boldsymbol{u}}_0$），计算初始加速度 $\ddot{\boldsymbol{u}}_0$：

$$\ddot{\boldsymbol{u}}_0=\boldsymbol{M}^{-1}(\boldsymbol{P}_0-\boldsymbol{C}\dot{\boldsymbol{u}}_0-\boldsymbol{K}\boldsymbol{u}_0) \tag{2-16}$$

计算等效刚度矩阵 $\boldsymbol{K}^*$：

$$\boldsymbol{K}^*=\boldsymbol{K}+a_1\boldsymbol{M}+a_2\boldsymbol{C} \tag{2-17}$$

2. 对每一时间步进行计算

计算 $t_{i+\theta}=t_i+\theta\Delta t$ 时刻的等效荷载 $\boldsymbol{P}_{i+\theta}^*$：

$$\boldsymbol{P}_{i+\theta}^*=\boldsymbol{P}_i+\theta(\boldsymbol{P}_{i+1}-\boldsymbol{P}_i)+\boldsymbol{M}(a_1\boldsymbol{u}_i+a_3\dot{\boldsymbol{u}}_i+2\ddot{\boldsymbol{u}}_i)+\boldsymbol{C}(a_2\boldsymbol{u}_i+2\dot{\boldsymbol{u}}_i+a_4\ddot{\boldsymbol{u}}_i) \tag{2-18}$$

计算 $t_{i+\theta}=t_i+\theta\Delta t$ 时刻的位移 $\boldsymbol{u}_{i+\theta}$:

$$\boldsymbol{u}_{i+\theta}=\boldsymbol{K}^{*-1}\boldsymbol{P}_{i+\theta}^* \tag{2-19}$$

计算 $t_{i+1}=t_i+\Delta t$ 时刻的加速度 $\ddot{\boldsymbol{u}}_{i+1}$、速度 $\dot{\boldsymbol{u}}_{i+1}$ 和位移 $\boldsymbol{u}_{i+1}$：

$$\ddot{\boldsymbol{u}}_{i+1}=a_5(\boldsymbol{u}_{i+\theta}-\boldsymbol{u}_i)+a_6\dot{\boldsymbol{u}}_i+a_7\ddot{\boldsymbol{u}}_i \tag{2-20}$$

$$\dot{\boldsymbol{u}}_{i+1}=\dot{\boldsymbol{u}}_i+a_8(\ddot{\boldsymbol{u}}_{i+1}+\ddot{\boldsymbol{u}}_i) \tag{2-21}$$

$$\boldsymbol{u}_{i+1}=\boldsymbol{u}_i+\Delta t\dot{\boldsymbol{u}}_i+a_9(\ddot{\boldsymbol{u}}_{i+1}+2\ddot{\boldsymbol{u}}_i) \tag{2-22}$$

2.3　连续变形体的振动

与离散模型不同，连续变形体是指材料具有宏观连续分布的物体，当物体承受荷载时，其内部中的任意两点会发生相对移动的弹性体。本节先介绍弹性力学中有关三大类方程和三大类变量的基本知识，然后推导梁体横向振动的运动控制方程，最后推导直角坐标系下弹性半空间的波动方程。

2.3.1　连续变形体的描述及变量定义

弹性力学是研究连续变形体在外力作用下发生应力、形变和位移的基础知识。无论简单形状还是复杂形状的弹性体，都需要通过定义一些变量和构建一些方程来描述其力学特性。其中，位移、应变和应力就是描述连续变形体力学特性的三大类变量，而这三大类变量之间又通过表 2-1 所示的平衡方程、几何方程和材料的物理方程这三大类方程所联系起来。

表 2-1　变形体的力学变量与方程之间的关系

基本变量	位移	应变	应力
位移	—	几何方程	—
应变	几何方程	—	物理方程
应力	—	物理方程	平衡方程

1. 三大类变量

弹性体受静力或者动力作用后，体内任意一点的移动距离在 x、y、z 轴上的投影称为位移分量，通常用 u、v、w 来表示。取弹性体内的任意一点，用图 2-5 所示边长分别为 dx、dy、dz 的六面微分体来表示。每一个面上的应力用一个法向应力和两个剪应力描述，下标约定如下：第一个下标表示其作用面垂直于哪一个坐标轴，第二个下标表示其作用面方向。以右侧面为例，法向应力用σ_y表示，此面上沿 z 方向的剪应力用τ_{yz}表示，沿 x 方向的剪力用τ_{yx}表示。根据剪应力互等定理可知，剪应力右下角的两个下标可以互换。因此，弹性体中任意一点的应力状态可以用六个独立的变量σ_x、σ_y、σ_z、τ_{xy}、τ_{yz}、τ_{zx} 来表示。弹性体变形后，直线段单位长度的伸缩称为正应变，用ε_x、ε_y、ε_z 表示；两个方向线段间的直角的变化称为剪应变，用γ_{xy}、γ_{yz}、γ_{zx} 表示。对于动力问题，这三大类变量是时间 t 的函数。

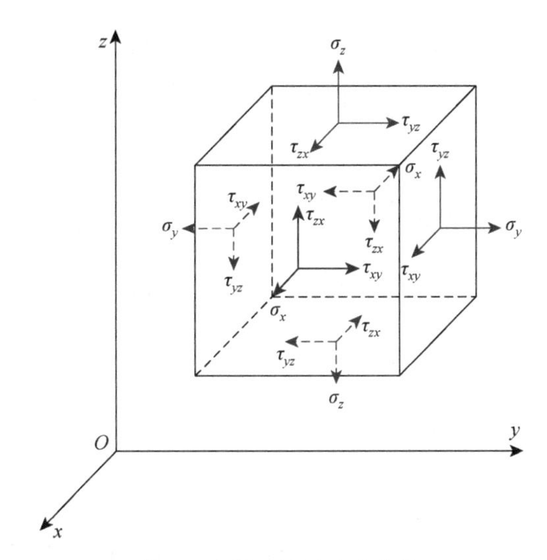

图 2-5　微元体的应力分量

2. 三大类方程

弹性体在外力的作用和约束的支撑下，产生弹性变形但仍然处于平衡状态。假设一个面上正应力σ_x在与之平行 dx 增量面上的应力分量为σ_x'，将σ_x'进行泰勒级数展开有

$$\sigma_x' = \sigma_x + \frac{\partial \sigma_x}{\partial x}\mathrm{d}x + \frac{1}{2!}\frac{\partial^2 \sigma_x}{\partial x^2}(\mathrm{d}x)^2 + \cdots \tag{2-23}$$

当只讨论微小应变和位移时，可忽略高阶小量，根据各个方向上力的平衡还有力矩的平衡，可得平衡方程如下：

$$
\begin{cases}
\dfrac{\partial \sigma_x}{\partial x}+\dfrac{\partial \tau_{xy}}{\partial y}+\dfrac{\partial \tau_{zx}}{\partial z}+f_x=0\\
\dfrac{\partial \sigma_y}{\partial y}+\dfrac{\partial \tau_{yz}}{\partial z}+\dfrac{\partial \tau_{xy}}{\partial x}+f_y=0\\
\dfrac{\partial \sigma_z}{\partial z}+\dfrac{\partial \tau_{zx}}{\partial x}+\dfrac{\partial \tau_{yz}}{\partial y}+f_z=0
\end{cases}
\tag{2-24}
$$

式中，f_x、f_y、f_z 分别为沿各坐标轴的体积力。

几何方程描述了弹性体应变分量和位移分量之间的关系，相应的方程如下：

$$
\begin{cases}
\varepsilon_x=\dfrac{\partial u}{\partial x}\\
\varepsilon_y=\dfrac{\partial v}{\partial y},\\
\varepsilon_z=\dfrac{\partial w}{\partial z}
\end{cases}
\quad
\begin{cases}
\gamma_{xy}=\dfrac{\partial v}{\partial x}+\dfrac{\partial u}{\partial y}\\
\gamma_{yz}=\dfrac{\partial w}{\partial y}+\dfrac{\partial v}{\partial z}\\
\gamma_{zx}=\dfrac{\partial u}{\partial z}+\dfrac{\partial w}{\partial x}
\end{cases}
\tag{2-25}
$$

对连续、均匀和各向同性的弹性体，根据广义胡克定律，描述应力和应变关系之间的物理方程如下：

$$
\begin{cases}
\varepsilon_x=\dfrac{1}{E}[\sigma_x-\nu(\sigma_y+\sigma_z)]\\
\varepsilon_y=\dfrac{1}{E}[\sigma_y-\nu(\sigma_z+\sigma_x)],\\
\varepsilon_z=\dfrac{1}{E}[\sigma_z-\nu(\sigma_x+\sigma_y)]
\end{cases}
\quad
\begin{cases}
\gamma_{xy}=\dfrac{\tau_{xy}}{G}\\
\gamma_{yz}=\dfrac{\tau_{yz}}{G}\\
\gamma_{zx}=\dfrac{\tau_{zx}}{G}
\end{cases}
\tag{2-26}
$$

式中，E 为弹性模量；ν 为泊松比；G 为剪切模量，它们三者之间的关系为 $G=\dfrac{E}{2(1+\nu)}$。

引入体积应变 $\overline{\varepsilon}=\varepsilon_x+\varepsilon_y+\varepsilon_z$，将其代入可得到以应变表示应力的关系式：

$$
\begin{cases}
\sigma_x=2G\left(\varepsilon_x+\dfrac{\nu}{1-2\nu}\overline{\varepsilon}\right)\\
\sigma_y=2G\left(\varepsilon_y+\dfrac{\nu}{1-2\nu}\overline{\varepsilon}\right),\\
\sigma_z=2G\left(\varepsilon_z+\dfrac{\nu}{1-2\nu}\overline{\varepsilon}\right)
\end{cases}
\quad
\begin{cases}
\tau_{xy}=\gamma_{xy}G\\
\tau_{yz}=\gamma_{yz}G\\
\tau_{zx}=\gamma_{zx}G
\end{cases}
\tag{2-27}
$$

一般情况下，弹性体的力学状态描述会涉及上述所有的应力、位移和应变分量，称为控件问题，如弹性半空间上矩形基础的振动问题。当弹性体在某一方向上没有变化时，且沿此方向上所受外力一样，例如，后面章节涉及的弹性半空间

表面的条形激振沿 y 方向无变化，弹性半空间内只有 x 及 z 方向的位移，且这些位移与 y 轴坐标无关，这类问题称为平面应变问题。因此在条形基础振动问题中弹性半空间内的三大类变量只考虑与 y 轴无关的位移 u 和 w，应变分量ε_x、ε_z、γ_{zx}，以及应力分量σ_x、σ_z、τ_{zx}。当弹性体及所受外力都与某一轴对称时，则所有的应力、位移及应变分量也都对称于该轴，称为轴对称问题，该类问题一般采用极坐标系描述。

2.3.2　弹性体的波动方程

在图 2-6 所示的直角坐标系中，取边长分别为 dx、dy、dz 的微小土体单元体，单元体各面上的应力分量如图 2-6 所示（图中仅以沿 x 轴方向为例，标出了单元体各个面上沿 x 方向的法向应力及剪应力）。从图中可以看出在 x 轴方向上作用力之和为

$$\left(\sigma_x+\frac{\partial\sigma_x}{\partial x}\mathrm{d}x\right)\mathrm{d}y\mathrm{d}z-\sigma_x\mathrm{d}y\mathrm{d}z+\left(\tau_{xy}+\frac{\partial\tau_{xy}}{\partial y}\mathrm{d}y\right)\mathrm{d}x\mathrm{d}z-\tau_{xy}\mathrm{d}x\mathrm{d}z+\left(\tau_{zx}+\frac{\partial\tau_{zx}}{\partial z}\mathrm{d}z\right)\mathrm{d}x\mathrm{d}y-\tau_{zx}\mathrm{d}x\mathrm{d}y$$
$$=\left(\frac{\partial\sigma_x}{\partial x}+\frac{\partial\tau_{xy}}{\partial y}+\frac{\partial\tau_{zx}}{\partial z}\right)\mathrm{d}x\mathrm{d}y\mathrm{d}z \tag{2-28}$$

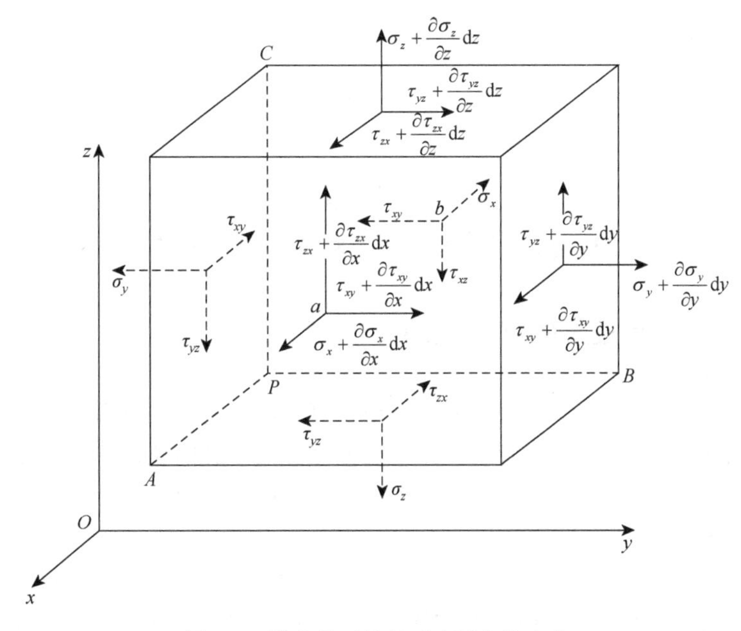

图 2-6　微小单元体各对应面上的应力

设弹性半空间土体的质量密度为ρ，当土体运动时，微小单元体在 x 方向受着 $(\rho_s \mathrm{d}x\mathrm{d}y\mathrm{d}z)\dfrac{\partial^2 u}{\partial t^2}$ 的加速度力，此力与上述 x 方向的合力 $\left(\dfrac{\partial \sigma_x}{\partial x}+\dfrac{\partial \tau_{xy}}{\partial y}+\dfrac{\partial \tau_{zx}}{\partial z}\right)\mathrm{d}x\mathrm{d}y\mathrm{d}z$，约去 dxdydz 后，可得在 x 方向的运动方程：

$$\rho\frac{\partial^2 u}{\partial t^2}=\frac{\partial \sigma_x}{\partial x}+\frac{\partial \tau_{xy}}{\partial y}+\frac{\partial \tau_{zx}}{\partial z} \tag{2-29}$$

引入拉梅常量 $\lambda=\dfrac{2G\nu}{1-2\nu}$，由几何方程和物理方程可得应力和位移的关系为

$$\begin{cases}\bar{\varepsilon}=\dfrac{\partial u}{\partial x}+\dfrac{\partial v}{\partial y}+\dfrac{\partial w}{\partial z}\\ \sigma_x=2G\dfrac{\partial u}{\partial x}+\lambda\bar{\varepsilon}, \quad \sigma_y=2G\dfrac{\partial v}{\partial y}+\lambda\bar{\varepsilon}, \quad \sigma_z=2G\dfrac{\partial w}{\partial z}+\lambda\bar{\varepsilon}\\ \tau_{xy}=G\left(\dfrac{\partial u}{\partial y}+\dfrac{\partial v}{\partial x}\right), \quad \tau_{yz}=G\left(\dfrac{\partial v}{\partial z}+\dfrac{\partial w}{\partial y}\right), \quad \tau_{zx}=G\left(\dfrac{\partial u}{\partial z}+\dfrac{\partial w}{\partial x}\right)\end{cases} \tag{2-30}$$

将式（2-30）代入式（2-29）可得

$$\rho_s\frac{\partial^2 u}{\partial t^2}=(\lambda_s+G_s)\frac{\partial \bar{\varepsilon}}{\partial x}+G_s\nabla^2 u \tag{2-31}$$

式中，拉普拉斯算子 $\nabla^2=\left(\dfrac{\partial^2}{\partial x^2}+\dfrac{\partial^2}{\partial y^2}+\dfrac{\partial^2}{\partial z^2}\right)$。

按同样的方法，列出 y 及 z 方向的方程：

$$\rho_s\frac{\partial^2 v}{\partial t^2}=(\lambda_s+G_s)\frac{\partial \bar{\varepsilon}}{\partial y}+G_s\nabla^2 v \tag{2-32}$$

$$\rho_s\frac{\partial^2 w}{\partial t^2}=(\lambda_s+G_s)\frac{\partial \bar{\varepsilon}}{\partial z}+G_s\nabla^2 w \tag{2-33}$$

式（2-31）～式（2-33）就是弹性体波动方程的直角表达式。

2.3.3　伯努利-欧拉梁的横向振动方程

考虑图 2-7（a）所示的横向振动的细长直梁，假定梁的各截面中心主惯性轴在同一平面 xOy 平面内，外荷载也作用在该平面内，此时梁的主要变形为平面弯曲。当梁的挠度远小于其长度时，可忽略梁体剪切变形以及截面绕中性轴转动惯量的影响，这种梁被称为伯努利-欧拉梁（Bernoulli-Euler beam）。

已知非均匀细长梁沿长度 x 方向的抗弯刚度为 $EI(x)$，截面面积为 $A(x)$，单位体积内的质量为ρ，作用在梁上的横向荷载 $p(x, t)$及梁的横向位移 $v(x, t)$均为随坐标 x 和时间 t 变化的连续函数。设梁中性轴上一点的弯矩为 $M(x, t)$，横向剪力

为 $Q(x, t)$。取梁上任意截面 x 处如图 2-7（b）所示的微段 dx，其分布惯性力为 $f_{\mathrm{I}}(x)=\rho A(x)\dfrac{\partial^2 v(x,t)}{\partial t^2}$。

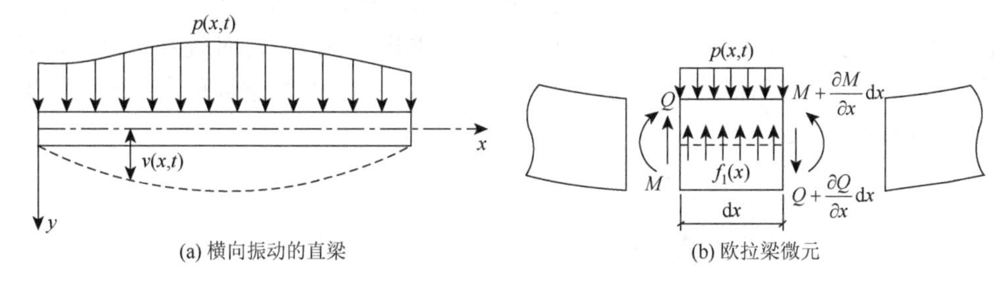

(a) 横向振动的直梁　(b) 欧拉梁微元

图 2-7　横向弯曲变形的欧拉梁

根据达朗贝尔原理，梁在运动过程中处于动平衡状态，由力的平衡条件建立第一个方程：

$$Q-\left(Q+\frac{\partial Q}{\partial x}\mathrm{d}x\right)-p(x,t)\mathrm{d}x+\rho A(x)\frac{\partial^2 v(x,t)}{\partial t^2}\mathrm{d}x=0 \tag{2-34}$$

整理得

$$\frac{\partial Q}{\partial x}=-p(x,t)+\rho A(x)\frac{\partial^2 v(x,t)}{\partial t^2} \tag{2-35}$$

由力矩的平衡（对微段右侧面和 x 轴的交点取矩）条件建立第二个方程：

$$M-\left(M+\frac{\partial M}{\partial x}\mathrm{d}x\right)+Q\mathrm{d}x-\frac{1}{2}p(x,t)(\mathrm{d}x)^2+\frac{1}{2}\rho A(x)\frac{\partial^2 v(x,t)}{\partial t^2}(\mathrm{d}x)^2=0 \tag{2-36}$$

略去式中的高阶微量，整理得

$$Q=\frac{\partial M}{\partial x} \tag{2-37}$$

将式（2-37）代入式（2-35）可得

$$\frac{\partial^2 M}{\partial x^2}=-p(x,t)+\rho A(x)\frac{\partial^2 v(x,t)}{\partial t^2} \tag{2-38}$$

根据梁的初等剪切理论，梁的弯矩与曲率的关系为

$$M=-EI(x)\frac{\partial^2 v(x,t)}{\partial x^2} \tag{2-39}$$

将式（2-39）代入式（2-38）可得仅考虑弯曲情况下，变截面伯努利-欧拉梁的横向强迫振动方程为

$$EI(x)\frac{\partial^4 v(x,t)}{\partial x^2}+\rho A(x)\frac{\partial^2 v(x,t)}{\partial t^2}=p(x,t) \tag{2-40}$$

2.3.4　铁摩辛柯梁的振动方程

与细长的欧拉梁不同，当梁的截面尺寸与长度相差不悬殊时，或者在分析细长梁的高阶振型时，梁的全长将被节点平面分成若干小段，这时就有必要考虑梁体的剪切变形与转动惯量的影响，如图 2-8 所示。这种弹性梁被称为铁摩辛柯梁（Timoshenko beam）。

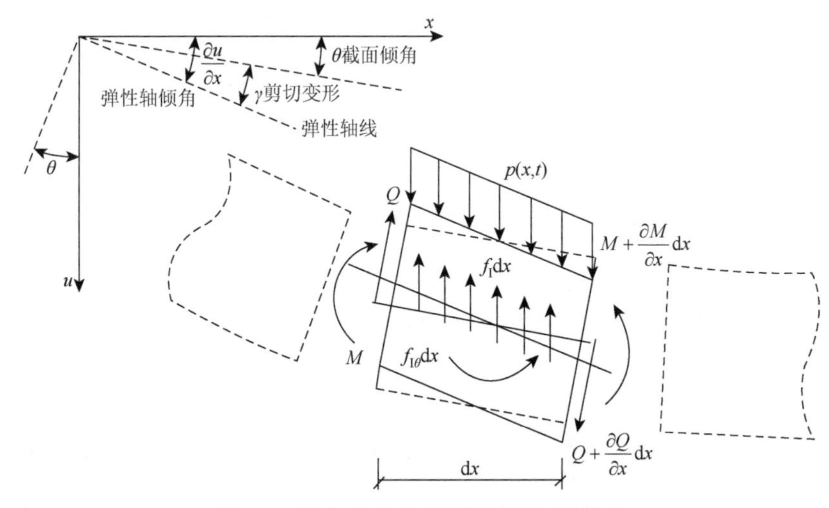

图 2-8　横向弯曲变形的铁摩辛柯梁微元

首先，考虑转动惯量。取梁上任意截面 x 处的微段 dx。转动惯量是由梁截面的转动，即其截面法线从原来的水平位置转动了θ角引起的。转动角速度会使得梁截面分布质量产生相对于中性轴的分布转动惯性力矩 $f_{I\theta}$，其大小等于截面的质量惯性矩ρI（x）与截面角加速度的乘积，即

$$f_{I\theta}=\rho I(x)\frac{\partial^2\theta(x,t)}{\partial t^2}\tag{2-41}$$

其次，考虑剪切变形。由于剪切变形的影响，在弯矩和剪力共同作用下，梁的轴线转角 $\partial v/\partial x$ 、截面转角以及剪切角γ之间满足

$$\gamma=\frac{\partial v}{\partial x}-\theta\tag{2-42}$$

根据材料力学，对于简单截面情况，由剪切变形引起的转角γ为

$$\gamma=\frac{Q}{\kappa GA(x)}\tag{2-43}$$

式中，κ为横截面的有效剪切系数，与横截面形状以及截面上剪切应力的非均匀分

布有关。在工程实践中，对于矩形截面可采用 $\kappa=\dfrac{10(1+\nu)}{12+11\nu}$，对于圆形截面可采用 $\kappa=\dfrac{6(1+\nu)}{7+6\nu}$。

$$Q=\kappa GA(x)\left[\frac{\partial v(x,t)}{\partial x}-\theta(x,t)\right] \tag{2-44}$$

根据梁的初等剪切理论，梁的弯矩与曲率的关系为

$$M=-EI(x)\frac{\partial\theta(x,t)}{\partial x} \tag{2-45}$$

下面根据达朗贝尔原理，梁在运动过程中处于动平衡状态，由竖向力的平衡依然可以得到与伯努利-欧拉梁形式相同的第一个平衡方程：

$$\frac{\partial Q}{\partial x}=-p(x,t)+\rho A(x)\frac{\partial^2 v(x,t)}{\partial t^2} \tag{2-46}$$

由力矩的平衡（对微段右侧面和 x 轴的交点取矩）条件建立第二个平衡方程：

$$M-\left(M+\frac{\partial M}{\partial x}\mathrm{d}x\right)+Q\mathrm{d}x-\frac{1}{2}p(x,t)(\mathrm{d}x)^2+\frac{1}{2}\rho A(x)\frac{\partial^2 v(x,t)}{\partial t^2}(\mathrm{d}x)^2-\rho I(x)\frac{\partial^2\theta(x,t)}{\partial t^2}\mathrm{d}x=0 \tag{2-47}$$

略去式中的高阶微量，整理得

$$\frac{\partial M}{\partial x}=Q-\rho I(x)\frac{\partial^2\theta(x,t)}{\partial t^2} \tag{2-48}$$

将式（2-48）代入式（2-46）和式（2-47）这两个平衡方程中，可得变截面铁摩辛柯梁的强迫振动方程：

$$\begin{cases}\dfrac{\partial}{\partial x}\left[\kappa GA(x)\left(\dfrac{\partial v(x,t)}{\partial x}-\theta(x,t)\right)\right]=-p(x,t)+\rho A(x)\dfrac{\partial^2 v(x,t)}{\partial t^2}\\ \dfrac{\partial}{\partial x}\left(EI(x)\dfrac{\partial\theta(x,t)}{\partial x}\right)=\rho I(x)\dfrac{\partial^2\theta(x,t)}{\partial t^2}-\kappa GA(x)\left(\dfrac{\partial v}{\partial x}-\theta(x,t)\right)\end{cases} \tag{2-49}$$

对于等截面梁，截面积 A 和抗弯刚度 EI 则为常数，则合并式（2-49）并化简后可得等截面铁摩辛柯梁的横向强迫振动方程：

$$\underbrace{\left[\rho A\frac{\partial^2 v(x,t)}{\partial t^2}+EI\frac{\partial^4 v(x,t)}{\partial x^4}-p(x,t)\right]}_{\text{欧拉梁理论项}}\underbrace{-\rho I\frac{\partial^4 v(x,t)}{\partial x^2\partial t^2}}_{\text{转动惯量影响}}+\underbrace{\frac{EI}{\kappa GA}\frac{\partial^2}{\partial x^2}\left[p(x,t)-\rho A\frac{\partial^2 v(x,t)}{\partial t^2}\right]}_{\text{剪切变形影响}}$$
$$\underbrace{-\frac{\rho I}{\kappa GA}\frac{\partial^2}{\partial t^2}\left[p(x,t)-\rho A\frac{\partial^2 v(x,t)}{\partial t^2}\right]}_{\text{转动惯量与剪切变形耦合影响}}=0 \tag{2-50}$$

参 考 文 献

[1] Chopra A K. 结构动力学理论及其在地震工程中的应用[M]. 谢礼立, 吕大刚, 等, 译. 北京: 高等教育出版社, 2009.

[2] 刘晶波, 杜修力.结构动力学[M]. 北京: 机械工业出版社, 2015.

[3] 刘章军, 陈建兵.结构动力学[M]. 北京: 中国水利水电出版社, 2010.

第3章　任意多个明置条形基础的垂直振动阻抗研究

地基与基础间动力相互作用是地震工程和机械振动领域的重要研究课题，求解反映基础振动位移与外力关系的阻抗函数是此研究的核心环节，各国学者采用不同的分析方法取得了丰硕的研究成果，使得弹性半空间表面单个明置基础的振动解答已相当得完善和成熟[1]。但是，随着城市化进程的加速，轨道交通的建设不断兴起。相邻结构的基础通过地基土联系在一起，形成了一个完整开放的结构体系。在垂直荷载作用下，不仅单个基础与地基土之间存在着相互作用，而且相邻基础之间通过地基土也同样存在着相互作用。随着计算机技术的发展，目前相邻结构动力相互作用的计算方法主要是有限元为代表的数值法，但这类方法计算量大，不便于参数化分析，因此，发展更为有效的计算方法是必要的。

本章基于弹性半空间理论，研究任意多个明置条形基础的垂直动力相互作用，将各条形基础与地基的接触面分割成若干个子单元，各单元的位移由基础的刚体位移决定。推导了非对称简谐集中、条形均布载荷作用下弹性地基位移的格林（Green）函数，通过分段积分及 Cauchy 主值积分处理多值广义函数的积分问题。运用所得 Green 函数求解各单元上的接触力，根据叠加原理得到了考虑 SSSI 效应的明置条形基础群垂直振动阻抗。详细分析了基础和地基参数对垂直动力相互作用的影响，计算表明当两明置条形基础距宽比 $S/L \leqslant 4.0$ 时，应考虑其垂直动力相互作用效应。所提方法具有计算简便和精度高的特点，对全频段阻抗函数的计算均适用。

3.1　理 论 推 导

3.1.1　模型介绍

对于轨道基础、大坝或者长宽比大于 10 的矩形基础，可将其简化为平面应变问题中的二维刚性条形基础。假定 N 个宽度分别为 L_n 的条形基础置于由均质、各向同性地基土组成的弹性半空间表面，分别受垂直简谐激振 $P_n \mathrm{e}^{\mathrm{i}\omega t}$ 作用，以水平方向为 x 轴，垂直方向为 z 轴建立图 3-1 所示的坐标系。第 n 个基础与前一个基础的间距为 S_n。对考虑 SSSI 效应的系统振动位移 $\hat{\boldsymbol{W}}$ 与外力 $\hat{\boldsymbol{P}}$ 关系可表示为

$$\hat{\boldsymbol{P}} = \mathfrak{R}\hat{\boldsymbol{W}} \tag{3-1}$$

式中

$$\hat{\boldsymbol{P}} = [P_1 \quad \cdots \quad P_n \quad \cdots \quad P_N]^{\mathrm{T}} \tag{3-2a}$$

$$\boldsymbol{\mathfrak{R}} = \begin{bmatrix} \mathfrak{R}_{11} & \cdots & \mathfrak{R}_{1n} & \cdots & \mathfrak{R}_{1N} \\ \vdots & & \vdots & & \vdots \\ \mathfrak{R}_{m1} & \cdots & \mathfrak{R}_{mn} & \cdots & \mathfrak{R}_{mN} \\ \vdots & & \vdots & & \vdots \\ \mathfrak{R}_{N1} & \cdots & \mathfrak{R}_{Nn} & \cdots & \mathfrak{R}_{NN} \end{bmatrix} \tag{3-2b}$$

$$\hat{\boldsymbol{W}} = [W_1 \quad \cdots \quad W_n \quad \cdots \quad W_N]^{\mathrm{T}} \tag{3-2c}$$

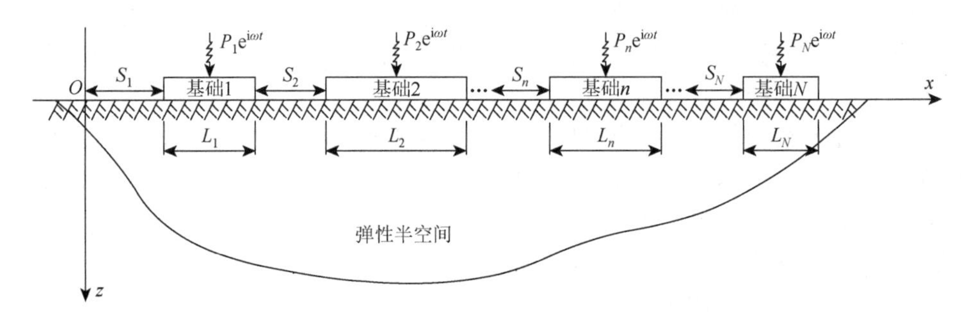

图 3-1 受垂直简谐激振的明置条形基础群

各基础与地基接触面的应力是求解式（3-1）中条形基础群垂直振动阻抗矩阵 $\boldsymbol{\mathfrak{R}}$ 的必要条件，但由于相互作用的影响，应力边值法中的地基反力分布假定不再适用于此问题。如图 3-2 所示，本章将各基础与地基的接触面分别离散，第 n 个基础下的接触面被划分成 R_n 个子单元，各子单元宽度均为 $\varDelta_n = L_n/R_n$。用各子单

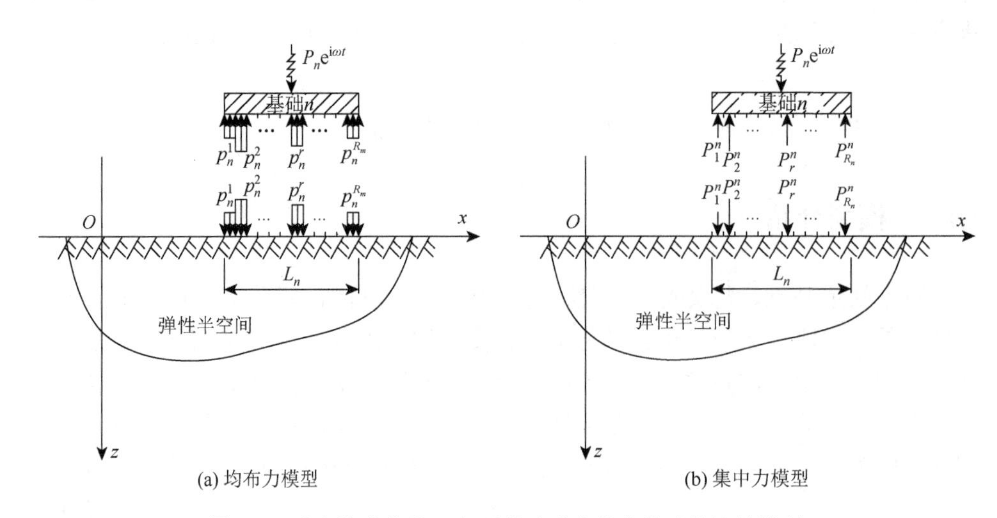

(a) 均布力模型 (b) 集中力模型

图 3-2 垂直简谐荷载下条形基础群中单个基础的计算模型

元中心坐标来定义单元位置，坐标信息如表 3-1 所示。假定第 n 个子单元受均布垂直简谐激振 $p_n^r \mathrm{e}^{\mathrm{i}\omega t}$ 或集中垂直简谐激振 $P_n^r \mathrm{e}^{\mathrm{i}\omega t}$ 作用。本章将分别通过均布激振和集中激振下的地基 Green 函数计算出满足刚性基础位移的所有单元接触应力后，采用叠加法得到考虑 SSSI 效应的条形基础群垂直振动阻抗。将基础-地基-基础间的动力相互作用用刚度系数和阻尼系数来描述，得到图 3-3 所示的等效力学模型。

表 3-1　单元坐标信息

坐标	第 1 个基础下的第 r 个单元（$r=1,2,\cdots,R_1$）	第 n 个基础下的第 r 个单元（$r=1,2,\cdots,R_n$）	第 N 个基础下的第 r 个单元（$r=1,2,\cdots,R_N$）
每个单元的中心坐标	$C_1 = S_1 + \dfrac{(2r-1)L_1}{2R_1}$	$C_n = \dfrac{(2r-1)L_n}{2R_n} + \sum\limits_{l=1}^{n}(S_l + L_{l-1})$	$C_N = \dfrac{(2r-1)L_N}{2R_N} + \sum\limits_{l=1}^{N}(S_l + L_{l-1})$
每个单元的坐标区间	$\left[C_1 - \dfrac{\Delta_1}{2}, C_1 + \dfrac{\Delta_1}{2}\right]$	$\left[C_n - \dfrac{\Delta_n}{2}, C_n + \dfrac{\Delta_n}{2}\right]$	$\left[C_N - \dfrac{\Delta_N}{2}, C_N + \dfrac{\Delta_N}{2}\right]$

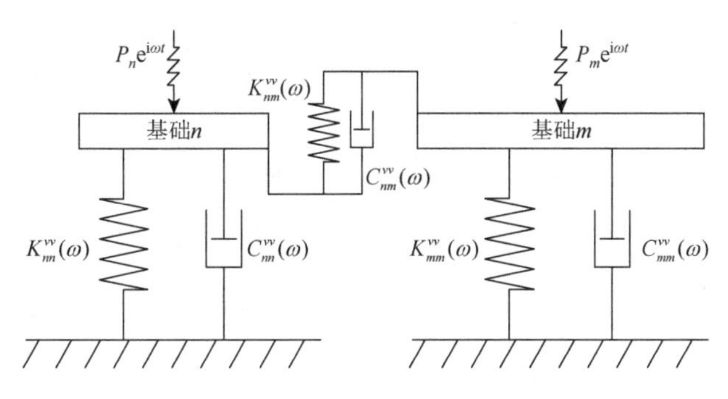

图 3-3　垂直耦合动力相互作用等效模型

3.1.2　弹性半空间垂直荷载的格林函数

当弹性体及外荷载沿 y 轴均无变化，可只讨论 xOz 平面的量。此情况下弹性半空间中地基土沿 x 轴和 z 轴方向的稳态位移分别为 $u(x,z,t)$和 $w(x,z,t)$，则平面内波动方程为

$$\begin{cases} \rho_{\mathrm{s}} \dfrac{\partial^2 u}{\partial t^2} = (\lambda_{\mathrm{s}} + G_{\mathrm{s}}) \dfrac{\partial \overline{\varepsilon}}{\partial x} + G_{\mathrm{s}} \nabla^2 u \\ \rho_{\mathrm{s}} \dfrac{\partial^2 w}{\partial t^2} = (\lambda_{\mathrm{s}} + G_{\mathrm{s}}) \dfrac{\partial \overline{\varepsilon}}{\partial z} + G_{\mathrm{s}} \nabla^2 w \end{cases} \tag{3-3}$$

式中，$\overline{\varepsilon}$ 为平面应变问题的体积应变，$\overline{\varepsilon} = \dfrac{\partial u}{\partial x} + \dfrac{\partial w}{\partial z}$；$\nabla^2$ 为平面应变问题的拉普

拉斯算子，$\nabla^2=\left(\dfrac{\partial^2}{\partial x^2}+\dfrac{\partial^2}{\partial z^2}\right)$。在频率为$\omega$的简谐激振作用下，只考察稳态振动，则弹性半空间中各质点的位移也是简谐的，满足

$$U(x,z,t)=U(x,z)\mathrm{e}^{\mathrm{i}\omega t} \tag{3-4a}$$

$$W(x,z,t)=W(x,z)\mathrm{e}^{\mathrm{i}\omega t} \tag{3-4b}$$

式中，虚数单位$\mathrm{i}=\sqrt{-1}$。

为了求解上述波动方程，引入两个势函数$\varPhi$和$\varPsi$，令位移 U、W 与这两个势函数的关系满足

$$U=\frac{\partial\varPhi}{\partial x}+\frac{\partial\varPsi}{\partial z},\quad W=\frac{\partial\varPhi}{\partial z}-\frac{\partial\varPsi}{\partial x} \tag{3-5}$$

将式（3-4）和式（3-5）代入式（3-3），可得如下两个 Helmholtz 方程：

$$(\nabla^2+h^2)\varPhi=0,\qquad(\nabla^2+k^2)\varPsi=0 \tag{3-6}$$

式中，$h^2=\dfrac{\omega^2\rho_{\mathrm{s}}}{\lambda_{\mathrm{s}}+2G_{\mathrm{s}}}=\dfrac{\omega^2}{V_{\mathrm{p}}^2}$；$k^2=\dfrac{\omega^2\rho_{\mathrm{s}}}{G_{\mathrm{s}}}=\dfrac{\omega^2}{V_{\mathrm{s}}^2}$；$V_{\mathrm{p}}$为压缩波波速，$V_{\mathrm{s}}$为剪切波波速。

采用分离变量法，得到上述两个 Helmholtz 方程的一般解，将其代入式（3-5）得位移 U、W 及切向应力τ_{zx}和法向应力σ_{zz}的通解为

$$U(x,z)=\int_{-\infty}^{+\infty}(\mathrm{i}\xi A\mathrm{e}^{-\alpha z}-\beta B\mathrm{e}^{-\beta z})\mathrm{e}^{\mathrm{i}\xi x}\mathrm{d}\xi \tag{3-7}$$

$$W(x,z)=\int_{-\infty}^{+\infty}(-\alpha A\mathrm{e}^{-\alpha z}-\mathrm{i}\xi B\mathrm{e}^{-\beta z})\mathrm{e}^{\mathrm{i}\xi x}\mathrm{d}\xi \tag{3-8}$$

$$\tau_{zx}(x,z)=G_{\mathrm{s}}\int_{-\infty}^{+\infty}[-2\mathrm{i}\xi\alpha A\mathrm{e}^{-\alpha z}+(2\xi^2-k^2)B\mathrm{e}^{-\beta z}]\mathrm{e}^{\mathrm{i}\xi x}\mathrm{d}\xi \tag{3-9}$$

$$\sigma_{zz}(x,z)=G_{\mathrm{s}}\int_{-\infty}^{+\infty}[(2\xi^2-k^2)A\mathrm{e}^{-\alpha z}+2\mathrm{i}\xi\beta B\mathrm{e}^{-\beta z}]\mathrm{e}^{\mathrm{i}\xi x}\mathrm{d}\xi \tag{3-10}$$

1. 垂直均布简谐荷载的边界条件及其解

弹性半空间表面区间[a，b]内作用一垂直均布简谐荷载p_n^r，边界条件为

$$\sigma_{zz}(x,0)=\begin{cases}-p_n^r, & a\leqslant x\leqslant b\\ 0, & \text{其他}\end{cases},\qquad \tau_{zx}(x,0)=0 \tag{3-11}$$

对式（3-11）进行 Fourier 变换得

$$\sigma_{zz}(x,0)=-\frac{p_n^r}{2\pi\mathrm{i}}\int_{-\infty}^{+\infty}\frac{1}{\xi}[\mathrm{e}^{\mathrm{i}\xi(x-a)}-\mathrm{e}^{\mathrm{i}\xi(x-b)}]\mathrm{d}\xi,\qquad \tau_{zx}(x,0)=\int_{-\infty}^{+\infty}0\mathrm{d}\xi \tag{3-12}$$

将式（3-12）与应力通解式（3-9）和式（3-10）进行对比可得待定系数 A、B 的表达式为

$$A=\mathrm{i}\frac{p_n^r[2\xi^2-(\omega/V_{\mathrm{s}})^2](\mathrm{e}^{-\mathrm{i}\xi a}-\mathrm{e}^{-\mathrm{i}\xi b})}{2\pi G_{\mathrm{s}}\xi F(\xi)},\quad B=-\frac{p_n^r\alpha(\mathrm{e}^{-\mathrm{i}\xi a}-\mathrm{e}^{-\mathrm{i}\xi b})}{\pi G_{\mathrm{s}}F(\xi)} \tag{3-13}$$

式中，$F(\xi)=(2\xi^2-k^2)^2-4\xi^2\alpha\beta$。

将式（3-13）代入式（3-7）和式（3-8）可得垂直均布简谐荷载 p_n^r 作用在弹性半空间表面区间[a，b]处引起的水平位移场 ${}^pU_n^r(x,z)$ 和垂直位移场 ${}^pW_n^r(x,z)$ 如下：

$$ {}^pU_n^r(x,z) = -\frac{p_n^r}{2\pi G_s}\int_{-\infty}^{+\infty}\frac{[2\xi^2-(\omega/V_s)^2]e^{-\alpha z}-2\alpha\beta e^{-\beta z}}{F(\xi)}[e^{i\xi(x-a)}-e^{i\xi(x-b)}]\,d\xi \quad (3\text{-}14) $$

$$ {}^pW_n^r(x,z) = -i\frac{p_n^r}{2\pi G_s}\int_{-\infty}^{+\infty}\frac{\alpha[(2\xi^2-(\omega/V_s)^2)e^{-\alpha z}+2\xi^2 e^{-\beta z}]}{\xi F(\xi)}[e^{i\xi(x-a)}-e^{i\xi(x-b)}]d\xi \quad (3\text{-}15) $$

式（3-14）和式（3-15）为多值的广义积分函数，为便于积分计算，设 $\eta=\xi/k$，$\vartheta^2=h^2/k^2$，将 $F(\xi)$ 用 $F(\eta)=(2\eta^2-1)^2-4\eta^2\sqrt{\eta^2-\vartheta^2}\sqrt{\eta^2-1}$ 来表示。因此，将表 3-1 中第 n 个基础下的第 r 个单元内的垂直均布激振 p_n^r 的坐标代入式（3-14）和式（3-15），可得弹性半空间表面的位移场为

$$ {}^pU_n^r(x,0) = -\frac{p_n^r V_s}{\pi\omega G_s}\int_0^{+\infty}\frac{\left(2\eta^2-1-2\sqrt{\eta^2-\vartheta^2}\sqrt{\eta^2-1}\right)}{F(\eta)}\left\{\cos\left[\frac{\eta\omega}{V_s}\left(x-\frac{(r-1)L_n}{N_n}-\sum_{l=1}^{n}(S_l+L_{l-1})\right)\right]\right. $$
$$ \left.-\cos\left[\frac{\eta\omega}{V_s}\left(x-\frac{rL_n}{N_n}-\sum_{l=1}^{n}(S_l+L_{l-1})\right)\right]\right\}d\eta \quad (3\text{-}16) $$

$$ {}^pW_n^r(x,0) = -\frac{p_n^r V_s}{\pi\omega G_s}\int_0^{+\infty}\frac{\sqrt{\eta^2-\vartheta^2}}{\eta F(\eta)}\left\{\sin\left[\frac{\eta\omega}{V_s}\left(x-\frac{(r-1)L_n}{N_n}-\sum_{l=1}^{n}(S_l+L_{l-1})\right)\right]\right. $$
$$ \left.-\sin\left[\frac{\eta\omega}{V_s}\left(x-\frac{rL_n}{N_n}-\sum_{l=1}^{n}(S_l+L_{l-1})\right)\right]\right\}d\eta \quad (3\text{-}17) $$

2. 垂直线简谐荷载的边界条件及其解

弹性半空间表面 $x=a$ 处作用一垂直线简谐荷载 P_n^r，边界条件为

$$ \sigma_{zz}(x,0)=\begin{cases}-\lim\limits_{\delta\to 0}\dfrac{P_n^r}{\delta}, & x=a\\ 0, & x\neq a\end{cases},\quad \tau_{zx}(x,0)=0 \quad (3\text{-}18) $$

对式（3-18）进行 Fourier 变换得

$$ \sigma_{zz}(x,0)=-\frac{P_n^r}{2\pi}\int_{-\infty}^{+\infty}e^{i\xi(x-a)}d\xi,\quad \tau_{zx}(x,0)=\int_{-\infty}^{+\infty}0\,d\xi \quad (3\text{-}19) $$

将式（3-19）与应力通解式（3-9）和式（3-10）对比可得待定系数 A、B 的表达式为

$$ A=\frac{-P_n^r(2\xi^2-k^2)e^{-i\xi a}}{2\pi G_s F(\xi)},\quad B=\frac{-P_n^r i\xi\alpha\, e^{-i\xi a}}{\pi G_s F(\xi)} \quad (3\text{-}20) $$

将式（3-20）代入式（3-7）和式（3-8）可得垂直线简谐荷载 P_n^r 作用在弹性半空间表面 $x=a$ 处引起的水平位移场 ${}^PU_n^r(x,z)$ 和垂直位移场 ${}^PW_n^r(x,z)$ 如下：

$$ {}^{P}U_n^r(x,z)=\frac{-\mathrm{i}P_n^r}{2\pi G_s}\int_{-\infty}^{+\infty}\frac{\xi[(2\xi^2-k^2)\mathrm{e}^{-\alpha z}-2\alpha\beta\,\mathrm{e}^{-\beta z}]}{F(\xi)}\mathrm{e}^{\mathrm{i}\xi(x-a)}\mathrm{d}\xi \tag{3-21} $$

$$ {}^{P}W_n^r(x,z)=\frac{P_n^r}{2\pi G_s}\int_{-\infty}^{+\infty}\frac{\alpha[(2\xi^2-k^2)\mathrm{e}^{-\alpha z}-2\xi^2\,\mathrm{e}^{-\beta z}]}{F(\xi)}\mathrm{e}^{\mathrm{i}\xi(x-a)}\mathrm{d}\xi \tag{3-22} $$

将表 3-1 中第 n 个基础下的第 r 个单元内的垂直线激振 P_n^r 的坐标代入式（3-21）和式（3-22），可得弹性半空间表面的位移场为

$$ {}^{P}U_n^r(x,0)=\frac{P_n^r}{\pi G_s}\int_0^{+\infty}\frac{\eta[(2\eta^2-1)-2\sqrt{\eta^2-\vartheta^2}\sqrt{\eta^2-1}]}{F(\eta)}\sin\left\{\eta k\left[x-\frac{(2r-1)L_n}{2R_n}-\sum_{l=1}^{n}(S_l+L_{l-1})\right]\right\}\mathrm{d}\eta \tag{3-23} $$

$$ {}^{P}W_n^r(x,0)=\frac{-P_n^r}{\pi G_s}\int_0^{+\infty}\frac{\sqrt{\eta^2-\vartheta^2}}{F(\eta)}\cos\left\{\eta k\left[x-\frac{(2r-1)L_n}{2R_n}-\sum_{l=1}^{n}(S_l+L_{l-1})\right]\right\}\mathrm{d}\eta \tag{3-24} $$

3.1.3 任意多个浅基础竖向振动阻抗

1. 均布力模型

根据叠加法原理及均布简谐荷载格林函数，明置条形基础群在垂直简谐激振作用下，弹性半空间表面的垂直位移场为

$$ \begin{aligned} W(x,0)&=\sum_{n=1}^{N}\sum_{r=1}^{R_n}W_n^r(x,0)\\ &=\frac{-1}{\pi G_s}\sum_{n=1}^{N}\left\{\sum_{r=1}^{R_n}q_n^r\int_0^{+\infty}\frac{\sqrt{\eta^2-\vartheta^2}}{F(\eta)pk}\right.\\ &\left.\cdot\left\{\sin\left[\eta k\left(x-\frac{(r-1)L_n}{R_n}-\sum_{l=1}^{n}(L_{l-1}+S_l)\right)\right]-\sin\left[\eta k\left(x-\frac{rL_n}{R_n}-\sum_{l=1}^{n}(L_{l-1}+S_l)\right)\right]\right\}\mathrm{d}\eta\right\} \end{aligned} \tag{3-25} $$

将表 3-1 中各子单元的中心坐标依次代入式（3-25），则所有子单元的力与位移关系可以用柔度矩阵方程表示：

$$ \begin{bmatrix} \bar{\boldsymbol{D}}_{11}^{R_1R_1} & \bar{\boldsymbol{D}}_{12}^{R_1R_2} & \cdots & \bar{\boldsymbol{D}}_{1n}^{R_1R_n} & \cdots & \bar{\boldsymbol{D}}_{1N}^{R_1R_N}\\ \bar{\boldsymbol{D}}_{21}^{R_2R_1} & \bar{\boldsymbol{D}}_{22}^{R_2R_2} & \cdots & \bar{\boldsymbol{D}}_{2n}^{R_2R_n} & \cdots & \bar{\boldsymbol{D}}_{2N}^{R_2R_N}\\ \vdots & \vdots & & \vdots & & \vdots\\ \bar{\boldsymbol{D}}_{m1}^{R_mR_1} & \bar{\boldsymbol{D}}_{m2}^{R_mR_2} & \cdots & \bar{\boldsymbol{D}}_{mn}^{R_mR_n} & \cdots & \bar{\boldsymbol{D}}_{mN}^{R_mR_N}\\ \vdots & \vdots & & \vdots & & \vdots\\ \bar{\boldsymbol{D}}_{N1}^{R_NR_1} & \bar{\boldsymbol{D}}_{N2}^{R_NR_2} & \cdots & \bar{\boldsymbol{D}}_{Nn}^{R_NR_n} & \cdots & \bar{\boldsymbol{D}}_{NN}^{R_NR_N} \end{bmatrix} \begin{bmatrix} \hat{\boldsymbol{p}}_1\\ \hat{\boldsymbol{p}}_2\\ \vdots\\ \hat{\boldsymbol{p}}_n\\ \vdots\\ \hat{\boldsymbol{p}}_N \end{bmatrix} = \begin{bmatrix} \hat{\boldsymbol{W}}_1\\ \hat{\boldsymbol{W}}_2\\ \vdots\\ \hat{\boldsymbol{W}}_n\\ \vdots\\ \hat{\boldsymbol{W}}_N \end{bmatrix} \tag{3-26} $$

式中

$$\hat{\boldsymbol{p}}_n = [p_n^1, \cdots, p_n^r, \cdots, p_n^{R_n}]^{\mathrm{T}}, \quad \hat{\boldsymbol{W}}_n = [W_n^1, \cdots, W_n^r, \cdots, W_n^{R_n}]^{\mathrm{T}}$$

$$\bar{\boldsymbol{D}}_{mn}^{R_m R_n} = \begin{bmatrix} \bar{D}_{mn}^{11} & \cdots & \bar{D}_{mn}^{1j} & \cdots & \bar{D}_{mn}^{1R_n} \\ \vdots & & \vdots & & \vdots \\ \bar{D}_{mn}^{i1} & \cdots & \bar{D}_{mn}^{ij} & \cdots & \bar{D}_{mn}^{iR_n} \\ \vdots & & \vdots & & \vdots \\ \bar{D}_{mn}^{R_m 1} & \cdots & \bar{D}_{mn}^{R_m j} & \cdots & \bar{D}_{mn}^{R_m R_n} \end{bmatrix}, \quad i = 1, 2, \cdots, R_m; j = 1, 2, \cdots, R_n$$

$$n, m = 1, 2, \cdots, N$$

上述矩阵 $\bar{\boldsymbol{D}}_{mn}^{R_m R_n}$ 中的元素 $\bar{D}_{mn}^{ij}$ 描述了第 m 个基础下第 j 个子单元中的条形均布荷载所引起的第 n 个基础下第 i 个子单元的位移之间的关系，其具体表达式以及相应的积分方法如下：

$$\bar{D}_{mn}^{ij} = -\frac{V_{\mathrm{s}}}{\pi \omega G_{\mathrm{s}}} \int_0^{+\infty} \frac{\sqrt{\eta^2 - \vartheta^2}}{\eta F(\eta)} G_1(m,n,i,j,\eta) \mathrm{d}\eta \tag{3-27}$$

式中

$$G_1(m,n,i,j,\eta) = \sin\left[\eta \frac{\omega}{V_{\mathrm{s}}}\left(\frac{(2i-1)L_m}{2R_m} + \sum_{l=1}^{m}(S_l + L_{l-1}) - \left(\frac{(j-1)L_n}{R_n} + \sum_{l=1}^{n}(S_l + L_{l-1})\right)\right)\right] - \sin\left[\eta \frac{\omega}{V_{\mathrm{s}}}\left(\frac{(2i-1)L_m}{2R_m} + \sum_{l=1}^{m}(S_l + L_{l-1}) - \left(\frac{jL_n}{R_n} + \sum_{l=1}^{n}(S_l + L_{l-1})\right)\right)\right] \tag{3-28}$$

$$F(\eta) = (2\eta^2 - 1)^2 - 4\eta^2 \sqrt{\eta^2 - \vartheta^2}\sqrt{\eta^2 - 1} \tag{3-29}$$

令式（3-27）中 $\bar{D}_{mn}^{ij} = \frac{1}{\pi G_{\mathrm{s}}}(f_{d1} + \mathrm{i} f_{d2})$，基于分段积分法有

$$f_{d1} = -\frac{V_{\mathrm{s}}}{\omega}\int_{\vartheta}^{1} \frac{\sqrt{\eta^2 - \vartheta^2}(2\eta^2 - 1)^2}{[(2\eta^2 - 1)^4 - 16p^4(\eta^2 - \vartheta^2)(\eta^2 - 1)]\eta} G_1(\eta)\mathrm{d}\eta - \bar{P}\frac{V_{\mathrm{s}}}{\omega} \cdot \int_1^{+\infty} \frac{\sqrt{p^2 - \vartheta^2}}{\left[(2\eta^2 - 1)^2 - 4\eta^2\sqrt{\eta^2 - \vartheta^2}\sqrt{\eta^2 - 1}\right]\eta} G_1(\eta)\mathrm{d}\eta \tag{3-30}$$

$$f_{d2} = -\frac{V_{\mathrm{s}}}{\omega}\int_0^{\vartheta} \frac{\sqrt{\vartheta^2 - \eta^2}}{\left[(2\eta^2 - 1)^2 + 4\eta^2\sqrt{\vartheta^2 - \eta^2}\sqrt{1 - \eta^2}\right]\eta} G_1(\eta)\mathrm{d}\eta - \frac{V_{\mathrm{s}}}{\omega} \cdot \int_{\vartheta}^{1} \frac{4\eta^2(\eta^2 - \vartheta^2)\sqrt{1 - \eta^2}}{[(2\eta^2 - 1)^4 - 16\eta^4(\eta^2 - \vartheta^2)(\eta^2 - 1)]\eta} G_1(\eta)\mathrm{d}\eta + \pi\frac{V_{\mathrm{s}}\sqrt{\varepsilon^2 - \vartheta^2}}{\omega[F(\eta)\eta]'|_{\eta=\varepsilon}} G_1(\varepsilon) \tag{3-31}$$

式中，ε为$F(\eta)$的根；$\bar{P}$为 Cauchy 主值积分。

式（3-26）可简写为

$$\bar{\boldsymbol{D}}\hat{\boldsymbol{p}}=\hat{\boldsymbol{W}} \tag{3-32}$$

在垂直外激振荷载作用下，刚性条形基础的位移和与其完全接触的各子单元位移满足$\hat{\boldsymbol{W}}_n=V_n\hat{\boldsymbol{I}}_n$，其中$\hat{\boldsymbol{I}}_n$是含有 R_n 个元素的单位列向量。因此，图 3-1 所示的条形基础群中各个基础的位移与对应各子单元的位移存在如下关系：

$$\hat{\boldsymbol{W}}=\boldsymbol{X}\hat{\boldsymbol{V}} \tag{3-33}$$

式中

$\boldsymbol{X}=\begin{bmatrix}\hat{\boldsymbol{I}}_1 & \hat{\boldsymbol{0}}_1 & \cdots & \hat{\boldsymbol{0}}_1 & \cdots & \hat{\boldsymbol{0}}_1\\ \hat{\boldsymbol{0}}_2 & \hat{\boldsymbol{I}}_2 & \cdots & \hat{\boldsymbol{0}}_2 & \cdots & \hat{\boldsymbol{0}}_2\\ \vdots & \vdots & & \vdots & & \vdots\\ \hat{\boldsymbol{0}}_n & \hat{\boldsymbol{0}}_n & \cdots & \hat{\boldsymbol{I}}_n & \cdots & \hat{\boldsymbol{0}}_n\\ \vdots & \vdots & & \vdots & & \vdots\\ \hat{\boldsymbol{0}}_N & \hat{\boldsymbol{0}}_N & \cdots & \hat{\boldsymbol{0}}_N & \cdots & \hat{\boldsymbol{I}}_N\end{bmatrix}$是一个$\left(\sum_{n=1}^{N}R_n\right)\times N$的矩阵，$\hat{\boldsymbol{0}}_n$是含有 R_n 个零元素的列向量。

根据力的平衡，各条形基础满足$P_n=(\hat{\boldsymbol{I}}_n)^{\mathrm{T}}\hat{\boldsymbol{p}}_n\varDelta_n$。因此，对于条形基础群满足

$$\hat{\boldsymbol{P}}=[\operatorname{diag}(\varDelta_1,\varDelta_2,\cdots,\varDelta_N)\times\boldsymbol{X}]^{\mathrm{T}}\hat{\boldsymbol{p}} \tag{3-34}$$

根据式（3-32）～式（3-34）建立明置条形基础群位移与外力的关系$\hat{\boldsymbol{P}}=[\operatorname{diag}(\varDelta_1,\varDelta_2,\cdots,\varDelta_N)\times\boldsymbol{X}]^{\mathrm{T}}\bar{\boldsymbol{D}}^{-1}\boldsymbol{X}\times\hat{\boldsymbol{V}}$，因此，与式（3-1）比较可得考虑 SSSI 效应的明置条形基础群垂直振动阻抗矩阵$\boldsymbol{\mathfrak{R}}$如下：

$$\boldsymbol{\mathfrak{R}}=[\operatorname{diag}(\varDelta_1,\varDelta_2,\cdots,\varDelta_N)\times\boldsymbol{X}]^{\mathrm{T}}\bar{\boldsymbol{D}}^{-1}\boldsymbol{X} \tag{3-35}$$

2. 集中力模型

根据叠加法原理及线简谐荷载 Green 函数，明置条形基础群在垂直简谐激振作用下，弹性半空间表面的垂直位移场为

$$W(x,0)=\frac{-1}{\pi G_{\mathrm{s}}}\sum_{m=1}^{M}\left\{\sum_{r=1}^{R_m}Q_m^r\int_0^{+\infty}\frac{\sqrt{p^2-\vartheta^2}}{F(p)}\cos\left\{pk\left[x-\frac{(2r-1)L_m}{2R_m}-\sum_{l=1}^{m}(L_{l-1}+S_l)\right]\right\}\mathrm{d}p\right\} \tag{3-36}$$

将表 3-1 中各子单元的中心坐标依次代入式（3-36），则所有子单元的力与位移关系可以用柔度矩阵方程表示：

$$\begin{bmatrix} \boldsymbol{D}_{11}^{R_1R_1} & \boldsymbol{D}_{12}^{R_1R_2} & \cdots & \boldsymbol{D}_{1n}^{R_1R_n} & \cdots & \boldsymbol{D}_{1N}^{R_1R_N} \\ \boldsymbol{D}_{21}^{R_2R_1} & \boldsymbol{D}_{22}^{R_2R_2} & \cdots & \boldsymbol{D}_{2n}^{R_2R_n} & \cdots & \boldsymbol{D}_{2N}^{R_2R_N} \\ \vdots & \vdots & & \vdots & & \vdots \\ \boldsymbol{D}_{m1}^{R_mR_1} & \boldsymbol{D}_{m2}^{R_mR_2} & \cdots & \boldsymbol{D}_{mn}^{R_mR_n} & \cdots & \boldsymbol{D}_{mN}^{R_mR_N} \\ \vdots & \vdots & & \vdots & & \vdots \\ \boldsymbol{D}_{N1}^{R_NR_1} & \boldsymbol{D}_{N2}^{R_NR_2} & \cdots & \boldsymbol{D}_{Nn}^{R_NR_n} & \cdots & \boldsymbol{D}_{NN}^{R_NR_N} \end{bmatrix} \begin{bmatrix} \hat{\boldsymbol{Q}}_1 \\ \hat{\boldsymbol{Q}}_2 \\ \vdots \\ \hat{\boldsymbol{Q}}_n \\ \vdots \\ \hat{\boldsymbol{Q}}_N \end{bmatrix} = \begin{bmatrix} \hat{\boldsymbol{W}}_1 \\ \hat{\boldsymbol{W}}_2 \\ \vdots \\ \hat{\boldsymbol{W}}_n \\ \vdots \\ \hat{\boldsymbol{W}}_N \end{bmatrix} \tag{3-37}$$

式中

$$\hat{\boldsymbol{Q}}_n = [Q_n^1,\ Q_n^2,\ \cdots,\ Q_n^{R_n}]^{\mathrm{T}}, \qquad \boldsymbol{D}_{mn}^{R_mR_n} = \begin{bmatrix} D_{mn}^{11} & \cdots & D_{mn}^{1j} & \cdots & D_{mn}^{1R_n} \\ \vdots & & \vdots & & \vdots \\ D_{mn}^{i1} & \cdots & D_{mn}^{ij} & \cdots & D_{mn}^{iR_n} \\ \vdots & & \vdots & & \vdots \\ D_{mn}^{R_m1} & \cdots & D_{mn}^{R_mj} & \cdots & D_{mn}^{R_mR_n} \end{bmatrix}$$

$$i = 1, 2, \cdots, R_m;\ j = 1, 2, \cdots, R_n;\ n, m = 1, 2, \cdots, N$$

上述矩阵 $\boldsymbol{D}_{mn}^{R_mR_n}$ 中的元素 D_{mn}^{ij} 描述了第 m 个基础下第 j 个子单元中的条形集中线荷载所引起的第 n 个基础下第 i 个子单元的位移之间的关系，其具体表达式以及相应的积分方法如下：

$$D_{mn}^{ij} = \frac{-1}{\pi G}\int_0^{+\infty} \frac{\sqrt{\eta^2 - \vartheta^2}}{F(\eta)} G_3(m,n,i,j,\eta)\mathrm{d}\eta \tag{3-38}$$

式中

$$G_3(m,n,i,j,\eta) = \cos\left\{\eta\frac{\omega}{V_{\mathrm{s}}}\left[\frac{(2i-1)L_n}{2R_n} + \sum_{l=1}^{n}(S_l + L_{l-1}) - \frac{(2j-1)L_m}{2R_m} + \sum_{l=1}^{m}(S_l + L_{l-1})\right]\right\} \tag{3-39}$$

令 $D_{mn}^{ij} = \dfrac{1}{\pi G_{\mathrm{s}}}(f_{g1} + \mathrm{i}f_{g2})$，基于分段积分法有

$$f_{g1} = -\int_{\vartheta}^{1} \frac{\sqrt{\eta^2 - \vartheta^2}(2\eta^2-1)^2}{(2\eta^2-1)^4 - 16\eta^4(\eta^2-\vartheta^2)(\eta^2-1)} G_3(\eta)\mathrm{d}\eta - \overline{P}\int_1^{+\infty} \frac{\sqrt{\eta^2-\vartheta^2}}{(2\eta^2-1)^2 - 4\eta^2\sqrt{\eta^2-\vartheta^2}\sqrt{\eta^2-1}} G_3(\eta)\mathrm{d}\eta \tag{3-40}$$

$$f_{g2} = -\int_0^{\vartheta} \frac{\sqrt{\vartheta^2-\eta^2}}{(2\eta^2-1)^2 + 4\eta^2\sqrt{\vartheta^2-\eta^2}\sqrt{1-\eta^2}} G_3(\eta)\mathrm{d}\eta - \int_{\vartheta}^{1} \frac{4\eta^2(\eta^2-\vartheta^2)\sqrt{1-\eta^2}}{(2\eta^2-1)^4 - 16\eta^4(\eta^2-\vartheta^2)(\eta^2-1)} \cdot G_3(\eta)\mathrm{d}\eta + \pi\frac{\sqrt{\varepsilon^2-\vartheta^2}}{[F(\eta)]'|_{\eta=\varepsilon}} G_3(\varepsilon) \tag{3-41}$$

式（3-37）可简写为

$$\boldsymbol{D}\hat{\boldsymbol{Q}}=\hat{\boldsymbol{W}} \tag{3-42}$$

与均布简谐荷载模型一样，根据条形基础群的位移边界条件以及力的平衡条件可建立明置条形基础群位移与外力的关系，并与式（3-1）比较可得考虑 SSSI 效应的明置条形基础群垂直阻抗矩阵 $\boldsymbol{\mathfrak{R}}$ 如下：

$$\boldsymbol{\mathfrak{R}}=\boldsymbol{X}^{\mathrm{T}}\boldsymbol{D}^{-1}\boldsymbol{X} \tag{3-43}$$

明置条形基础群的垂直振动阻抗矩阵 $\boldsymbol{\mathfrak{R}}$ 中的各元素均为与频率变化相关的复数，其实数部分描述了土与地基之间动力相互作用的动刚度，虚数部分描述了土与地基之间动力相互作用的动阻尼。

3.2 方法验证

3.2.1 收敛性

本算例计算位于均质弹性半空间表面上宽度为 L 的明置条形基础在竖向简谐激振下的振动阻抗。通过划分基础与地基接触面不同数量的条形子单元数来考察本章方法的收敛性，计算结果保证三位有效数字。从表 3-2 可以看出，单元内分别采用线集中激振和条形均布激振的两种计算模型的收敛值最终趋于一致，但均布力计算模型比集中力计算模型计算收敛速度要快。

表 3-2　条形基础垂直阻抗函数的收敛性

a_0	条形单元内受均布荷载						条形单元内受集中荷载					
	$R_q=90$		$R_q=100$		$R_q=110$		$R_Q=130$		$R_Q=140$		$R_Q=150$	
	Re	Im	Re	Im	Re	Im	Re	Im	Re	Im	Re	Im
0.10	0.358	0.195	0.358	0.195	0.358	0.195	0.359	0.195	0.359	0.195	0.359	0.195
0.25	0.424	0.339	0.424	0.339	0.424	0.339	0.425	0.339	0.425	0.339	0.425	0.339
0.50	0.457	0.563	0.457	0.563	0.457	0.563	0.459	0.564	0.459	0.563	0.459	0.563
0.75	0.450	0.796	0.450	0.796	0.450	0.796	0.453	0.798	0.453	0.797	0.453	0.797
1.00	0.424	1.05	0.424	1.05	0.424	1.05	0.428	1.05	0.428	1.05	0.428	1.05
1.25	0.393	1.32	0.393	1.32	0.393	1.32	0.400	1.32	0.399	1.32	0.399	1.32
1.50	0.369	1.60	0.369	1.61	0.369	1.61	0.377	1.61	0.377	1.61	0.377	1.61
1.75	0.355	1.90	0.355	1.90	0.355	1.90	0.356	1.91	0.355	1.91	0.355	1.91
2.00	0.355	2.20	0.355	2.20	0.355	2.20	0.356	2.21	0.356	2.21	0.356	2.21

注：表中的垂直阻抗函数值分别为提取常数 πG 后的实部值 Re 和虚部值 Im。计算参数为：土体泊松比 $\nu_{\mathrm{s}}=0.25$；无量纲频率 $a_0=\omega L/(2V_{\mathrm{s}})$。

3.2.2 算例验证

算例一：为验证式（3-17）和式（3-24）中多值广义积分数值计算的正确性，本算例分析单位简谐均布条形激振及线集中激振作用下的弹性半空间位移解，并与 Hasegawa 等[2]采用薄层法的位移解进行对比。计算参数如下：土体密度 $\rho_s = 2000\text{kg/m}^3$，剪切波波速 V_s=500m/s，泊松比 $\nu_s = 0.4$，求解的位移点距激振点的距离 $d = 40\text{m}$，计算结果如图 3-4 所示。图中横坐标为无量纲激振频率 $a_0=\omega d/V_s$，纵坐标为求解点位移 U_z 乘以 πG 后的规格化位移，Re 及 Im 分别是位移的实部和虚部。从图中可以看出，本章方法与薄层法的计算结果具有很好的一致性。

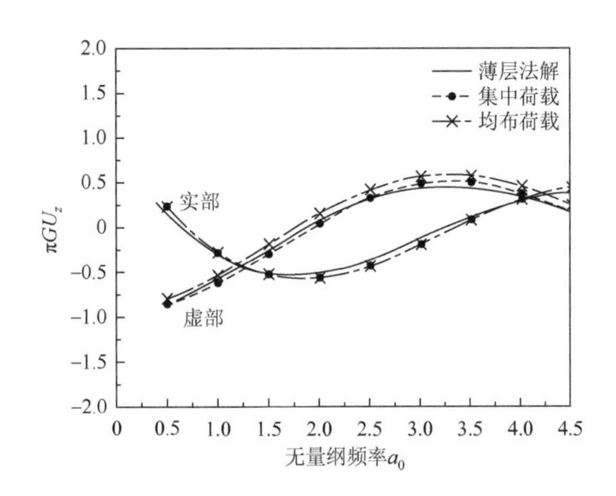

图 3-4　垂直简谐激振荷载作用下的弹性半空间位移响应

算例二：Luco 等[3]基于混合边值法，将对偶 Cauchy 型奇异积分方程转化为第二类 Fredholm 积分方程从而得到了在理想泊松比 $\nu = 0.5$ 时均质弹性半空间表面单个明置条形基础垂直阻抗的精确解。但当泊松比 $\nu < 0.5$ 时，因数值求解困难，不得不采用略去奇异积分方程次要项的方法给出近似解，且只能得到低频段（无量纲频率 $a_0 \leqslant 1.5$）的结果。为便于与上述方法比较，本算例给出了图 3-5 和图 3-6 所示的规格化垂直动柔度 πGF（式中 $F = 1/\mathscr{R}$，$\mathscr{R}$为单个条形基础的阻抗）随无量纲频率 $a_0 = \omega L/(2V_s)$的变化关系曲线。从图 3-5 和图 3-6 中可以看出，本章模型结果与 Luco 等的精确解表现出很好的一致性，并且能适用于更宽的激振频率范围。因此，本章方法具有精度高、适用性广的特点。

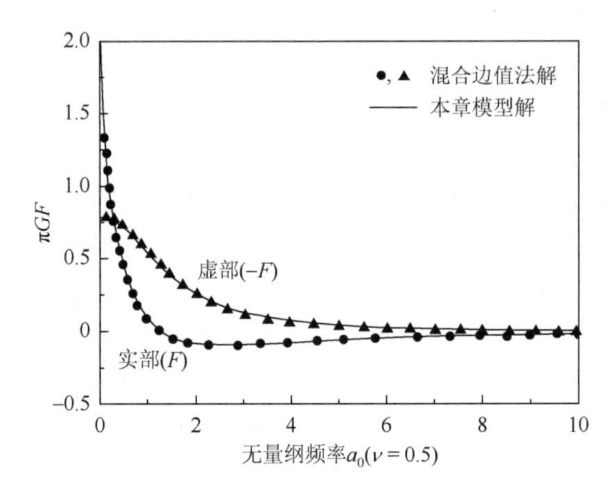

图 3-5　本书方法与混合边值法所得垂直动柔度 $F(a_0)$的对比

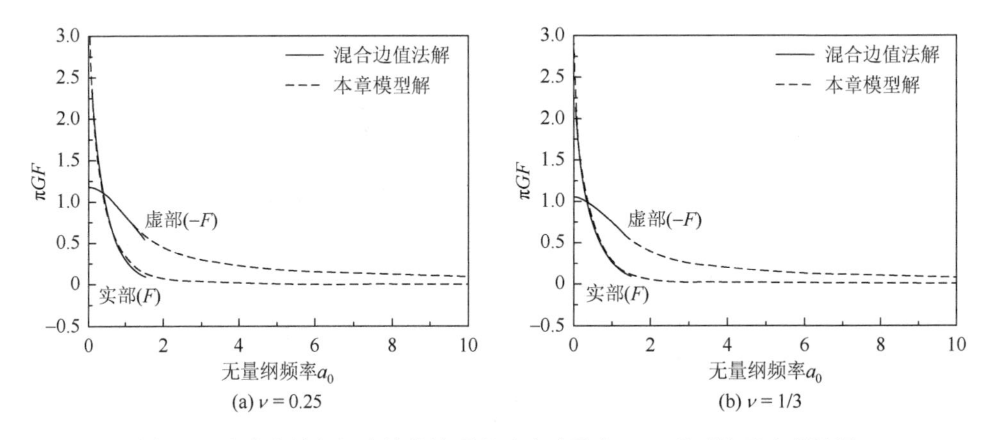

图 3-6　本书方法与混合边值法所得垂直动柔度 $F(a_0)$的对比及高频扩展

3.3　参 数 分 析

3.3.1　基础应力分布

为了在垂直激振作用下考虑 SSSI 效应后的邻近条形基础群动接触应力的分布，本节研究了在泊松比 $\nu = 1/3$ 的地基上，多个距宽比均为 $S/L = 0.25$ 的邻近等宽条形基础受无量纲激振频率 $a_0 = 0.2$ 和 3.0 的简谐垂直荷载 P_0 作用下的动接触应力分布，相邻两个条形基础的计算结果如图 3-7 所示，三个条形基础的计算结果如图 3-8 所示。图中，$\overline{x}$ 是以各基础中心为坐标原点的局部坐标，横向无量纲坐标为 $2\overline{x}/L$，纵向无量纲接触应力为 $\overline{q}$ (Lq/P_0)。图中带记号的实线为不考虑相邻基础影响的单个基础接触应力分布，其余的均为考虑 SSSI 效应后的基础群中各基础下的接触应力分布。

从图 3-7 和图 3-8 中可以看出所有基础两端的应力分布总是奇异的，说明了基础边缘的应力集中效应。通过图 3-7（a）和图 3-7（b）中单个基础的应力分布比较可以看到，当简谐激振频率较低 $a_0 = 0.2$ 时，动接触应力符合 Sung[4]假定，呈静刚性分布，但当激振频率较高 $a_0 = 3.0$ 时，其应力分布发生了明显的变化。此外，在图 3-7 和图 3-8 中，单个基础的应力分布曲线与多个基础的应力分布曲线的对比充分说明了 SSSI 效应对邻近条形基础群动接触应力分布的影响。从图中还可以看到，对于两个相邻基础，其外侧应力分布与单个基础的分布趋于一致，但内侧的应力分布发生了“对倾”现象，相邻一侧基底的边缘应力集中减弱；对于三个邻近基础，中间基础的应力分布仍呈对称分布，但其幅值大小不同于单个基础的应力分布，而其相邻基础的应力分布则同样发生了倾斜。因此，相邻基础即使宽度相同，其应力分布也不再具有对称性，采用基于对称应力分布假定的应力边值法求解多个基础相互作用阻抗问题会产生较大误差。

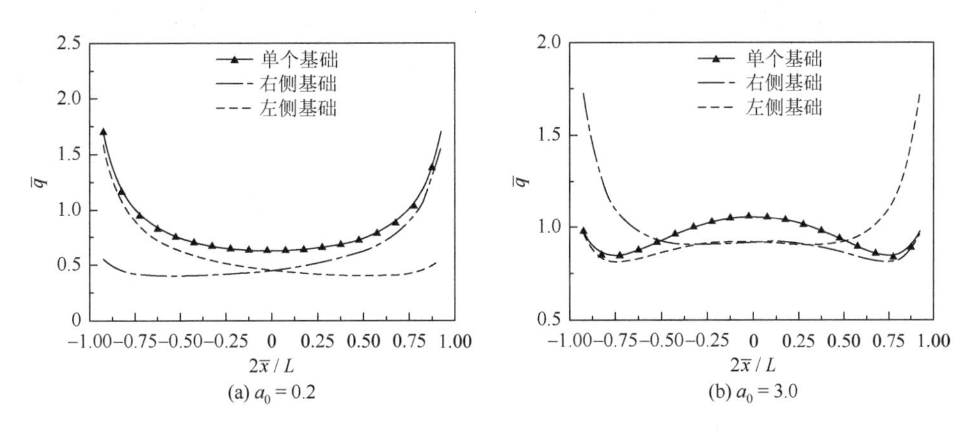

图 3-7　垂直激振下考虑 SSSI 效应的相邻两条形基础垂直动接触应力分布

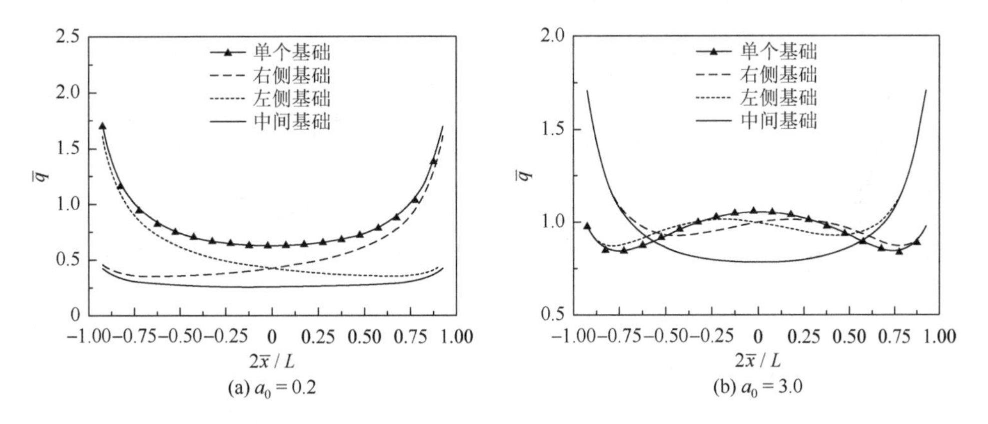

图 3-8　垂直激振下考虑 SSSI 效应的三个邻近条形基础垂直动接触应力分布

3.3.2 距宽比对相邻基础振动阻抗的影响

为了研究相邻基础之间 SSSI 效应的有效影响范围，本算例考虑在不同泊松比（$\nu = 0.5$，$\nu = 1/3$，$\nu = 0.25$）的地基上，两个宽为 L 的条形基础相距 S，受垂直简谐激振荷载作用的相邻明置条形基础在不同距宽比 S/L 下的垂直动力柔度系数 F_{aa} 随无量纲频率 a_0 的变化，$S/L = \infty$为不考虑 SSSI 效应的单个基础的情况，其垂直动柔度记为 F^{sig}，计算结果分别如图 3-9～图 3-11 所示。从图中可以看到，当 $S/L = 0.125$ 时，考虑相邻基础动力相互作用效应的基础动柔度系数 F_{aa} 在单基础动柔度系数 F^{sig} 附近的波动较为明显，此时必须考虑相邻基础动力相互作用的影响。但随着距宽比的增加，相邻基础间的动力相互作用减小，当 $S/L = 4.0$ 时，F_{aa} 与 F^{sig} 曲线已很接近，此时可以不考虑相邻基础的动力相互作用，该值可视为有效距宽比。从图 3-9～图 3-11 对比中可以看出，泊松比对有效距宽比的影响不大。

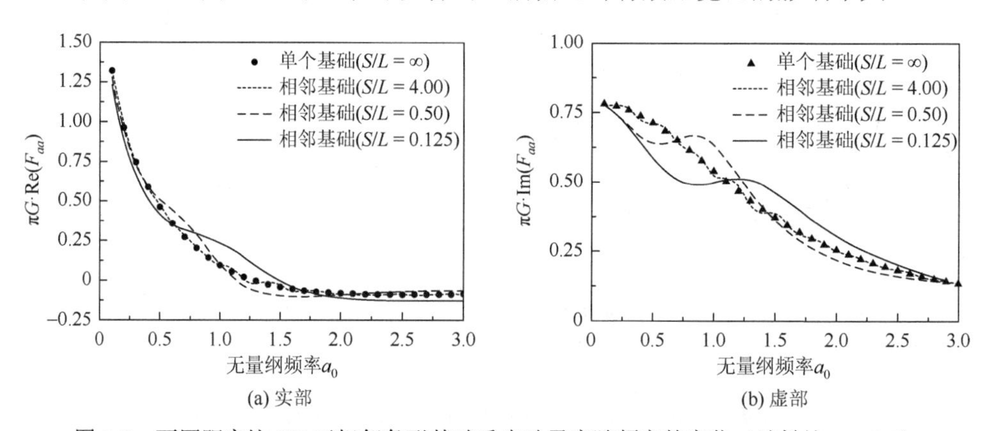

图 3-9 不同距宽比 S/L 下相邻条形基础垂直动柔度随频率的变化（泊松比 $\nu = 0.5$）

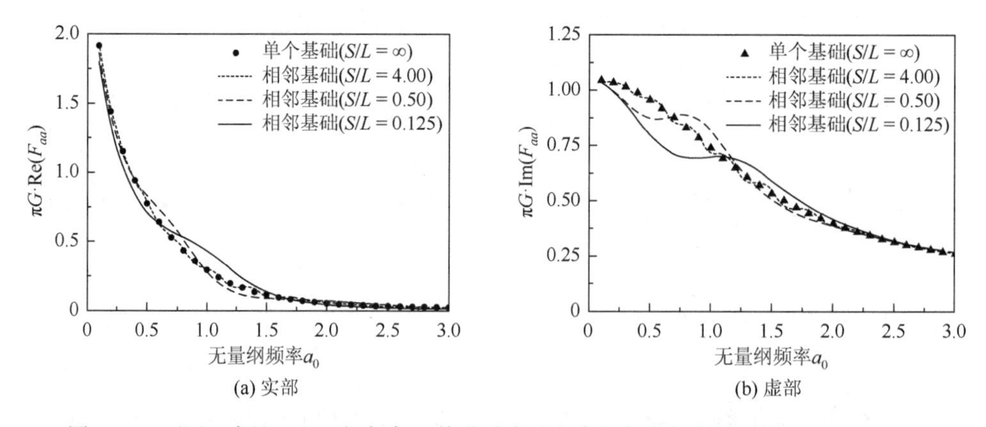

图 3-10 不同距宽比 S/L 下相邻条形基础垂直动柔度随频率的变化（泊松比 $\nu = 1/3$）

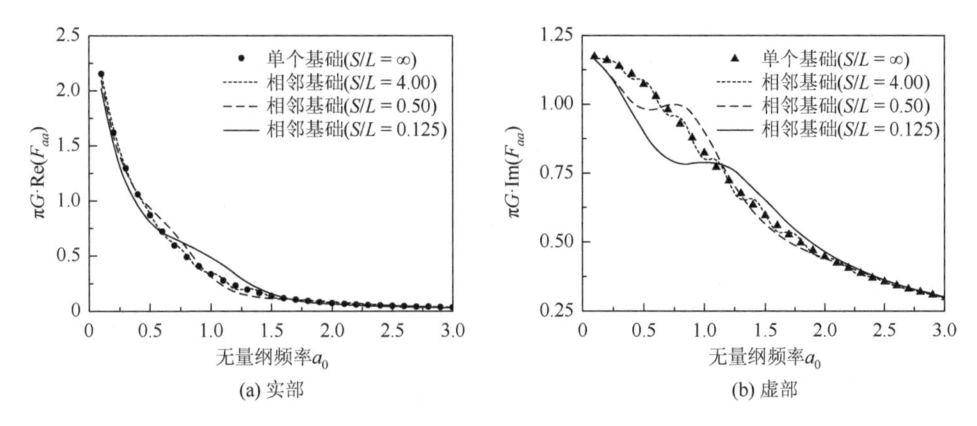

图 3-11 不同距宽比 S/L 下相邻条形基础垂直动柔度随频率的变化（泊松比 $\nu=0.25$）

3.3.3 三个明置基础的振动阻抗

本节计算了考虑 SSSI 效应的三个等间距放置的等宽明置条形基础的垂直振动阻抗，弹性半空间泊松比为$\nu=0.4$。图 3-12 描述了单个基础（即 $S/L=\infty$）垂直阻抗 K_{sig}、C_{sig} 以及考虑 SSSI 效应的基础群（$S/L=0.5$）中各个基础的垂直阻抗 K_{11}、C_{11}，K_{22}、C_{22} 和 K_{33}、C_{33}。通过图 3-12 中的曲线对比可以看出，考虑 SSSI 效应的基础垂直阻抗围绕单基础阻抗函数波动，其基础 II 较周边两基础波动更为明显，这是因为中间基础受相邻基础动力相互作用的影响更大。图 3-13 为考虑 SSSI 效应的基础群中各个基础间耦合垂直阻抗。从图 3-13 中可以看出，当三个基础的距宽比足够大时，垂直阻抗为零，此外，相邻基础间的耦合阻抗幅值要比基础 I 和基础 III 间的耦合阻抗幅值大。

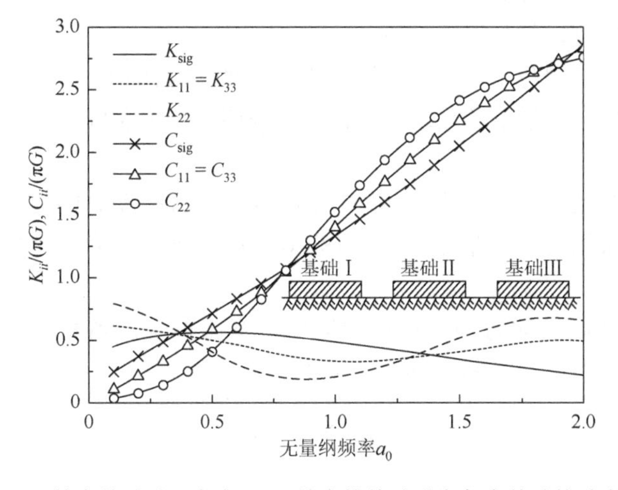

图 3-12 单个基础以及考虑 SSSI 效应的基础群中各个基础的垂直阻抗

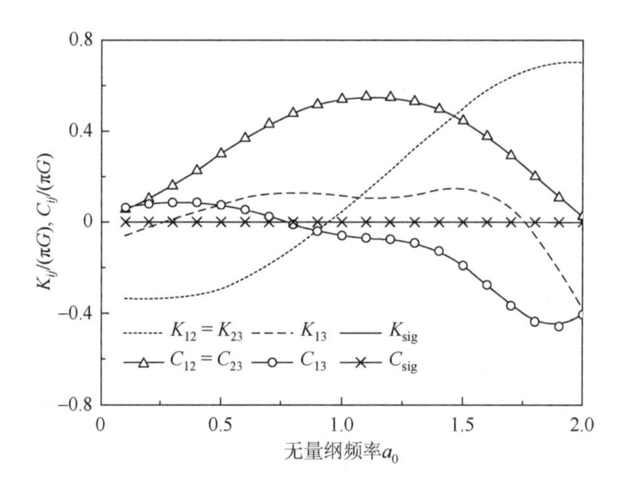

图 3-13　考虑 SSSI 效应的基础群中各个基础间耦合垂直阻抗

3.4　本 章 小 结

基于弹性半空间理论求解明置基础阻抗函数的解析法主要有两种方法：应力边值法和混合边值法。应力边值法中对明置基础的三种应力分布假定均为对称分布荷载，而当弹性半空间表面存在多个基础时这样的应力假定不成立。混合边值法则需求解偶积分方程，应力函数不能用初等函数表示，往往需要用无穷级数展开，再进行数值积分，由于数学上的困难对研究相邻明置基础存在局限性。本章基于弹性半无限空间理论提出一种避开直接求解基础应力分布函数，但能保证阻抗函数精度的解析法。本章方法物理意义明确，可直接应用于相邻轨道基础或长宽比较大相邻建筑基础的动力分析，对相邻基础抗震安全性能评定具有重要意义。通过本章的分析可以得到以下结论。

（1）本章方法避免了对基础应力分布函数的直接求解，突破了混合边值法求解基础振动阻抗在数学上的局限性，计算过程简单、精度高，具有良好的收敛性，且适用于全频段的动力分析。

（2）与单个基础不同，考虑 SSSI 效应基础垂直振动时的基底应力并非对称分布，这说明采用应力边值法分析 SSSI 效应的基础群动力相互作用势必产生较大误差。

（3）相邻基础的动力相互作用效应受距宽比影响，当两相邻基础的距宽比 $S/L<4$ 时，不可忽略相邻基础的垂直动力相互作用。

参 考 文 献

[1]　Warburton G B, Richardson J D, Webster J J. Forced vibrations of two masses on an elastic half space[J]. Journal

of Applied Mechanics, 1971, 38(1): 148-156.

[2] Hasegawa M H, Nakai S N, Fukuwa N F. An application of two-dimensional point load solutions by the thin layered method (Part I): Derivation of point load solution[J]. Architectural Institute of Japan, 1983, 58: 785-786.

[3] Luco J E, Westmann R A. Dynamic response of a rigid footing bonded to an elastic half space[J]. Journal of Applied Mechanics, 1972, 39(2): 527-534.

[4] Sung T Y. Vibrations in Semi-infinite Solids Due to Periodic Surface Loading[Z]. Cambridge: Harvard University, 1953.

第4章　任意多个明置条形基础的水平–摇摆耦合振动阻抗研究

实际结构在受到地震荷载、风荷载或者波浪荷载作用时，外荷载所引起的结构横向振动要远大于竖向振动。因此，本章对第3章工作进行了拓展，用类似的方法研究了明置条形基础群的水平–摇摆耦合振动阻抗，具有工程实践意义。基于频域内水平、垂直简谐条形均布激振下弹性地基位移的格林函数，建立了各子单元的耦合柔度方程。根据基础的刚体位移决定各子单元的位移，由叠加原理得到土与相邻明置条形基础的水平–摇摆动力耦合阻抗函数。通过收敛性研究并与其他数值计算及混合边值法的精细解进行比较，证明本书提出的基础分割法具有计算简便和精度高的特点，可用于全频段阻抗函数的计算。最后，分析了相邻条形基础距宽比对水平–摇摆耦合动力相互作用的影响，计算表明，当两明置条形基础距宽比 $S/L<5.0$ 时，应考虑其水平–摇摆的动力相互作用效应。研究结果为基础抗震设计中考虑土体与多基础的动力相互作用提供了理论依据。

4.1　理 论 推 导

4.1.1　模型介绍

对于轨道基础、大坝或者长宽比大于10的矩形基础，可将其简化为平面应变问题中的二维刚性条形基础。假定 N 个宽度分别为 L_n 的条形基础置于由均质、各向同性地基土组成的弹性半空间表面，同时受水平简谐激振 $Q_n e^{i\omega t}$ 和摇摆简谐激振 $M_n e^{i\omega t}$ 作用，以水平方向为 x 轴，垂直方向为 z 轴建立如图4-1所示的坐标系。

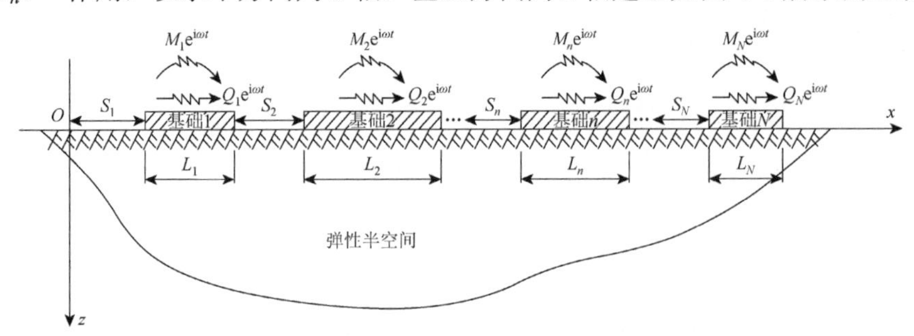

图4-1　水平–摇摆耦合作用下的明置条形基础群

第 n 个基础与前一个基础的间距为 S_n。对考虑 SSSI 效应的系统水平振动位移和转角与外力关系可表示为

$$\begin{bmatrix} Q_1 \\ \vdots \\ Q_n \\ \vdots \\ Q_N \\ M_1 \\ \vdots \\ M_n \\ \vdots \\ M_N \end{bmatrix} = \left[\begin{array}{ccccc|ccccc} \mathfrak{R}_{11}^{hh} & \cdots & \mathfrak{R}_{1n}^{hh} & \cdots & \mathfrak{R}_{1N}^{hh} & \mathfrak{R}_{11}^{hr} & \cdots & \mathfrak{R}_{1n}^{hr} & \cdots & \mathfrak{R}_{1N}^{hr} \\ \vdots & & \vdots & & \vdots & \vdots & & \vdots & & \vdots \\ \mathfrak{R}_{m1}^{hh} & \cdots & \mathfrak{R}_{mn}^{hh} & \cdots & \mathfrak{R}_{mN}^{hh} & \mathfrak{R}_{m1}^{hr} & \cdots & \mathfrak{R}_{mn}^{hr} & \cdots & \mathfrak{R}_{mN}^{hr} \\ \vdots & & \vdots & & \vdots & \vdots & & \vdots & & \vdots \\ \mathfrak{R}_{N1}^{hh} & \cdots & \mathfrak{R}_{Nn}^{hh} & \cdots & \mathfrak{R}_{NN}^{hh} & \mathfrak{R}_{N1}^{hr} & \cdots & \mathfrak{R}_{Nn}^{hr} & \cdots & \mathfrak{R}_{NN}^{hr} \\ \hline \mathfrak{R}_{11}^{rh} & \cdots & \mathfrak{R}_{1n}^{rh} & \cdots & \mathfrak{R}_{1N}^{rh} & \mathfrak{R}_{11}^{rr} & \cdots & \mathfrak{R}_{1n}^{rr} & \cdots & \mathfrak{R}_{1N}^{rr} \\ \vdots & & \vdots & & \vdots & \vdots & & \vdots & & \vdots \\ \mathfrak{R}_{m1}^{rh} & \cdots & \mathfrak{R}_{mn}^{rh} & \cdots & \mathfrak{R}_{mN}^{rh} & \mathfrak{R}_{m1}^{rr} & \cdots & \mathfrak{R}_{mn}^{rr} & \cdots & \mathfrak{R}_{mN}^{rr} \\ \vdots & & \vdots & & \vdots & \vdots & & \vdots & & \vdots \\ \mathfrak{R}_{N1}^{rh} & \cdots & \mathfrak{R}_{Nn}^{rh} & \cdots & \mathfrak{R}_{NN}^{rh} & \mathfrak{R}_{N1}^{rr} & \cdots & \mathfrak{R}_{Nn}^{rr} & \cdots & \mathfrak{R}_{NN}^{rr} \end{array}\right] \begin{bmatrix} H_1 \\ \vdots \\ H_n \\ \vdots \\ H_N \\ \Theta_1 \\ \vdots \\ \Theta_n \\ \vdots \\ \Theta_N \end{bmatrix} \tag{4-1}$$

式中，H_n 和 Θ_n 分别表示第 n 个基础的水平位移和转角；$\mathfrak{R}_{mn}^{hh}$、$\mathfrak{R}_{mn}^{rr}$ 和 $\mathfrak{R}_{mn}^{hr}$（或者 $\mathfrak{R}_{mn}^{rh}$）为第 n 个和第 m 个基础之间的耦合水平、摇摆、水平-摇摆振动阻抗。式（4-1）可以简写为

$$\begin{bmatrix} \hat{\boldsymbol{Q}} \\ \hat{\boldsymbol{M}} \end{bmatrix} = \boldsymbol{\mathfrak{R}} \begin{bmatrix} \hat{\boldsymbol{H}} \\ \hat{\boldsymbol{\Theta}} \end{bmatrix} \tag{4-2}$$

各基础与地基接触面的应力是求解式（4-2）中条形基础群耦合水平-摇摆振动阻抗矩阵 $\boldsymbol{\mathfrak{R}}$ 的必要条件。但由于相互作用的影响，应力边值法中的地基反力分布假定不再适用于此问题。如图 4-2 所示，本章将各基础与地基的接触面分别离散，

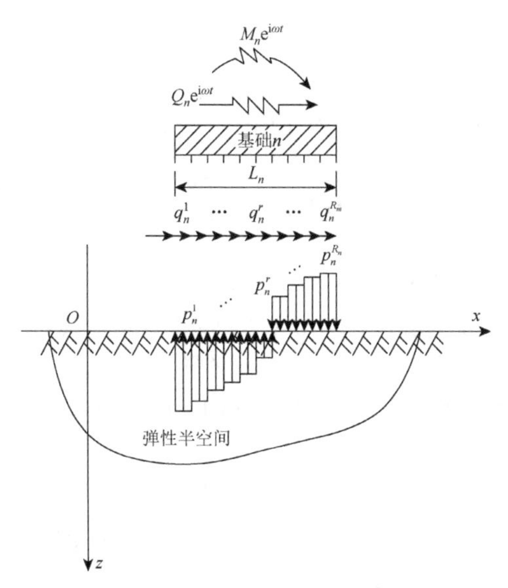

图 4-2　水平-摇摆耦合简谐荷载下条形基础群中单个基础的计算模型

第 n 个基础下的接触面被划分成 R_n 个子单元，各子单元宽度均为 $\Delta_n = L_n/R_n$。用各子单元中心坐标来定义单元位置，坐标信息如表 3-1 所示。从第 3 章的收敛性研究中可以看出，条形子单元内采用均布激振模型比集中线激振模型的计算收敛速度要快。因此，本章假定第 n 个子单元分别受均布水平简谐激振 $q_n^r \mathrm{e}^{\mathrm{i}\omega t}$ 或集中垂直简谐激振 $p_n^r \mathrm{e}^{\mathrm{i}\omega t}$ 作用。本章将通过均布激振下的地基格林函数计算出满足刚性基础位移的所有单元接触应力后，采用叠加法得到考虑 SSSI 效应的条形基础群耦合水平-摇摆振动阻抗。将基础-地基-基础间的动力相互作用用刚度系数和阻尼系数来描述，得到图 4-3 所示的等效力学模型。

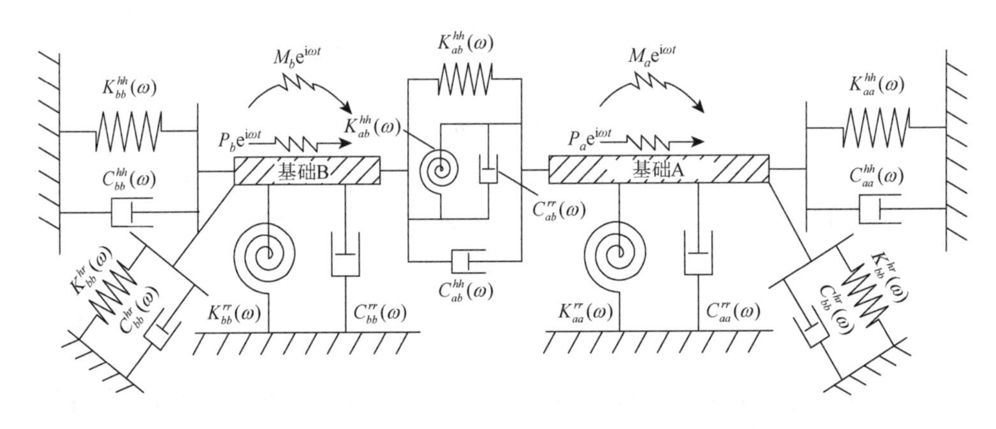

图 4-3　相邻基础水平-摇摆动力相互作用等效模型

4.1.2　弹性半空间垂直荷载的格林函数

弹性半空间表面区间[x_{n1}^r, x_{n2}^r]内作用一水平均布简谐荷载 q_n^r，其边界条件为

$$\sigma_{zz}(x,0)=0,\qquad \tau_{zx}(x,0)=\begin{cases}-q_n^r, & x_{n1}^r \leqslant x \leqslant x_{n2}^r \\ 0, & \text{其他}\end{cases} \tag{4-3}$$

对式（4-3）进行 Fourier 变换得

$$\sigma_{zz}(x,0)=\frac{1}{2\pi}\int_{-\infty}^{+\infty}0\mathrm{d}\xi,\quad \tau_{zx}(x,0)=\mathrm{i}\frac{q_n^r}{2\pi}\int_{-\infty}^{+\infty}\frac{1}{\xi}[\mathrm{e}^{\mathrm{i}(x-x_{n1}^r)\xi}-\mathrm{e}^{\mathrm{i}(x-x_{n2}^r)\xi}]\mathrm{d}\xi \tag{4-4}$$

将式（4-4）与应力通解式（3-9）和式（3-10）进行对比可得待定系数 A、B 的表达式为

$$A=\frac{\beta q_n^r(\mathrm{e}^{-\mathrm{i}\xi x_{n1}^r}-\mathrm{e}^{-\mathrm{i}\xi x_{n2}^r})}{\pi G_\mathrm{s} F(\xi)},\quad B=\mathrm{i}\frac{q_n^r[2\xi^2-(\omega/V_\mathrm{s})^2](\mathrm{e}^{-\mathrm{i}\xi x_{n1}^r}-\mathrm{e}^{-\mathrm{i}\xi x_{n2}^r})}{2\pi G_\mathrm{s}\xi F(\xi)} \tag{4-5}$$

式中，$F(\xi)=(2\xi^2-k^2)^2-4\xi^2\alpha\beta$。

将式（4-5）代入式（3-7）和式（3-8）可得水平均布简谐荷载q_n^r作用在弹性半空间表面区间$[x_{n1}^r, x_{n2}^r]$处引起的水平位移场${}^qU_n^r(x,z)$和垂直位移场${}^qW_n^r(x,z)$如下：

$$ {}^qU_n^r(x,z)=\mathrm{i}\frac{q_n^r}{2\pi G_s}\int_{-\infty}^{+\infty}\frac{\beta[2\xi^2\mathrm{e}^{-\alpha z}-(2\xi^2-(\omega/V_s)^2)\mathrm{e}^{-\beta z}]}{\xi F(\xi)}[\mathrm{e}^{\mathrm{i}\xi(x-x_{n1}^r)}-\mathrm{e}^{\mathrm{i}\xi(x-x_{n2}^r)}]\mathrm{d}\xi \quad (4\text{-}6) $$

$$ {}^qW_n^r(x,z)=-\mathrm{i}\frac{q_n^r}{2\pi G_s}\int_{-\infty}^{+\infty}\frac{\alpha[(2\xi^2-(\omega/V_s)^2)\mathrm{e}^{-\alpha z}+2\xi^2\mathrm{e}^{-\beta z}]}{\xi F(\xi)}[\mathrm{e}^{\mathrm{i}\xi(x-x_{n1}^r)}-\mathrm{e}^{\mathrm{i}\xi(x-x_{n2}^r)}]\mathrm{d}\xi \quad (4\text{-}7) $$

式（4-6）和式（4-7）为多值的广义积分函数，为便于积分计算，设$\eta=\xi/k$，$\vartheta^2=h^2/k^2$，将$F(\xi)$用$F(\eta)=(2\eta^2-1)^2-4\eta^2\sqrt{\eta^2-\vartheta^2}\sqrt{\eta^2-1}$来表示。由此可得作用在弹性半空间表面区间$[x_{n1}^r, x_{n2}^r]$内的水平均布简谐荷载$q_n^r$所引起的位移场为

$$ \begin{aligned} {}^qU_n^r(x,0)=&-\frac{q_n^rV_s}{\pi\omega G_s}\int_0^{+\infty}\frac{\sqrt{\eta^2-1}}{\eta F(\eta)}\left\{\sin\frac{\eta\omega}{V_s}\left[x-\frac{(r-1)L_n}{N_n}-\sum_{l=1}^{n}(S_l+L_{l-1})\right]\right.\\ &\left.-\sin\frac{\eta\omega}{V_s}\left[x-\frac{rL_n}{N_n}-\sum_{l=1}^{n}(S_l+L_{l-1})\right]\right\}\mathrm{d}\eta \end{aligned} \quad (4\text{-}8) $$

$$ \begin{aligned} {}^qW_n^r(x,0)=&\frac{q_n^rV_s}{\pi\omega G_s}\int_0^{+\infty}\frac{(2\eta^2-1-2\sqrt{\eta^2-\vartheta^2}\sqrt{\eta^2-1})}{F(\eta)}\left\{\cos\left[\frac{\eta\omega}{V_s}\left(x-\frac{(r-1)L_n}{N_n}-\sum_{l=1}^{n}(S_l+L_{l-1})\right)\right]\right.\\ &\left.-\cos\left[\frac{\eta\omega}{V_s}\left(x-\frac{rL_n}{N_n}-\sum_{l=1}^{n}(S_l+L_{l-1})\right)\right]\right\}\mathrm{d}\eta \end{aligned} \quad (4\text{-}9) $$

4.1.3　任意多个浅基础竖向振动阻抗

根据叠加法原理及均布简谐荷载格林函数，明置条形基础群在水平-摇摆简谐激振作用下，弹性半空间表面的垂直位移场为

$$ U(x,0)=\sum_{n=1}^{N}\sum_{r=1}^{R_n}{}^qU_n^r(x,0)+\sum_{n=1}^{N}\sum_{r=1}^{R_n}{}^pU_n^r(x,0) \quad (4\text{-}10) $$

$$ W(x,0)=\sum_{n=1}^{N}\sum_{r=1}^{R_n}{}^qW_n^r(x,0)+\sum_{n=1}^{N}\sum_{r=1}^{R_n}{}^pW_n^r(x,0) \quad (4\text{-}11) $$

将表 3-1 中各子单元的中心坐标依次代入式（4-10）和式（4-11），则所有子单元的力与位移关系可以用柔度矩阵方程表示为

$$\begin{bmatrix}\hat{\boldsymbol{U}}_1\\ \vdots\\ \hat{\boldsymbol{U}}_n\\ \vdots\\ \hat{\boldsymbol{U}}_N\\ \hat{\boldsymbol{W}}_1\\ \vdots\\ \hat{\boldsymbol{W}}_n\\ \vdots\\ \hat{\boldsymbol{W}}_N\end{bmatrix}=\left[\begin{array}{ccccc|ccccc}
\overline{\boldsymbol{A}}_{11}^{R_1R_1} & \cdots & \overline{\boldsymbol{A}}_{1n}^{R_1R_n} & \cdots & \overline{\boldsymbol{A}}_{1N}^{R_1R_N} & \overline{\boldsymbol{B}}_{11}^{R_1R_1} & \cdots & \overline{\boldsymbol{B}}_{1n}^{R_1R_n} & \cdots & \overline{\boldsymbol{B}}_{1N}^{R_1R_N}\\
\vdots & & \vdots & & \vdots & \vdots & & \vdots & & \vdots\\
\overline{\boldsymbol{A}}_{m1}^{R_mR_2} & \cdots & \overline{\boldsymbol{A}}_{mn}^{R_mR_n} & \cdots & \overline{\boldsymbol{A}}_{mN}^{R_mR_N} & \overline{\boldsymbol{B}}_{m1}^{R_mR_2} & \cdots & \overline{\boldsymbol{B}}_{mn}^{R_mR_n} & \cdots & \overline{\boldsymbol{B}}_{mN}^{R_mR_N}\\
\vdots & & \vdots & & \vdots & \vdots & & \vdots & & \vdots\\
\overline{\boldsymbol{A}}_{N1}^{R_NR_1} & \cdots & \overline{\boldsymbol{A}}_{Nn}^{R_NR_n} & \cdots & \overline{\boldsymbol{A}}_{NN}^{R_NR_N} & \overline{\boldsymbol{B}}_{N1}^{R_NR_1} & \cdots & \overline{\boldsymbol{B}}_{Nn}^{R_NR_n} & \cdots & \overline{\boldsymbol{B}}_{NN}^{R_NR_N}\\
\hline
\overline{\boldsymbol{C}}_{11}^{R_1R_1} & \cdots & \overline{\boldsymbol{C}}_{1n}^{R_1R_n} & \cdots & \overline{\boldsymbol{C}}_{1N}^{R_1R_N} & \overline{\boldsymbol{D}}_{11}^{R_1R_1} & \cdots & \overline{\boldsymbol{D}}_{1n}^{R_1R_n} & \cdots & \overline{\boldsymbol{D}}_{1N}^{R_1R_N}\\
\vdots & & \vdots & & \vdots & \vdots & & \vdots & & \vdots\\
\overline{\boldsymbol{C}}_{m1}^{R_mR_2} & \cdots & \overline{\boldsymbol{C}}_{mn}^{R_mR_n} & \cdots & \overline{\boldsymbol{C}}_{mN}^{R_mR_N} & \overline{\boldsymbol{D}}_{m1}^{R_mR_2} & \cdots & \overline{\boldsymbol{D}}_{mn}^{R_mR_n} & \cdots & \overline{\boldsymbol{D}}_{mN}^{R_mR_N}\\
\vdots & & \vdots & & \vdots & \vdots & & \vdots & & \vdots\\
\overline{\boldsymbol{C}}_{N1}^{R_NR_1} & \cdots & \overline{\boldsymbol{C}}_{Nn}^{R_NR_n} & \cdots & \overline{\boldsymbol{C}}_{NN}^{R_NR_N} & \overline{\boldsymbol{D}}_{N1}^{R_NR_1} & \cdots & \overline{\boldsymbol{D}}_{Nn}^{R_NR_n} & \cdots & \overline{\boldsymbol{D}}_{NN}^{R_NR_N}
\end{array}\right]\begin{bmatrix}\hat{\boldsymbol{q}}_1\\ \vdots\\ \hat{\boldsymbol{q}}_n\\ \vdots\\ \hat{\boldsymbol{q}}_N\\ \hat{\boldsymbol{p}}_1\\ \vdots\\ \hat{\boldsymbol{p}}_n\\ \vdots\\ \hat{\boldsymbol{p}}_N\end{bmatrix}\tag{4-12}$$

式中，$\hat{\boldsymbol{q}}_n=[q_n^1,\ q_n^2,\ \cdots,\ q_n^{R_n}]^{\mathrm{T}}$；$\hat{\boldsymbol{p}}_n=[p_n^1,\ p_n^2,\ \cdots,\ p_n^{R_n}]^{\mathrm{T}}$；$\hat{\boldsymbol{U}}_n=[U_n^1,\ U_n^2,\ \cdots,\ U_n^{R_n}]^{\mathrm{T}}$；$\hat{\boldsymbol{W}}_n=[W_n^1,\ W_n^2,\ \cdots,\ W_n^{R_n}]^{\mathrm{T}}$；$n, m=1, 2, \cdots, N$。

上述柔度矩阵中

$$\overline{\boldsymbol{A}}_{mn}^{R_mR_n}=\begin{bmatrix}\overline{A}_{mn}^{11} & \cdots & \overline{A}_{mn}^{1j} & \cdots & \overline{A}_{mn}^{1R_n}\\ \vdots & & \vdots & & \vdots\\ \overline{A}_{mn}^{i1} & \cdots & \overline{A}_{mn}^{ij} & \cdots & \overline{A}_{mn}^{iR_n}\\ \vdots & & \vdots & & \vdots\\ \overline{A}_{mn}^{R_m1} & \cdots & \overline{A}_{mn}^{R_mj} & \cdots & \overline{A}_{mn}^{R_mR_n}\end{bmatrix},\quad i=1, 2, \cdots, R_m;\ j=1, 2, \cdots, R_n\tag{4-13}$$

矩阵 $\overline{\boldsymbol{A}}_{mn}^{R_mR_n}$ 中的元素 $\overline{A}_{mn}^{ij}$ 描述了第 m 个基础下第 j 个子单元中的水平条形均布荷载所引起的第 n 个基础下第 i 个子单元的水平位移之间的关系，其具体表达式以及相应的积分方法如下：

$$\overline{A}_{mn}^{ij}=-\frac{V_{\mathrm{s}}}{\pi\omega G_{\mathrm{s}}}\int_0^{+\infty}\frac{\sqrt{\eta^2-1}}{\eta F(\eta)}G_1(m,n,i,j,\eta)\mathrm{d}\eta\tag{4-14}$$

式中

$$\begin{aligned}G_1(m,n,i,j,\eta)=&\sin\left[\eta\frac{\omega}{V_{\mathrm{s}}}\left(\frac{(2i-1)L_m}{2R_m}+\sum_{l=1}^{m}(S_l+L_{l-1})-\left(\frac{(j-1)L_n}{R_n}+\sum_{l=1}^{n}(S_l+L_{l-1})\right)\right)\right]\\&-\sin\left[\eta\frac{\omega}{V_{\mathrm{s}}}\left(\frac{(2i-1)L_m}{2R_m}+\sum_{l=1}^{m}(S_l+L_{l-1})-\left(\frac{jL_n}{R_n}+\sum_{l=1}^{n}(S_l+L_{l-1})\right)\right)\right]\end{aligned}\tag{4-15}$$

$$F(\eta)=(2\eta^2-1)^2-4\eta^2\sqrt{\eta^2-\vartheta^2}\sqrt{\eta^2-1}\tag{4-16}$$

令 $\overline{A}_{mn}^{ij}=\dfrac{1}{\pi G_{s}}(f_{a1}+\mathrm{i}f_{a2})$，基于分段积分法有

$$f_{a1}=-\frac{4V_{s}}{\omega}\int_{\vartheta}^{1}\frac{\eta^{2}\sqrt{\eta^{2}-\vartheta^{2}}(\eta^{2}-1)}{[(2\eta^{2}-1)^{4}-16\eta^{4}(\eta^{2}-\vartheta^{2})(\eta^{2}-1)]\eta}G_{1}(\eta)\mathrm{d}\eta-\overline{P}\frac{V_{s}}{\omega}\int_{1}^{+\infty}\frac{\sqrt{\eta^{2}-1}}{\left[(2\eta^{2}-1)^{2}-4\eta^{2}\sqrt{\eta^{2}-\vartheta^{2}}\sqrt{\eta^{2}-1}\right]\eta}G_{1}(\eta)\mathrm{d}\eta \tag{4-17}$$

$$f_{a2}=-\frac{V_{s}}{\omega}\int_{0}^{\vartheta}\frac{\sqrt{1-\eta^{2}}}{\left[(2\eta^{2}-1)^{2}+4\eta^{2}\sqrt{\vartheta^{2}-\eta^{2}}\sqrt{1-\eta^{2}}\right]\eta}G_{1}(\eta)\mathrm{d}\eta-\frac{V_{s}}{\omega}\int_{\vartheta}^{1}\frac{\sqrt{1-\eta^{2}}(2\eta^{2}-1)^{2}}{[(2\eta^{2}-1)^{4}-16\eta^{4}(\eta^{2}-\vartheta^{2})(\eta^{2}-1)]\eta}\cdot G_{1}(\eta)\mathrm{d}\eta+\pi\frac{V_{s}\sqrt{\varepsilon^{2}-1}}{[F(\eta)\eta]'\big|_{\eta=\varepsilon}\,\omega}G_{1}(\varepsilon) \tag{4-18}$$

式中，ε为 F（η）的根；$\overline{P}$ 为 Cauchy 主值积分。

$$\overline{\boldsymbol{B}}_{mn}^{R_mR_n}=\begin{bmatrix}\overline{B}_{mn}^{11} & \cdots & \overline{B}_{mn}^{1j} & \cdots & \overline{B}_{mn}^{1R_n}\\ \vdots & & \vdots & & \vdots\\ \overline{B}_{mn}^{i1} & \cdots & \overline{B}_{mn}^{ij} & \cdots & \overline{B}_{mn}^{iR_n}\\ \vdots & & \vdots & & \vdots\\ \overline{B}_{mn}^{R_m1} & \cdots & \overline{B}_{mn}^{R_mj} & \cdots & \overline{B}_{mn}^{R_mR_n}\end{bmatrix} \tag{4-19}$$

矩阵 $\overline{\boldsymbol{B}}_{mn}^{R_mR_n}$ 中的元素 $\overline{B}_{mn}^{ij}$ 描述了第 m 个基础下第 j 个子单元中的水平条形均布荷载所引起的第 n 个基础下第 i 个子单元的竖向位移之间的关系，其具体表达式以及相应的积分方法如下：

$$\overline{B}_{mn}^{ij}=-\frac{V_{s}}{\pi\omega G_{s}}\int_{0}^{+\infty}\frac{2\eta^{2}-1-2\sqrt{\eta^{2}-\vartheta^{2}}\sqrt{\eta^{2}-1}}{F(\eta)}G_{2}(m,n,i,j,\eta)\mathrm{d}\eta \tag{4-20}$$

式中

$$G_{2}(m,n,i,j,\eta)=\cos\left[\eta\frac{\omega}{V_{s}}\left(\frac{(2i-1)L_{m}}{2R_{m}}+\sum_{l=1}^{m}(S_{l}+L_{l-1})-\left(\frac{(j-1)L_{n}}{R_{n}}+\sum_{l=1}^{n}(S_{l}+L_{l-1})\right)\right)\right]-\cos\left[\eta\frac{\omega}{V_{s}}\left(\frac{(2i-1)L_{m}}{2R_{m}}+\sum_{l=1}^{m}(S_{l}+L_{l-1})-\left(\frac{jL_{n}}{R_{n}}+\sum_{l=1}^{n}(S_{l}+L_{l-1})\right)\right)\right] \tag{4-21}$$

令 $\overline{B}_{mn}^{ij}=\dfrac{1}{\pi G_{s}}(f_{b1}+\mathrm{i}f_{b2})$，基于分段积分法有

$$f_{b1}=-\frac{V_{s}}{\omega}\int_{0}^{\vartheta}\frac{2\eta^{2}-1+2\sqrt{1-\eta^{2}}\sqrt{\vartheta^{2}-\eta^{2}}}{(2\eta^{2}-1)^{2}+4\eta^{2}\sqrt{\vartheta^{2}-\eta^{2}}\sqrt{1-\eta^{2}}}G_{2}(\eta)\mathrm{d}\eta-\frac{2V_{s}}{\omega}\int_{\vartheta}^{1}\frac{(4\vartheta^{2}-2)\eta^{4}+(3-4\vartheta^{2})\eta^{2}-1}{(2\eta^{2}-1)^{4}-16\eta^{4}(\eta^{2}-\vartheta^{2})(\eta^{2}-1)}\cdot G_{2}(\eta)\mathrm{d}\eta-\overline{P}\frac{V_{s}}{\omega}\int_{1}^{+\infty}\frac{2\eta^{2}-1-2\sqrt{\eta^{2}-1}\sqrt{\eta^{2}-\vartheta^{2}}}{(2\eta^{2}-1)^{2}-4\eta^{2}\sqrt{\eta^{2}-\vartheta^{2}}\sqrt{\eta^{2}-1}}G_{2}(\eta)\mathrm{d}\eta \tag{4-22}$$

$$f_{b2}=-\frac{V_{\mathrm{s}}}{\omega}\int_{\vartheta}^{1}\frac{(4\eta^2-2)\sqrt{\eta^2-\vartheta^2}\sqrt{1-\eta^2}}{(2\eta^2-1)^4-16\eta^4(\eta^2-\vartheta^2)(\eta^2-1)}G_2(\eta)\mathrm{d}\eta+\pi\frac{\left(2\varepsilon^2-1-2\sqrt{\varepsilon^2-1}\sqrt{\varepsilon^2-\vartheta^2}\right)V_{\mathrm{s}}}{[F(\eta)]'|_{\eta=\varepsilon}\,\omega}G_2(\varepsilon) \tag{4-23}$$

$$\bar{\boldsymbol{C}}_{mn}^{R_mR_n}=\begin{bmatrix}\bar{C}_{mn}^{11} & \cdots & \bar{C}_{mn}^{1j} & \cdots & \bar{C}_{mn}^{1R_n}\\ \vdots & & \vdots & & \vdots\\ \bar{C}_{mn}^{i1} & \cdots & \bar{C}_{mn}^{ij} & \cdots & \bar{C}_{mn}^{iR_n}\\ \vdots & & \vdots & & \vdots\\ \bar{C}_{mn}^{R_m1} & \cdots & \bar{C}_{mn}^{R_mj} & \cdots & \bar{C}_{mn}^{R_mR_n}\end{bmatrix} \tag{4-24}$$

矩阵$\bar{\boldsymbol{C}}_{mn}^{R_mR_n}$中的元素$\bar{C}_{mn}^{ij}$描述了第$m$个基础下第$j$个子单元中的垂直条形均布荷载所引起的第$n$个基础下第$i$个子单元的水平位移之间的关系。元素$\bar{C}_{mn}^{ij}$的表达式如下：

$$\bar{C}_{mn}^{ij}=\frac{V_{\mathrm{s}}}{\pi\omega G_{\mathrm{s}}}\int_0^{+\infty}\frac{2\eta^2-1-2\sqrt{\eta^2-\vartheta^2}\sqrt{\eta^2-1}}{F(\eta)}G_2(m,n,i,j,\eta)\mathrm{d}\eta \tag{4-25}$$

与$\bar{B}_{mn}^{ij}$比较可知，$\bar{C}_{mn}^{ij}=-\bar{B}_{mn}^{ij}$。

$$\bar{\boldsymbol{D}}_{mn}^{R_mR_n}=\begin{bmatrix}\bar{D}_{mn}^{11} & \cdots & \bar{D}_{mn}^{1j} & \cdots & \bar{D}_{mn}^{1R_n}\\ \vdots & & \vdots & & \vdots\\ \bar{D}_{mn}^{i1} & \cdots & \bar{D}_{mn}^{ij} & \cdots & \bar{D}_{mn}^{iR_n}\\ \vdots & & \vdots & & \vdots\\ \bar{D}_{mn}^{R_m1} & \cdots & \bar{D}_{mn}^{R_mj} & \cdots & \bar{D}_{mn}^{R_mR_n}\end{bmatrix} \tag{4-26}$$

矩阵$\bar{\boldsymbol{D}}_{mn}^{R_mR_n}$中的元素$\bar{D}_{mn}^{ij}$描述了第$m$个基础下第$j$个子单元中的垂直条形均布荷载所引起的第$n$个基础下第$i$个子单元的水平位移之间的关系，其具体表达式以及相应的积分方法如下：

$$\bar{D}_{mn}^{ij}=-\frac{V_{\mathrm{s}}}{\pi\omega G_{\mathrm{s}}}\int_0^{+\infty}\frac{\sqrt{\eta^2-\vartheta^2}}{\eta F(\eta)}G_1(m,n,i,j,\eta)\mathrm{d}\eta \tag{4-27}$$

令$\bar{D}_{mn}^{ij}=\frac{1}{\pi G_{\mathrm{s}}}(f_{d1}+\mathrm{i}f_{d2})$，基于分段积分法有

$$f_{d1}=-\frac{V_{\mathrm{s}}}{\omega}\int_{\vartheta}^{1}\frac{\sqrt{\eta^2-\vartheta^2}(2\eta^2-1)^2}{[(2\eta^2-1)^4-16p^4(\eta^2-\vartheta^2)(\eta^2-1)]\eta}G_1(\eta)\mathrm{d}\eta-\bar{P}\frac{V_{\mathrm{s}}}{\omega}\cdot\int_1^{+\infty}\frac{\sqrt{p^2-\vartheta^2}}{[(2\eta^2-1)^2-4\eta^2\sqrt{\eta^2-\vartheta^2}\sqrt{\eta^2-1}]\eta}G_1(\eta)\mathrm{d}\eta \tag{4-28}$$

$$f_{d2}=-\frac{V_{\mathrm{s}}}{\omega}\int_0^{\vartheta}\frac{\sqrt{\vartheta^2-\eta^2}}{[(2\eta^2-1)^2+4\eta^2\sqrt{\vartheta^2-\eta^2}\sqrt{1-\eta^2}]\eta}G_1(\eta)\mathrm{d}\eta-\frac{V_{\mathrm{s}}}{\omega}\cdot\int_{\vartheta}^{1}\frac{4\eta^2(\eta^2-\vartheta^2)\sqrt{1-\eta^2}}{[(2\eta^2-1)^4-16\eta^4(\eta^2-\vartheta^2)(\eta^2-1)]\eta}G_1(\eta)\mathrm{d}\eta+\pi\frac{V_{\mathrm{s}}\sqrt{\varepsilon^2-\vartheta^2}}{\omega[F(\eta)\eta]'|_{\eta=\varepsilon}}G_1(\varepsilon) \tag{4-29}$$

柔度方程式（4-12）可简写为

$$\begin{bmatrix}\hat{\boldsymbol{U}}\\ \hat{\boldsymbol{W}}\end{bmatrix}=\begin{bmatrix}\bar{\boldsymbol{A}} & \bar{\boldsymbol{B}}\\ \bar{\boldsymbol{C}} & \bar{\boldsymbol{D}}\end{bmatrix}\begin{bmatrix}\hat{\boldsymbol{q}}\\ \hat{\boldsymbol{p}}\end{bmatrix} \tag{4-30}$$

在水平-摇摆耦合外激振荷载作用下，刚性条形基础的位移、转角和与其完全接触的各子单元的水平、竖向位移满足：$\hat{\boldsymbol{U}}_n=H_n\hat{\boldsymbol{I}}_n$，$\hat{\boldsymbol{W}}_n=\Theta_n\hat{\boldsymbol{E}}_n$。其中，$\hat{\boldsymbol{I}}_n=[1,\cdots,1]^{\mathrm{T}}$，$\hat{\boldsymbol{E}}_n=\left[\dfrac{(1-R_n)L_n}{2R_n},\cdots,\dfrac{(2r-1-R_n)L_n}{2R_n},\cdots,\dfrac{(R_n-1)L_n}{2R_n}\right]^{\mathrm{T}}$，$r=1,2,\cdots,R_n$。因此，如图4-1所示的条形基础群中各个基础的变形与对应各子单元的位移存在如下关系：

$$\begin{bmatrix}\hat{\boldsymbol{U}}\\ \hat{\boldsymbol{W}}\end{bmatrix}=\begin{bmatrix}\boldsymbol{X} & \boldsymbol{0}\\ \boldsymbol{0} & \boldsymbol{Y}\end{bmatrix}\begin{bmatrix}\hat{\boldsymbol{H}}\\ \hat{\boldsymbol{\Theta}}\end{bmatrix} \tag{4-31}$$

式中

$$\boldsymbol{X}=\begin{bmatrix}\hat{\boldsymbol{I}}_1 & \hat{\boldsymbol{0}} & \cdots & \hat{\boldsymbol{0}} & \cdots & \hat{\boldsymbol{0}}\\ \hat{\boldsymbol{0}} & \hat{\boldsymbol{I}}_2 & \cdots & \hat{\boldsymbol{0}} & \cdots & \hat{\boldsymbol{0}}\\ \vdots & \vdots & & \vdots & & \vdots\\ \hat{\boldsymbol{0}} & \hat{\boldsymbol{0}} & \cdots & \hat{\boldsymbol{I}}_n & \cdots & \hat{\boldsymbol{0}}\\ \vdots & \vdots & & \vdots & & \vdots\\ \hat{\boldsymbol{0}} & \hat{\boldsymbol{0}} & \cdots & \hat{\boldsymbol{0}} & \cdots & \hat{\boldsymbol{I}}_N\end{bmatrix},\quad \boldsymbol{Y}=\begin{bmatrix}\hat{\boldsymbol{E}}_1 & \hat{\boldsymbol{0}} & \cdots & \hat{\boldsymbol{0}} & \cdots & \hat{\boldsymbol{0}}\\ \hat{\boldsymbol{0}} & \hat{\boldsymbol{E}}_2 & \cdots & \hat{\boldsymbol{0}} & \cdots & \hat{\boldsymbol{0}}\\ \vdots & \vdots & & \vdots & & \vdots\\ \hat{\boldsymbol{0}} & \hat{\boldsymbol{0}} & \cdots & \hat{\boldsymbol{E}}_n & \cdots & \hat{\boldsymbol{0}}\\ \vdots & \vdots & & \vdots & & \vdots\\ \hat{\boldsymbol{0}} & \hat{\boldsymbol{0}} & \cdots & \hat{\boldsymbol{0}} & \cdots & \hat{\boldsymbol{E}}_N\end{bmatrix}$$

均为$\left(\sum_{n=1}^{N}R_n\right)\times N$的矩阵。

根据力的平衡，作用在各个条形基础上的外荷载与其相应的接触应力满足$Q_n=\varDelta_n\sum_{r=1}^{R_n}q_n^r$，$M_n=\sum_{r=1}^{R_n}p_n^r\varDelta_n\dfrac{(2r-R_n)L_n}{2R_n}$。因此，对于整个条形基础群有

$$\begin{bmatrix}\hat{\boldsymbol{Q}}\\ \hat{\boldsymbol{M}}\end{bmatrix}=\begin{bmatrix}\boldsymbol{\varDelta X} & \boldsymbol{0}\\ \boldsymbol{0} & \boldsymbol{\varDelta Y}\end{bmatrix}^{\mathrm{T}}\begin{bmatrix}\hat{\boldsymbol{q}}\\ \hat{\boldsymbol{p}}\end{bmatrix} \tag{4-32}$$

式中，$\boldsymbol{\varDelta}=\mathrm{diag}[\varDelta_1(\hat{\boldsymbol{I}}_1)^{\mathrm{T}},\cdots,\varDelta_N(\hat{\boldsymbol{I}}_N)^{\mathrm{T}}]$。

根据式（4-30）～式（4-32）建立明置条形基础群位移与外力的关系如下：

$$\begin{bmatrix}\hat{\boldsymbol{Q}}\\ \hat{\boldsymbol{M}}\end{bmatrix}=\begin{bmatrix}\boldsymbol{\varDelta X} & \boldsymbol{0}\\ \boldsymbol{0} & \boldsymbol{\varDelta Y}\end{bmatrix}^{\mathrm{T}}\begin{bmatrix}\bar{\boldsymbol{A}} & \bar{\boldsymbol{B}}\\ \bar{\boldsymbol{C}} & \bar{\boldsymbol{D}}\end{bmatrix}^{-1}\begin{bmatrix}\boldsymbol{X} & \boldsymbol{0}\\ \boldsymbol{0} & \boldsymbol{Y}\end{bmatrix}\begin{bmatrix}\hat{\boldsymbol{H}}\\ \hat{\boldsymbol{\Theta}}\end{bmatrix} \tag{4-33}$$

将式（4-33）与式（4-2）比较可得考虑SSSI效应的明置条形基础群水平-摇摆耦合阻抗矩阵$\mathfrak{R}$如下：

$$\mathfrak{R}=\begin{bmatrix}\Delta X & 0\\ 0 & \Delta Y\end{bmatrix}^{\mathrm{T}}\begin{bmatrix}\bar{A} & \bar{B}\\ \bar{C} & \bar{D}\end{bmatrix}^{-1}\begin{bmatrix}X & 0\\ 0 & Y\end{bmatrix} \tag{4-34}$$

4.2 方 法 验 证

4.2.1 收敛性

本节计算了泊松比 $\nu_s = 1/3$ 的弹性半空间表面宽度为 L 的明置条形基础在水平-摇摆简谐激振下的阻抗函数。通过划分基础与地基接触面不同的子单元数来考察其收敛性。从表 4-1 可以看出，当子单元数达 100 时，水平-摇摆阻抗的计算精度达到三位有效数字，表中划横线的数值即为其收敛值。此外，水平阻抗的收敛速度比摇摆阻抗快。

表 4-1 明置条形基础水平、摇摆振动阻抗函数的收敛性

N	$a_0 = 0.25$				$a_0 = 2.0$				$a_0 = 3.0$			
	水平		摇摆		水平		摇摆		水平		摇摆	
	Re	Im	Re	Im	Re	Im	Re	Im	Re	Im	Re	Im
10	0.472	0.277	0.758	0.0220	0.623	1.25	0.470	0.603	0.618	1.84	0.291	1.04
20	0.274	0.280	0.787	0.0243	0.625	1.27	0.488	0.646	0.622	1.87	0.308	1.12
30	0.475	0.281	0.797	0.0245	0.626	1.28	0.493	0.660	0.622	1.88	0.312	1.14
40	0.475	0.281	0.801	0.0247	0.626	1.28	0.495	0.665	0.622	1.88	0.313	1.15
50	0.475	0.281	0.803	0.0248	0.626	1.29	0.496	0.669	0.622	1.88	0.314	1.16
60	0.475	0.282	0.806	0.0249	0.626	1.29	0.497	0.672	0.622	1.89	0.314	1.17
70	0.475	0.282	0.808	0.0250	0.626	1.29	0.498	0.675	0.622	1.89	0.315	1.17
80	0.475	0.282	0.809	0.0251	0.626	1.29	0.499	0.678	0.622	1.89	0.315	1.18
90	0.475	0.282	0.810	0.0251	0.626	1.29	0.500	0.679	0.622	1.89	0.315	1.18
100	0.475	0.282	0.810	0.0251	0.626	1.29	0.500	0.679	0.622	1.89	0.315	1.18

注：表中的水平-摇摆阻抗函数值分别为规格化 $\mathfrak{R}_{hh}/(\pi G_s)$ 和 $4\mathfrak{R}_{rr}/(\pi G_s L^2)$ 后的实部值 Re 和虚部值 Im。计算参数为：土体泊松比 $\nu_s = 0.4$；无量纲频率 $a_0 = \omega L/(2V_s)$。

4.2.2 算例验证

算例一：由于非对称简谐条形均布载荷作用下，地基位移的格林函数是一个多值广义函数的积分，本章采用分段积分及 Cauchy 主值积分求解。为验证格林函数的积分形式在数值计算中的正确性，将本章计算结果与薄层法[1]求得的考虑水平简谐线荷载下的弹性半空间位移解进行对比，如图 4-4 所示。计算参数如下：土体密度 $\rho_s = 2000\text{kg/m}^3$，剪切波波速 $V_s = 500\text{m/s}$，泊松比 $\nu_s = 0.4$，求解的位移点

距激振点的距离 $d = 40\text{m}$，图中横坐标为无量纲激振频率 $a_0=\omega d/V_s$，纵坐标为求解点位移 U_x 乘以πG_s后的规格化位移，其计算结果具有很好的一致性。

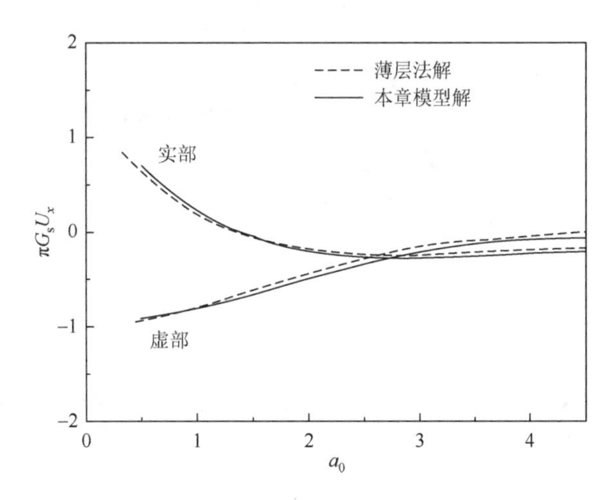

图 4-4　水平简谐激振荷载作用下的弹性半空间位移响应

算例二：Luco 等[2]使用奇异积分方程得到了半无限均质地基上宽度为 L 的明置条形基础当地基泊松比 $\nu = 0.5$ 时的基础阻抗精确解，由于数值求解的困难性，对泊松比 $\nu < 0.5$ 的情况只给出了低频段无量纲频率 $a_0 \leqslant 1.5$ 时的近似解。本章研究了两个宽度均为 L 的相邻基础距宽比 S/L 足够大时单个基础的振动，得到了不同参数下地基水平、摇摆以及水平-摇摆耦合动柔度系数随无量纲频率的关系曲线如图 4-5 和图 4-6 所示。计算结果不仅与 Luco 等给出的泊松比 $\nu = 0.5$ 的精确解进行了对比，同时还将泊松比 $\nu = 0.25$ 时的动柔度系数计算延至无量纲激振频率 $a_0 = \omega L/(2V_s) = 10$。由图可知本章结果与 Luco 等混合边值法得到的结果一致，验证了本章方法的正确性以及对高频计算的广泛适用性。

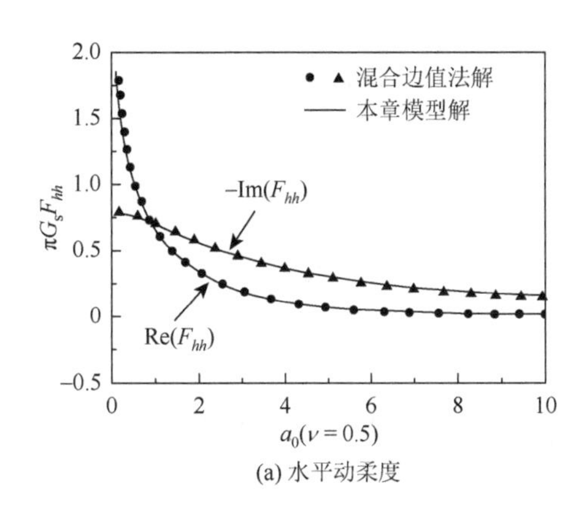

(a) 水平动柔度

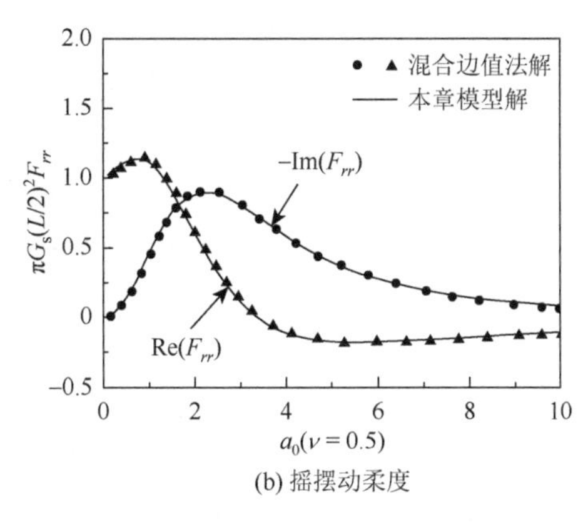

(b) 摇摆动柔度

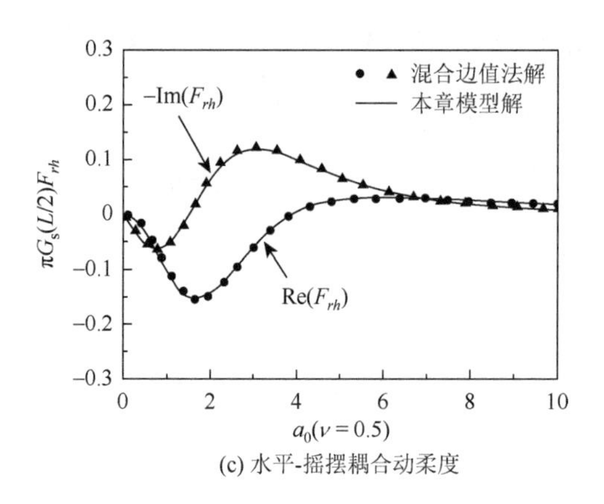

(c) 水平-摇摆耦合动柔度

图 4-5　本章方法与混合边值法所得的水平-摇摆基础动柔度 $F(a_0)$的对比

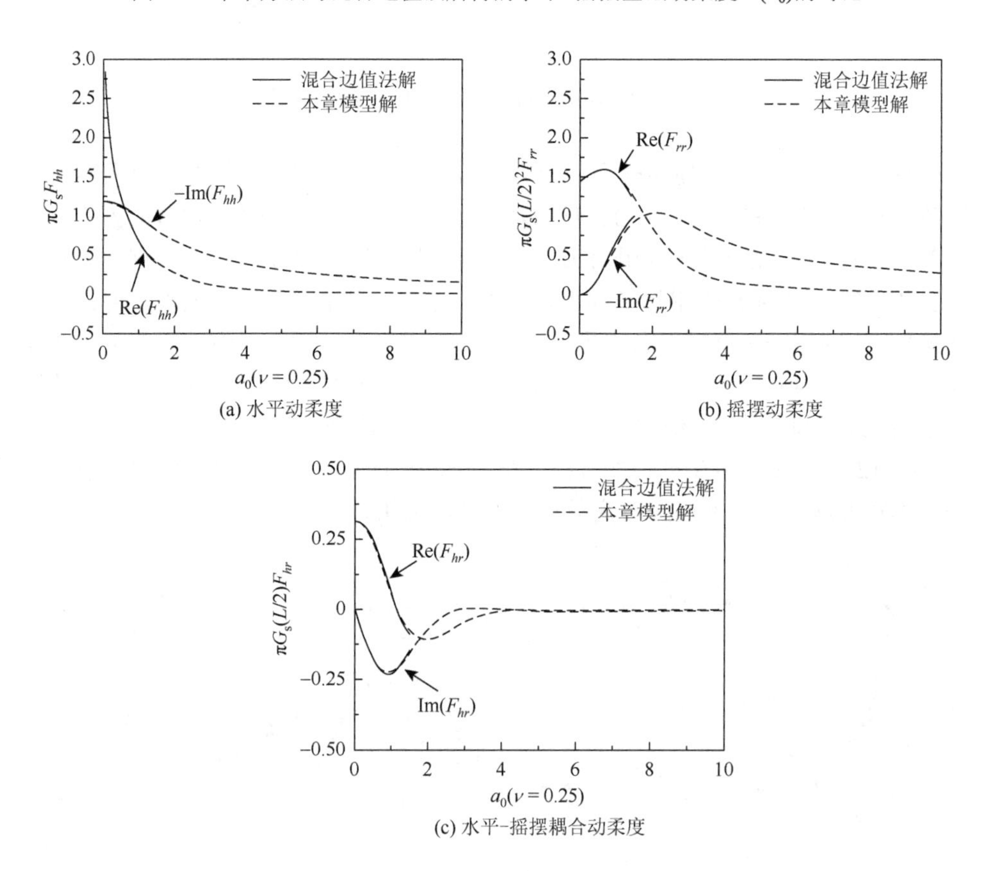

(a) 水平动柔度　　(b) 摇摆动柔度

(c) 水平-摇摆耦合动柔度

图 4-6　本章方法与混合边值法所得水平-摇摆动柔度 $F(a_0)$的对比及高频扩展

4.3　参数分析

4.3.1　基础应力分布

为了考察水平-摇摆激振作用下考虑 SSSI 效应后的邻近条形基础群动接触应力的分布，本节研究了在泊松比 $\nu = 1/3$ 的地基上多个距宽比均为 $S/L = 0.25$ 的邻近等宽条形基础受无量纲激振频率 $a_0 = 0.5$ 和 5.0 的简谐水平激振 Q_0 与摇摆激振 M_0 作用下的动接触应力分布，相邻两个条形基础的水平和垂直接触力分布分别如图 4-7 和图 4-8 所示，三个条形基础的水平和垂直接触力分布分别如图 4-9 和图 4-10 所示。图中，$\bar{x}$ 是以各基础中心为坐标原点的局部坐标，横向无量纲坐标为 $2\bar{x}/L$，纵向无量纲水平和垂直接触应力分别为 $\bar{q} = Lq/Q_0$ 和 $\bar{p} = L^2p/M_0$。图中带记号的实线为不考虑相邻基础影响的单个基础接触应力分布，其余的均为考虑 SSSI 效应后的基础群中各基础下的接触应力分布。

从图中可以看出所有基础两端的应力分布总是奇异的，说明了基础边缘的应力集中效应。通过图 4-7（a）、（b）和图 4-8（a）、（b）中单个基础的应力分布比较可以看到，当简谐激振频率较低（$a_0 = 0.5$）时，水平和垂直动接触应力均符合 Sung[3] 假定，呈静刚性分布，但当激振频率较高（$a_0 = 5.0$）时，其应力分布发生了明显的变化。此外，图 4-7～图 4-10 中单个基础的应力分布曲线与多个基础的应力分布曲线的对比充分说明了 SSSI 效应对邻近条形基础群动接触应力分布的影响。从图 4-7～图 4-10 中可以看到，对于两个相邻基础，其外侧应力分布与单个基础的分布趋于一致，但内侧的应力分布发生了“对倾”现象，相邻一侧基底的边缘应力集中减弱；对于三个邻近基础，中间基础的应力分布形状与单个基础应力分布相似，但

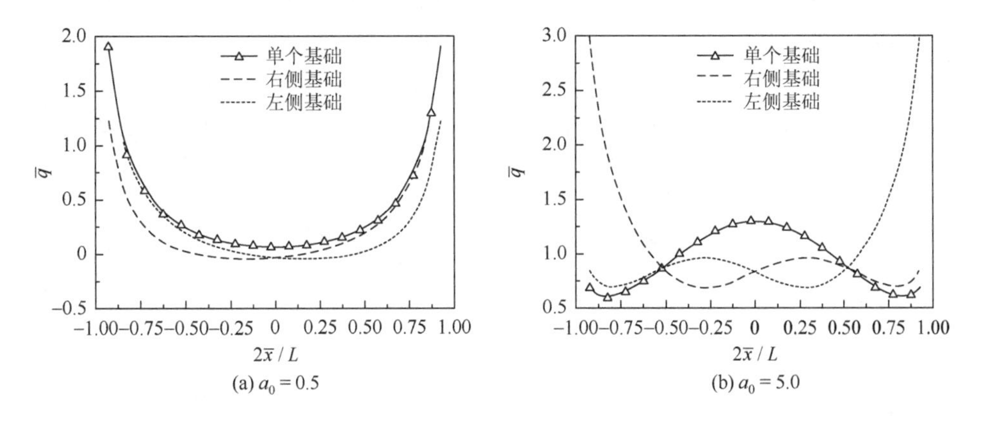

(a) $a_0 = 0.5$　(b) $a_0 = 5.0$

图 4-7　水平-摇摆激振下考虑 SSSI 效应的相邻两条形基础水平动接触应力分布

其幅值大小发生了改变，而其相邻基础的应力分布则同样发生了倾斜。因此，相邻基础即使宽度相同，其水平和垂直应力分布也不再具有对称性和反对称性，采用基于对称应力分布假定的应力边值法求解多个基础相互作用阻抗问题会产生较大误差。

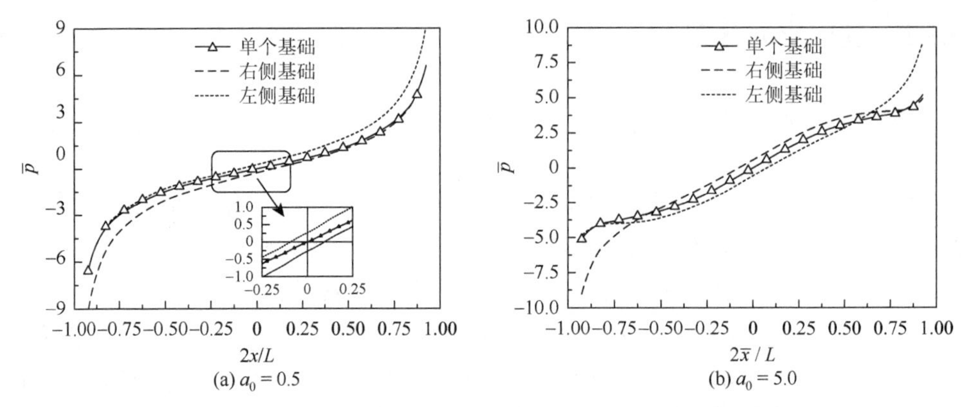

图 4-8　水平-摇摆激振下考虑 SSSI 效应的相邻两条形基础垂直动接触应力分布

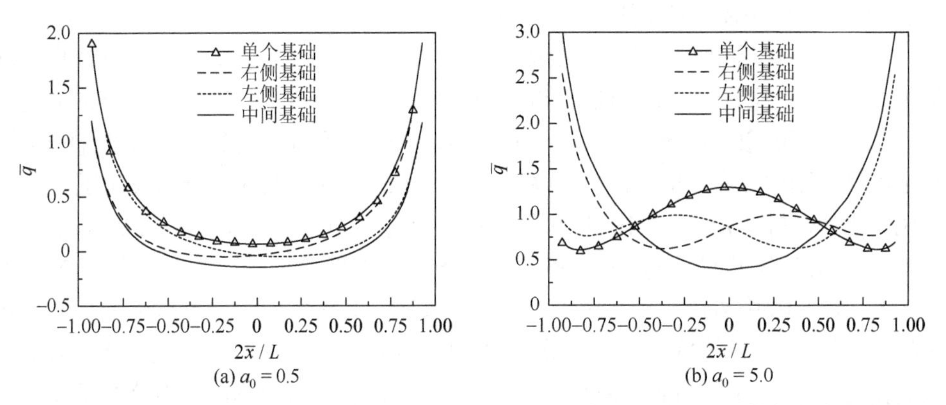

图 4-9　水平-摇摆激振下考虑 SSSI 效应的三个邻近条形基础水平动接触应力分布

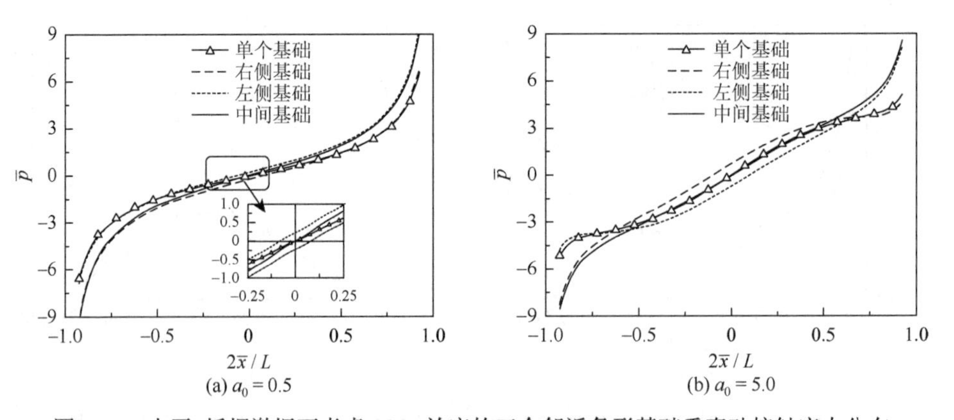

图 4-10　水平-摇摆激振下考虑 SSSI 效应的三个邻近条形基础垂直动接触应力分布

4.3.2　距宽比对相邻基础振动阻抗的影响

为了研究受水平-摇摆激振的相邻基础之间 SSSI 效应的有效影响范围，本节考虑在不同泊松比（$\nu = 1/3$，$\nu = 0.25$）的地基上，两个宽为 L 的条形基础相距 S，受水平-摇摆简谐激振荷载作用的相邻明置条形基础在不同距宽比 S/L 下的水平和摇摆振动阻抗随无量纲频率 a_0 的变化，$S/L = \infty$为不考虑 SSSI 效应的单个基础的情况，计算结果分别如图 4-11～图 4-14 所示。从图 4-11～图 4-14 中可以看到，当 $S/L = 0.125$ 时，考虑相邻基础动力相互作用效应的基础水平、摇摆阻抗均在单基础阻抗附近的波动较为明显，此时必须考虑相邻基础动力相互作用的影响。但随着距宽比的增加，相邻基础间的动力相互作用减小，当 $S/L = 5.0$ 时，相邻基础的阻抗与单个基础阻抗曲线已很接近，此时可以不考虑相邻基础的动力相互作用，该值可视为有效距宽比。从图 4-11 和图 4-12（或者图 4-13 和图 4-14）的对比中可以看出，泊松比对有效距宽比的影响不大。

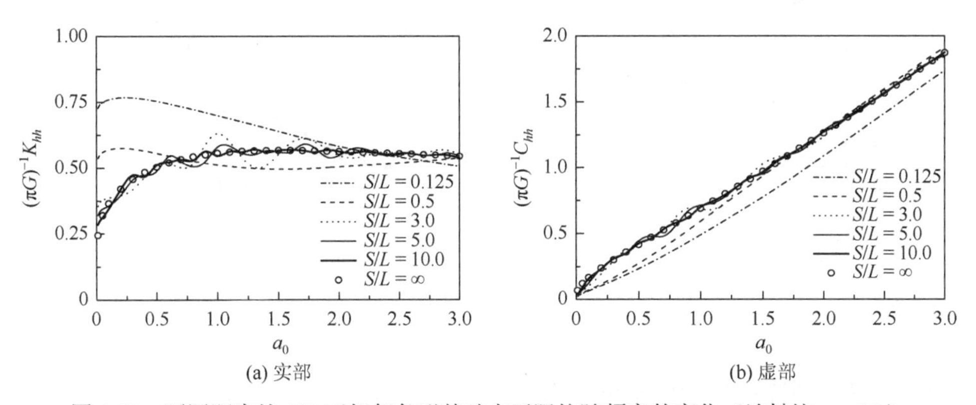

图 4-11　不同距宽比 S/L 下相邻条形基础水平阻抗随频率的变化（泊松比 $\nu = 1/3$）

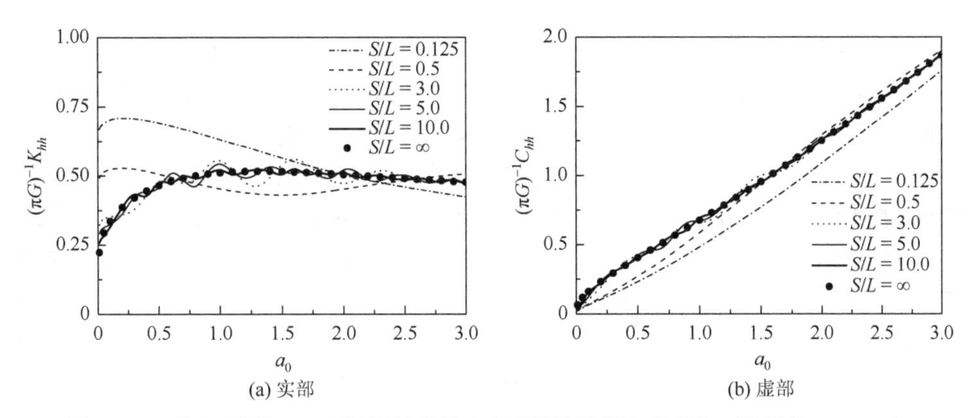

图 4-12　不同距宽比 S/L 下相邻条形基础水平阻抗随频率的变化（泊松比 $\nu = 0.25$）

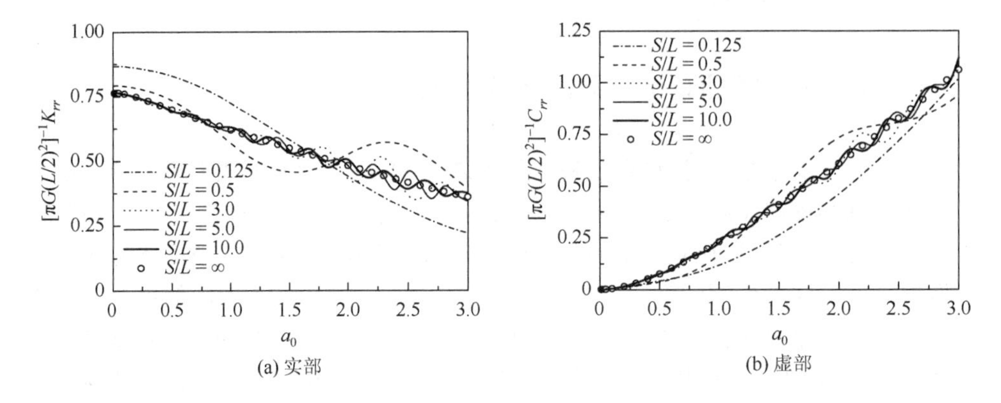

(a) 实部 (b) 虚部

图 4-13 不同距宽比 S/L 下相邻条形基础摇摆阻抗随频率的变化（泊松比 $\nu = 1/3$）

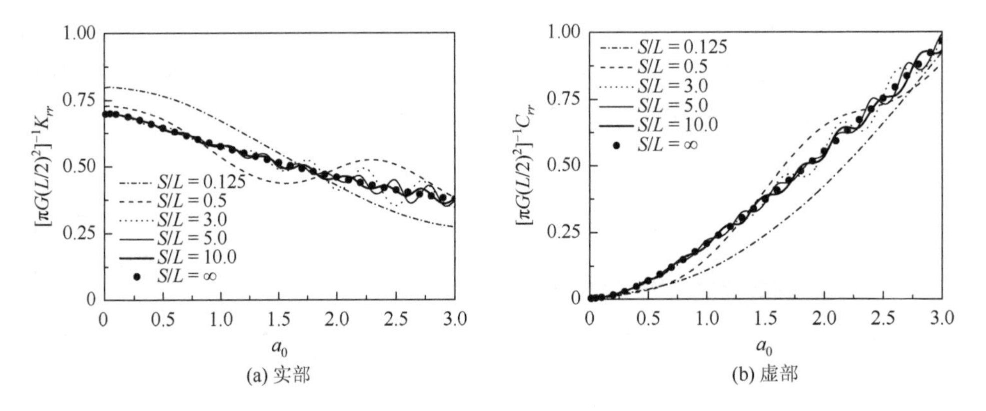

(a) 实部 (b) 虚部

图 4-14 不同距宽比 S/L 下相邻条形基础摇摆阻抗随频率的变化（泊松比 $\nu = 0.25$）

4.3.3 三个明置基础的振动阻抗

本节计算了考虑 SSSI 效应的三个等间距放置的等宽明置条形基础的水平和摇摆振动阻抗，弹性半空间泊松比为$\nu = 1/3$。图 4-15 和图 4-16 中的实线为单个基础（即 $S/L = \infty$）的阻抗 K_{sig}、C_{sig}，其余曲线为考虑 SSSI 效应的基础群（$S/L = 0.5$）中各个基础的水平和摇摆阻抗。通过图 4-15 和图 4-16 中的曲线对比可以看出，考虑 SSSI 效应的基础水平、摇摆阻抗均围绕在相应单个基础阻抗函数周围波动，其中间基础 II 的计算结果较周边两基础波动更为明显，这是因为中间基础受相邻基础动力相互作用的影响更大。图 4-15 和图 4-16 中带记号的曲线为考虑 SSSI 效应的基础群中各个基础间耦合阻抗，从图 4-15 和图 4-16 中可以看出，相邻基础间的耦合阻抗幅值要比基础 I 和基础 III 间的耦合阻抗幅值大。

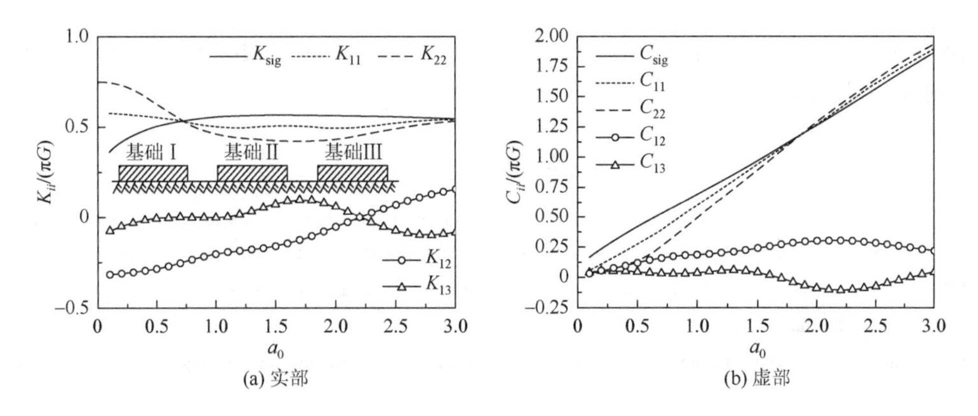

(a) 实部　(b) 虚部

图 4-15　单个基础以及考虑 SSSI 效应的基础群的水平阻抗

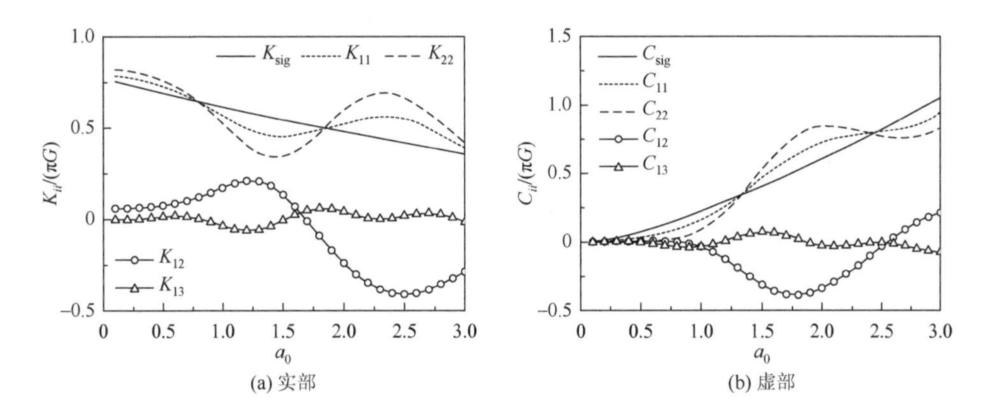

(a) 实部　(b) 虚部

图 4-16　单个基础以及考虑 SSSI 效应的基础群的摇摆阻抗

4.4 本 章 小 结

考虑相邻条形基础间的水平-摇摆动力相互作用对邻近结构的工程抗震设计和安全性能评价具有重要意义[4, 5]。本章基于水平和垂直均布条形激振下弹性半空间的格林函数，通过划分基础与地基接触面的子单元计算了条形基础群水平-摇摆耦合阻抗函数。本章方法避免了对基础应力分布函数的直接求解，突破了混合边值法求解基础振动阻抗在数学上的局限性，计算过程简单、精度高，具有良好的收敛性，且适用于全频段的动力分析。所得基础群振动阻抗为采用子结构法研究 SSSI 效应的相邻结构动力响应分析提供了必要的计算参数，可直接用于地震、风致振动以及波浪荷载作用下条形基础结构横向振动分析。最后，通过参数分析表明，相邻条形基础间的水平-摇摆动力相互作用效应随距宽比的减小而更加明显，当两基础的距宽比 S/L 小于 5.0 时，有必要考虑相邻条形基础间的动力相互作用。

参 考 文 献

[1] Hasegawa M H, Nakai S N, Fukuwa N F. An application of two-dimensional point load solutions by the thin layered method (Part I): Derivation of point load solution[J]. Architectural Institute of Japan, 1983, 58: 785-786.

[2] Luco J E, Westmann R A. Dynamic response of a rigid footing bonded to an elastic half space[J]. Journal of Applied Mechanics, 1972, 39 (2): 527-534.

[3] Sung T Y. Vibrations in Semi-infinite Solids Due to Periodic Surface Loading[Z]. Cambridge: Harvard University, 1953.

[4] Wang J, Lo S H, Zhou D, et al. Frequency-dependent impedance of a strip foundation group and its representation in time domain[J]. Applied Mathematical Modelling, 2015, 39: 2861-2881.

[5] 王珏, 周叮, 刘伟庆. 相邻明置条形基础的水平-摇摆耦合阻抗研究[J]. 振动工程学报, 2016, 29 (2): 253-262.

第5章　基于锥体模型的明置块体基础阻抗简化分析

基于弹性半空间理论的解析及半解析方法求解块式基础振动阻抗虽在理论上较为严密，但是将它们直接用于工程计算则显得较为复杂[1]。为了更好地适应工程实践，寻求既可简化计算过程又能满足工程精度要求的简化物理模型是十分必要的。本章对 Wolf 提出的锥体模型进行了总结[2, 3]，介绍了基于锥体模型的弹性半空间上明置块体基础的垂直阻抗、水平阻抗、摇摆阻抗和扭转阻抗简化计算公式的推导过程，通过与数值积分解的对比考察了简化模型的计算精度，并研究了不同地基条件下的明置基础的振动阻抗。

5.1　静力条件下的锥体模型参数

锥体模型（cone model）把地基与明置基础的接触面看作一个特征半径为 r_0 的无质量刚性板，用一个顶点高度为 z_0 的截头半无限弹性锥体代替半无限地基，计算其波传播过程。考虑均质弹性半空间土体密度为ρ，泊松比为ν，不考虑地基材料阻尼的剪切模量为 G。若需要进一步考虑地基材料阻尼，可采用复剪切模量 $G^* = G(1 + 2\mathrm{i}\beta)$，其中$\beta$为地基材料的阻尼比。土体侧限压缩模量 E_c 与拉梅常量λ之间满足 $E_c = \lambda + 2G$。对于图 5-1 所示具有 4 种不同运动形式（垂直、水平、摇摆和扭转）的明置基础，可将弹性地基定义为具有不同纵横比 z_0/r_0 的截头半无限弹性锥体。

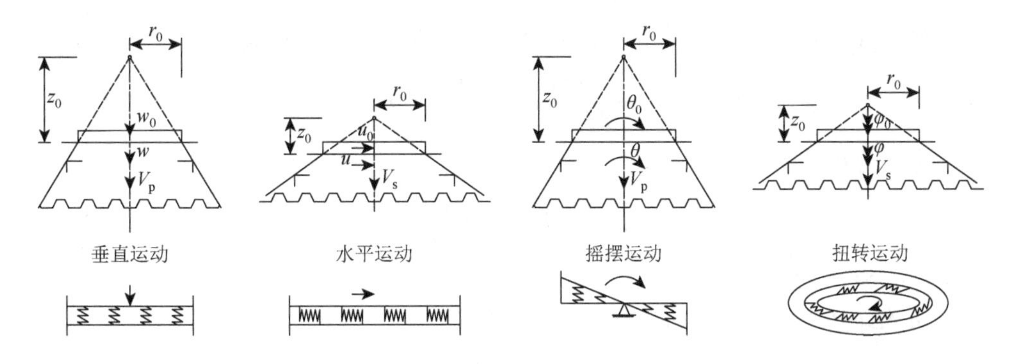

图 5-1　不同运动形式下的地基-明置基础相互作用锥体模型

将表征深度的 z 轴坐标原点定义在锥顶，深度 z 处的锥体截面面积及惯性矩为

$$A(z)=\left(\frac{z}{z_0}\right)^2 A_0 \tag{5-1}$$

$$I(z)=\left(\frac{z}{z_0}\right)^4 I_0 \tag{5-2}$$

式中，A_0 为明置基础与弹性地基的接触面面积；I_0 为明置基础的截面惯性矩。对于不同几何形状的明置基础，可以采用半径为 r_0 的等效刚性圆盘表示。对于平动（包括垂直运动和水平运动）的明置基础，等效半径 $r_0=\sqrt{\dfrac{A_0}{\pi}}$；对于摇摆转动的明置基础，等效半径 $r_0=\sqrt[4]{\dfrac{4I_0}{\pi}}$，其中等效圆盘绕基底形心轴的截面惯性矩 $I_0=\dfrac{\pi r_0^4}{4}$；对于扭转转动的明置基础，等效半径 $r_0=\sqrt[4]{\dfrac{2I_{\mathrm{p}}}{\pi}}$，其中等效圆盘的截面极惯性矩 $I_{\mathrm{p}}=\dfrac{\pi r_0^4}{2}$。

5.1.1　明置基础锥体模型的平动静刚度

以图 5-2（a）所示的垂直平动明置基础为例，假设在垂直荷载 P_0 的作用下，明置基础的竖向位移为 w_0。$N(z)$和 $w(z)$分别为锥体模型 z 处的轴力和竖向位移。取厚度为 dz 的锥体微元，根据静力学平衡有

$$-N(z)+N(z)+N'(z)\,\mathrm{d}z=0 \tag{5-3}$$

一维弹性体的力-位移关系为

$$N(z)=E_{\mathrm{c}}A(z)\frac{\mathrm{d}\,w(z)}{\mathrm{d}\,z} \tag{5-4}$$

结合式（5-1），将式（5-4）代入式（5-3）可得微分方程为

$$\frac{\mathrm{d}^2\,w(z)}{\mathrm{d}\,z^2}+\frac{2}{z}\frac{\mathrm{d}\,w(z)}{\mathrm{d}\,z}=0 \tag{5-5}$$

上述方程的通解为

$$w(z)=c_1+c_2\frac{1}{z} \tag{5-6}$$

式中，c_1 和 c_2 为积分常数。

引入地基表面以及无穷远处的边界条件有

$$w(z)\,|_{z=z_0}=w_0,\quad w(z)\,|_{z=\infty}=0 \tag{5-7}$$

将边界条件代入式（5-6），可得位移方程及轴力方程如下：

$$w(z)=\frac{z_0}{z}w_0 \tag{5-8}$$

$$N(z)=-\frac{E_c A_0 w_0}{z_0} \tag{5-9}$$

根据明置基础的外力与反力平衡条件可得

$$P_0=-N(z_0)=\frac{E_c A_0 w_0}{z_0} \tag{5-10}$$

将式（5-10）中的地基土侧限压缩模量用纵波波速$V_p=\sqrt{E_c/\rho}$表示，可得垂直运动明置基础的静刚度为

$$K_{vv}^{S}=\frac{\rho V_p^2 A_0}{z_0} \tag{5-11}$$

同理可得，用地基土剪切波波速$V_s=\sqrt{G/\rho}$表示的明置基础水平平动的静刚度为

$$K_{hh}^{S}=\frac{\rho V_s^2 A_0}{z_0} \tag{5-12}$$

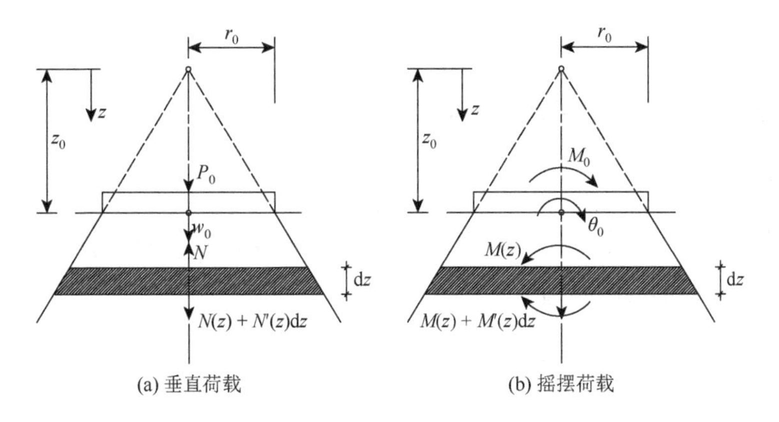

图 5-2　静力荷载作用下的锥体模型

5.1.2　明置基础锥体模型的转动静刚度

以图 5-2（b）所示的摇摆转动明置基础为例，假设在力矩 M_0 的作用下，明置基础的转角为θ_0。$M(z)$和$\theta(z)$分别为锥体模型 z 处的弯矩和转角。取厚度为 dz 的锥体微元，根据静力学平衡有

$$-M(z)+M(z)+M'(z)\mathrm{d}z=0 \tag{5-13}$$

将弹性体的力矩-转角关系表示为

$$M(z)=E_c I(z)\frac{\mathrm{d}\theta(z)}{\mathrm{d}z} \tag{5-14}$$

结合式（5-2），将式（5-14）代入式（5-13）可得微分方程：

$$\frac{\mathrm{d}^2\theta(z)}{\mathrm{d}z^2}+\frac{4}{z}\frac{\mathrm{d}\theta(z)}{\mathrm{d}z}=0 \tag{5-15}$$

上述方程的通解为

$$\theta(z)=c_1+c_2\frac{1}{z^3} \tag{5-16}$$

式中，c_1 和 c_2 为积分常数。

引入地基表面以及无穷远处的边界条件有

$$\theta(z)|_{z=z_0}=\theta_0,\quad \theta(z)|_{z=\infty}=\infty \tag{5-17}$$

将边界条件代入式（5-16），可得转角方程及力矩方程如下：

$$\theta(z)=\frac{z_0^3}{z}\theta_0 \tag{5-18}$$

$$M(z)=-3E_{\mathrm{c}}I_0\frac{z_0^3}{z^4}\theta_0 \tag{5-19}$$

根据明置基础的外力矩与反力矩平衡条件可得

$$M_0=-M(z_0)=\frac{3E_{\mathrm{c}}I_0}{z_0}\theta_0 \tag{5-20}$$

根据式（5-20）可得明置基础摇摆转动静刚度为

$$K_{rr}^{\mathrm{S}}=\frac{3E_{\mathrm{c}}I_0}{z_0} \tag{5-21}$$

将式（5-21）中的地基土侧限压缩模量用纵波波速 $V_{\mathrm{p}}=\sqrt{E_{\mathrm{c}}/\rho}$ 表示，可得明置基础摇摆转动的静刚度为

$$K_{rr}^{\mathrm{S}}=\frac{3\rho I_0V_{\mathrm{p}}^2}{z_0} \tag{5-22}$$

同理可得，用地基土剪切波波速 $V_{\mathrm{s}}=\sqrt{G/\rho}$ 表示的明置基础扭转转动的静刚度为

$$K_{tt}^{\mathrm{S}}=\frac{3\rho I_{\mathrm{p}}V_{\mathrm{s}}^2}{z_0} \tag{5-23}$$

5.1.3　静力条件下锥体模型的纵横比

对于具有不同参数的弹性地基或者不同运动形式的明置基础，锥体模型的纵横比 z_0/r_0 是不同的。为了保证锥体模型解和弹性半空间解在接近于静力状态的低频情况下一致，令锥体模型求得的静刚度系数与弹性半空间地基表面圆盘的静刚度系数（表 5-1）相等，从而确定锥体模型的纵横比 z_0/r_0，即锥体模型的张角。

表 5-1　均质弹性半空间上的明置圆形基础静刚度

运动形式	水平运动	垂直运动	摇摆转动	扭转运动
静刚度	$\dfrac{8Gr_0}{2-\nu}$	$\dfrac{4Gr_0}{1-\nu}$	$\dfrac{8Gr_0^3}{3(1-\nu)}$	$\dfrac{16Gr_0^3}{3}$

对于不产生压缩波的地基水平和扭转运动，可分别令式（5-12）、式（5-23）所示明置基础水平运动和扭转运动的静刚度表达式与表 5-1 所示的相应静刚度表达式相等，从而得到明置基础水平运动和扭转运动下，锥体模型的纵横比表示如下。

水平运动：

$$\frac{z_0}{r_0}=\frac{(2-\nu)\pi}{8} \tag{5-24}$$

扭转运动：

$$\frac{z_0}{r_0}=\frac{9\pi}{32} \tag{5-25}$$

对于产生压缩波的地基垂直运动和摇摆转动，当土体泊松比较小时，纵波起控制作用，但当泊松比接近 0.5 时，纵波和横波的比值 $\frac{V_{\mathrm{p}}}{V_{\mathrm{s}}}=\sqrt{\frac{2(1-\nu)}{1-2\nu}}$ 将趋近于无穷大。因此 Wolf 对泊松比 $\frac{1}{3}<\nu\leqslant\frac{1}{2}$ 情况下的准非压缩性地基的垂直运动和摇摆转动进行研究，将纵波波速限制为横波波速的 2 倍。因此，明置基础垂直运动和摇摆转动下锥体模型的纵横比表示如下。

垂直运动：

$$\frac{z_0}{r_0}=\begin{cases}\dfrac{\pi(1-\nu)^2}{2(1-2\nu)}, & \nu\leqslant\dfrac{1}{3}\\[2mm] \pi(1-\nu), & \dfrac{1}{3}<\nu\leqslant\dfrac{1}{2}\end{cases} \tag{5-26}$$

摇摆转动：

$$\frac{z_0}{r_0}=\begin{cases}\dfrac{9\pi(1-\nu)^2}{16(1-2\nu)}, & \nu\leqslant\dfrac{1}{3}\\[2mm] \dfrac{9\pi(1-\nu)}{8}, & \dfrac{1}{3}<\nu\leqslant\dfrac{1}{2}\end{cases} \tag{5-27}$$

5.2　基于锥体模型的明置基础阻抗函数

5.2.1　平动锥体的阻抗函数

与静力作用下的明置基础不同，在动荷载的作用下锥体模型会产生惯性效应。因此考虑惯性力作用下的锥体微元平衡后可建立运动方程：

$$-N(z,t)+N(z,t)+N'(z,t)\mathrm{d}z-\rho A(z)\mathrm{d}z\frac{\mathrm{d}^2w(z,t)}{\mathrm{d}t^2}=0 \tag{5-28}$$

将一维弹性体的力-位移关系代入式（5-28），可得关于锥体模型位移的一维波动方程：

$$\frac{\partial^2 w(z,t)}{\partial z^2}+\frac{2}{z}\frac{\partial w(z,t)}{\partial z}-\frac{1}{V_{\mathrm{p}}^2}\frac{\partial^2 w(z,t)}{\partial t^2}=0 \tag{5-29}$$

引入边界条件地基表面的边界条件 $w(z_0,t)=w_0(t)$，则式（5-29）的解为

$$w(z,t)=\frac{z_0}{z}w_0(t)\left(t-\frac{z-z_0}{V_{\mathrm{p}}}\right) \tag{5-30}$$

根据一维弹性体的力-位移关系以及明置基础外力 P_0 与地基反力 $N(z_0)$ 的平衡条件 $P_0=-N(z_0)$ 有

$$P_0=\frac{E_{\mathrm{c}}A_0}{z_0}w_0(t)+\rho V_{\mathrm{p}}A_0\frac{\mathrm{d}w_0(t)}{\mathrm{d}t} \tag{5-31}$$

当外激振荷载为简谐荷载 $P_0(\omega)\mathrm{e}^{\mathrm{i}\omega t}$ 时，位移满足 $w_0(t)=W_0(\omega)\mathrm{e}^{\mathrm{i}\omega t}$，将其代入式（5-31）可得

$$P_0(\omega)=\left(\frac{E_{\mathrm{c}}A_0}{z_0}+\mathrm{i}\omega\rho V_{\mathrm{p}}A_0\right)W_0(\omega) \tag{5-32}$$

对于产生压缩波的垂直运动，当地基为准非压缩性地基 $\left(\frac{1}{3}<\nu\leqslant\frac{1}{2}\right)$ 时，在振动过程中应考虑参振质量的影响，即

$$P_0(\omega)=\left(\frac{E_{\mathrm{c}}A_0}{z_0}-\omega^2\Delta M+\mathrm{i}\omega\rho V_{\mathrm{p}}A_0\right)W_0(\omega) \tag{5-33}$$

式中，参振质量 $\Delta M=\mu\rho r_0^3$，参数 $\mu=2.4\pi(\nu-1/3)$。当 $\nu\leqslant 1/3$ 时，参数 $\mu=0$。

将上述地基土侧限压缩模量用纵波波速 $V_{\mathrm{p}}=\sqrt{E_{\mathrm{c}}/\rho}$ 表示，并将明置基础的垂直运动静刚度 $K_{vv}^{\mathrm{S}}=\dfrac{\rho V_{\mathrm{p}}^2A_0}{z_0}$ 代入可得

$$P_0(\omega)=K_{vv}^{\mathrm{S}}\left(1-\frac{\mu z_0 r_0^3}{V_{\mathrm{p}}^2A_0}\omega^2+\mathrm{i}\omega\frac{z_0}{V_{\mathrm{p}}}\right)W_0(\omega) \tag{5-34}$$

简谐荷载幅值与位移幅值的关系，即明置基础垂直阻抗为

$$\mathcal{R}_{vv}(\omega)=\frac{P_0(\omega)}{W_0(\omega)}=K_{vv}^{\mathrm{S}}[k_{vv}(\omega)+\mathrm{i}\omega c_{vv}(\omega)] \tag{5-35}$$

式中，垂直动刚度 $k_{vv}(\omega)$ 和垂直动阻尼 $c_{vv}(\omega)$ 分别为

$$\begin{cases} k_{vv}(\omega)=1-\dfrac{\mu z_0 r_0^3}{V_p^2 \pi r_0^2}\omega^2 \\ c_{vv}(\omega)=\dfrac{z_0}{V_p} \end{cases} \tag{5-36}$$

同理可得，不产生压缩波（$\mu=0$）的明置基础水平运动的水平阻抗为

$$\mathcal{R}_{hh}(\omega)=K_{hh}^{S}[k_{hh}(\omega)+\mathrm{i}\omega c_{hh}(\omega)] \tag{5-37}$$

式中，水平动刚度 $k_{hh}(\omega)$ 和水平动阻尼 $c_{hh}(\omega)$ 分别为

$$\begin{cases} k_{hh}(\omega)=1 \\ c_{hh}(\omega)=\dfrac{z_0}{V_s} \end{cases} \tag{5-38}$$

引入无量纲频率 $a_0=\dfrac{\omega r_0}{V_s}$ 代替频率 ω 后可得，明置基础垂直阻抗 $\mathcal{R}_{vv}(a_0)=K_{vv}^{S}[k_{vv}(a_0)+\mathrm{i}a_0 c_{vv}(a_0)]$，其中垂直动刚度 $k_{vv}(a_0)$ 和垂直动阻尼 $c_{vv}(a_0)$ 分别为

$$\begin{cases} k_{vv}(a_0)=1-\dfrac{\mu z_0 V_s^2}{\pi r_0 V_p^2}a_0^2 \\ c_{vv}(a_0)=\dfrac{z_0 V_s}{r_0 V_p} \end{cases} \tag{5-39}$$

明置基础垂直阻抗 $\mathcal{R}_{hh}(a_0)=K_{hh}^{S}[k_{hh}(a_0)+\mathrm{i}a_0 c_{hh}(a_0)]$，其中垂直动刚度 $k_{hh}(a_0)$ 和垂直动阻尼 $c_{hh}(a_0)$ 分别为

$$\begin{cases} k_{hh}(a_0)=1 \\ c_{hh}(a_0)=\dfrac{z_0}{r_0} \end{cases} \tag{5-40}$$

5.2.2　转动锥体的阻抗函数

对于摇摆振动的明置基础锥体模型，考虑微元体的惯性力矩后可建立平衡方程如下：

$$-M(z,t)+M(z,t)+M'(z,t)\,\mathrm{d}z-\rho I(z)\,\mathrm{d}z\frac{\mathrm{d}^2\theta(z,t)}{\mathrm{d}t^2}=0 \tag{5-41}$$

将弹性体的力矩-转角关系代入式(5-41)，可得关于锥体模型的转动微分方程为

$$\frac{\partial^2\theta(z,t)}{\partial z^2}+\frac{4}{z}\frac{\partial\theta(z,t)}{\partial z}-\frac{1}{V_p^2}\frac{\partial^2\theta(z,t)}{\partial t^2}=0 \tag{5-42}$$

当外激振荷载为简谐荷载 $M_0(\omega)\mathrm{e}^{\mathrm{i}\omega t}$ 时，锥体模型转角满足 $\theta(z,t)=\Theta(z,\omega)\mathrm{e}^{\mathrm{i}\omega t}$，将其代入式（5-42）可得

$$\frac{\partial^2\Theta(z,\omega)}{\partial z^2}+\frac{4}{z}\frac{\partial\Theta(z,\omega)}{\partial z}+\frac{\omega^2}{V_{\mathrm{p}}^2}\Theta(z,\omega)=0 \tag{5-43}$$

引入边界条件地基表面的边界条件 $\Theta(z_0,\omega)=\Theta_0(\omega)$，则式（5-43）的解为

$$\Theta(z,\omega)=\frac{z_0^3/z^3+\mathrm{i}(\omega/V_{\mathrm{p}})(z_0^3/z^2)}{1+\mathrm{i}(\omega/V_{\mathrm{p}})z_0}\mathrm{e}^{-\mathrm{i}\frac{\omega}{V_{\mathrm{p}}}(z-z_0)}\Theta_0(\omega) \tag{5-44}$$

根据弯矩-转角的关系以及明置基础上表面外力与下表面的地基反力关系可得

$$M_0(\omega)=-\rho V_{\mathrm{p}}^2 I_0\left[\frac{-3/z_0-\mathrm{i}(\omega/V_{\mathrm{p}})}{1+\mathrm{i}(\omega/V_{\mathrm{p}})z_0}-\frac{\omega}{V_{\mathrm{p}}}\right]\Theta_0(\omega) \tag{5-45}$$

对于产生压缩波的摇摆转动，当地基为准非压缩性地基$\left(\frac{1}{3}<\nu\leqslant\frac{1}{2}\right)$时，在振动过程中应考虑参振质量的影响，即

$$M_0(\omega)=-\rho V_{\mathrm{p}}^2 I_0\left[\frac{-3/z_0-\mathrm{i}(\omega/V_{\mathrm{p}})}{1+\mathrm{i}(\omega/V_{\mathrm{p}})z_0}-\frac{\omega}{V_{\mathrm{p}}}-\omega^2\Delta M_\theta\right]\Theta_0(\omega) \tag{5-46}$$

式中，参振质量 $\Delta M_\theta=\mu_\theta\rho r_0^5$，参数 $\mu_\theta=0.3\pi(\nu-1/3)$。当 $\nu\leqslant 1/3$ 时，参数 $\mu=0$。

简谐荷载幅值与位移幅值的关系，即明置基础垂直阻抗为

$$\mathcal{R}_{rr}(\omega)=\frac{M_0(\omega)}{\Theta_0(\omega)}=K_{rr}^{\mathrm{S}}[k_{rr}(\omega)+\mathrm{i}\omega c_{rr}(\omega)] \tag{5-47}$$

式中，垂直动刚度 $k_{rr}(\omega)$ 和垂直动阻尼 $c_{rr}(\omega)$ 分别为

$$\begin{cases} k_{rr}(\omega)=1-\dfrac{4z_0 r_0\mu_\theta}{3\pi V_{\mathrm{p}}^2}\omega^2-\dfrac{z_0^2}{3(V_{\mathrm{p}}^2+\omega^2 z_0^2)}\omega^2 \\ c_{rr}(\omega)=\dfrac{\omega^2 z_0^3}{3V_{\mathrm{p}}(V_{\mathrm{p}}^2+\omega^2 z_0^2)} \end{cases} \tag{5-48}$$

同理可得，不产生压缩波（$\mu_\theta=0$）的明置基础扭转运动的扭转阻抗为

$$\mathcal{R}_{tt}(\omega)=K_{tt}^{\mathrm{S}}[k_{tt}(\omega)+\mathrm{i}\omega c_{tt}(\omega)] \tag{5-49}$$

式中，扭转动刚度 $k_{tt}(\omega)$ 和扭转动阻尼 $c_{tt}(\omega)$ 分别为

$$\begin{cases} k_{tt}(\omega)=1-\dfrac{z_0^2}{3(V_{\mathrm{s}}^2+\omega^2 z_0^2)}\omega^2 \\ c_{tt}(\omega)=\dfrac{\omega^2 z_0^3}{3V_{\mathrm{s}}(V_{\mathrm{s}}^2+\omega^2 z_0^2)} \end{cases} \tag{5-50}$$

引入无量纲频率 $a_0=\dfrac{\omega r_0}{V_{\mathrm{s}}}$ 代替频率 ω 后可得，明置基础摇摆阻抗 $\mathcal{R}_{rr}(a_0)=K_{rr}^{\mathrm{S}}[k_{rr}(a_0)+\mathrm{i}a_0 c_{rr}(a_0)]$，其中摇摆动刚度 $k_{rr}(a_0)$ 和摇摆动阻尼 $c_{rr}(a_0)$ 分别为

$$\begin{cases} k_{rr}(a_0) = 1 - \dfrac{4z_0\mu_\theta V_s^2}{3\pi r_0 V_p^2} a_0^2 - \dfrac{a_0^2}{3\left(\dfrac{r_0^2 V_p^2}{z_0^2 V_s^2} + a_0^2\right)} \\ c_{rr}(a_0) = \dfrac{z_0 V_s}{r_0 V_p} \dfrac{a_0^2}{3\left(\dfrac{r_0^2 V_p^2}{z_0^2 V_s^2} + a_0^2\right)} \end{cases} \tag{5-51}$$

明置基础垂直阻抗 $\mathcal{R}_{tt}(a_0) = K_{tt}^{\mathrm{S}}[k_{tt}(a_0) + \mathrm{i}a_0 c_{tt}(a_0)]$，其中扭转动刚度 $k_{tt}(a_0)$ 和扭转动阻尼 $c_{tt}(a_0)$ 分别为

$$\begin{cases} k_{tt}(a_0) = 1 - \dfrac{a_0^2}{3\left(\dfrac{r_0^2}{z_0^2} + a_0^2\right)} \\ c_{tt}(a_0) = \dfrac{z_0}{r_0} \dfrac{a_0^2}{3\left(\dfrac{r_0^2}{z_0^2} + a_0^2\right)} \end{cases} \tag{5-52}$$

5.2.3　基于锥体模型的明置基础阻抗函数简化公式

根据5.2.1节和5.2.2节中推导出的基于锥体模型的明置基础阻抗函数简化公式，本节将其归纳于表5-2中，便于工程实践的应用。

表5-2　明置基础的锥体模型参数及其阻抗函数简化公式

运动方式	水平运动	垂直运动	摇摆转动	扭转运动
静刚度	$K_s = \dfrac{\rho c^2 A_0}{z_0}$		$K_s = \dfrac{3\rho c^2 I_0}{z_0}$	$K_s = \dfrac{3\rho c^2 I_p}{z_0}$
动刚度 S (a_0)	$\mathcal{R}(a_0) = K_s[k(a_0) + \mathrm{i}a_0 c(a_0)]$ $k(a_0) = 1 - \dfrac{\mu}{\pi}\dfrac{z_0}{r_0}\dfrac{V_s^2}{c^2}$ $c(a_0) = \dfrac{z_0}{r_0}\dfrac{V_s}{c}$		$\mathcal{R}(a_0) = K_s[k(a_0) + \mathrm{i}a_0 c(a_0)]$ $k(a_0) = 1 - \dfrac{4\mu}{3\pi}\dfrac{z_0}{r_0}\dfrac{V_s^2}{c^2}a_0^2 - \dfrac{1}{3}\dfrac{a_0^2}{\left(\dfrac{r_0 c}{z_0 V_s}\right)^2 + a_0^2}$ $c(a_0) = \dfrac{z_0 V_s}{3 r_0 c}\dfrac{a_0^2}{\left(\dfrac{r_0 c}{z_0 V_s}\right)^2 + a_0^2}$	
等效半径 r_0	$r_0 = \sqrt{\dfrac{A_0}{\pi}}$		$r_0 = \sqrt[4]{\dfrac{4I_0}{\pi}}$	$r_0 = \sqrt[4]{\dfrac{2I_p}{\pi}}$
纵横比 z_0/r_0	$\dfrac{\pi}{8}(2-\nu)$	$\dfrac{\pi}{4}(1-\nu)\dfrac{c^2}{V_s^2}$	$\dfrac{9\pi}{32}(1-\nu)\dfrac{c^2}{V_s^2}$	$\dfrac{9\pi}{32}$

续表

运动方式	水平运动	垂直运动	摇摆转动	扭转运动
波速 c	$c=V_s$	$c=\begin{cases}V_p, & \nu\leqslant 1/3\\ 2V_s, & 1/3<\nu\leqslant 1/2\end{cases}$	$c=\begin{cases}V_p, & \nu\leqslant 1/3\\ 2V_s, & 1/3<\nu\leqslant 1/2\end{cases}$	$c=V_s$
参数μ	$\mu=0$	$\mu=2.4\pi(\nu-1/3)$	$\mu_\theta=0.3\pi(\nu-1/3)$	$\mu_\theta=0$

5.3 算例分析

5.3.1 验证算例

本节将基于锥体模型计算得到的明置基础水平、垂直、摇摆和扭转的振动阻抗与基于弹性半空间理论得到的精确解进行比较，从而考察了锥体模型的计算精度，计算结果如图 5-3～图 5-6 所示。计算参数如下：正方形明置基础边长为 5m，弹性半空间土体密度为$\rho=1800\text{kg/m}^3$，土体剪切波波速 $V_s=150\text{m/s}$，土体泊松比$\nu=0.25$。对于产生压缩波的明置基础垂直平动和摇摆转动，算例中还考虑了准非压缩性地基泊松比$\nu=0.4$ 的情况。

从图 5-3～图 5-6 可以看出，对于不产生压缩波的地基水平和扭转运动，基于锥体模型得到的明置基础振动阻抗与精确解具有较好的一致性。而对于产生压缩的地基垂直和摇摆运动，当弹性半空间泊松比小于 1/3 时，锥体模型的计算结果依然能与精确解相一致。但是当弹性半空间处于准非压缩性状态（$1/3<\nu\leqslant 1/2$）时，锥体模型得到的基础垂直和摇摆振动阻抗在低频荷载作用下的结果与精确解具有较好的一致性，但随着外荷载激振频率的增大，其误差也随之增加。对于地震工程中的地震波荷载，其精度完全能满足工程需求。

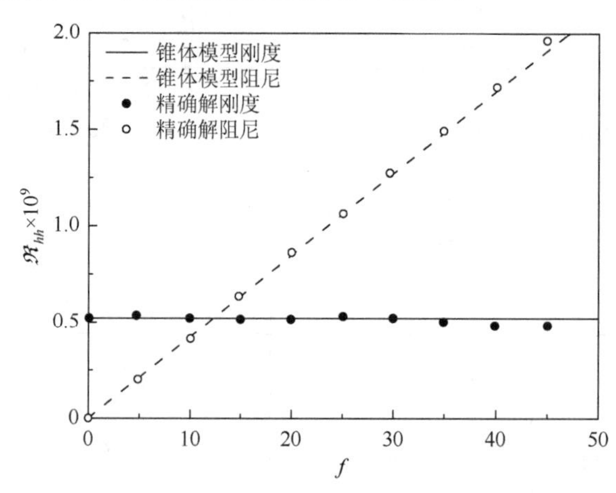

图 5-3　均质地基上明置基础的水平阻抗对比

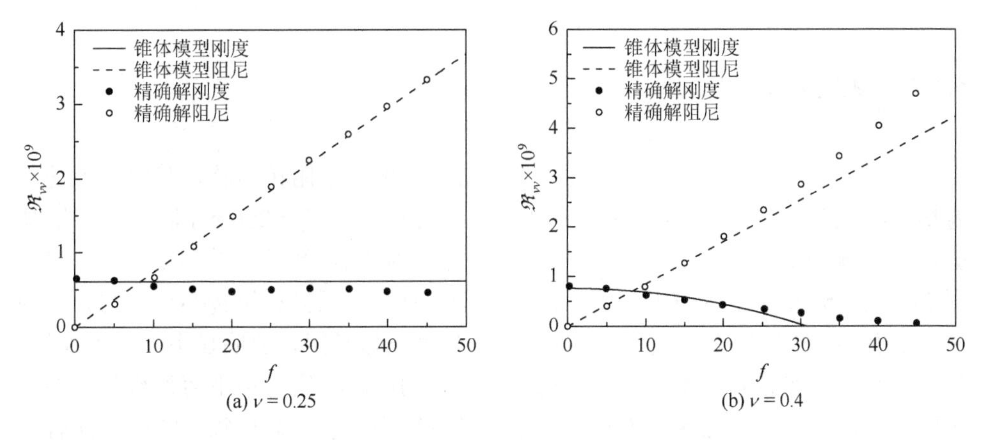

(a) $\nu=0.25$　　(b) $\nu=0.4$

图 5-4　均质地基上明置基础的垂直阻抗对比

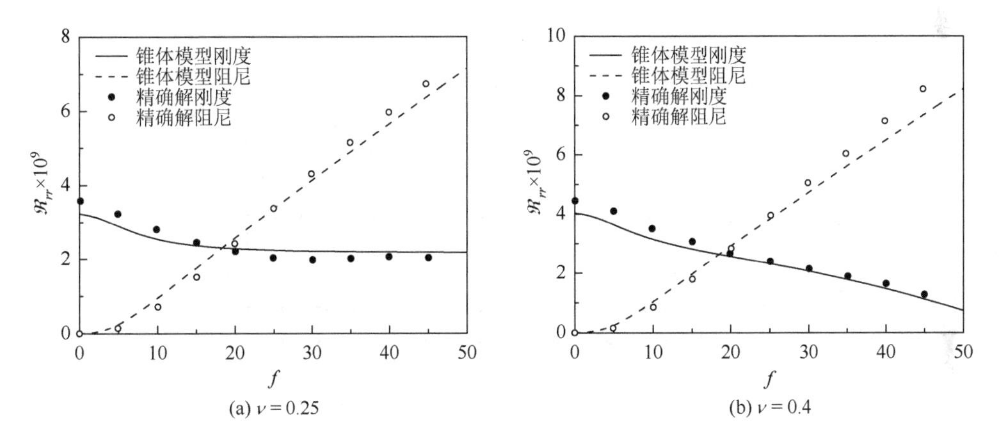

(a) $\nu=0.25$　　(b) $\nu=0.4$

图 5-5　均质地基上明置基础的摇摆阻抗对比

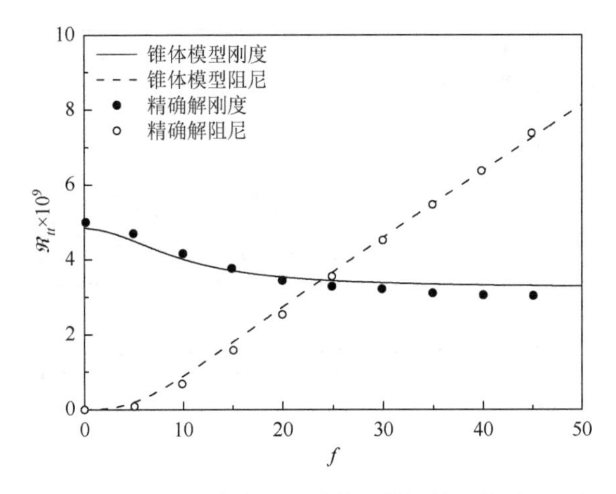

图 5-6　均质地基上明置基础的扭转阻抗对比

5.3.2 参数分析

本节研究了三种不同地基表面方形明置基础的振动阻抗问题，其中软土地基剪切波波速为 $V_s = 150\text{m/s}$，中软土地基剪切波波速为 $V_s = 200\text{m/s}$ 以及硬土地基剪切波波速为 $V_s = 300\text{m/s}$。明置方形基础边长为 5m，地基土的泊松比 $\nu = 0.3$。图 5-7～图 5-10 分别为方形明置基础的水平、垂直、摇摆和扭转振动阻抗。从图中可以看出，软土地基与明置基础动力相互作用的振动阻抗要明显小于硬土地基。此外，地基与明置基础水平、垂直动力相互作用的动刚度几乎不随外荷载频率变化而变化，而摇摆、扭转动力相互作用的动刚度则随着外荷载频率的增加而有所减小，地基与明置基础动力相互作用的动阻尼则随着外荷载频率的增加而增加。

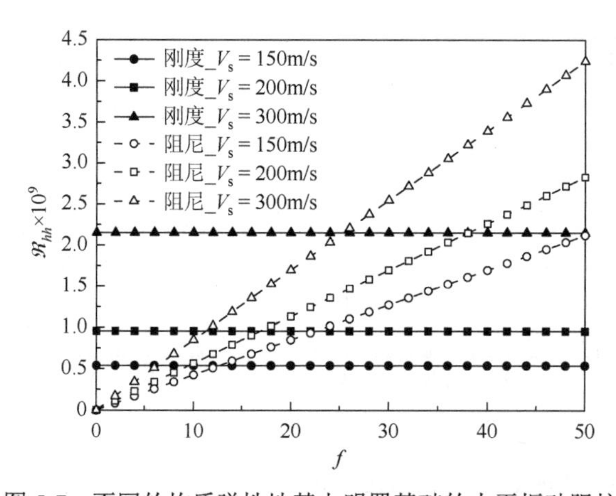

图 5-7　不同的均质弹性地基上明置基础的水平振动阻抗

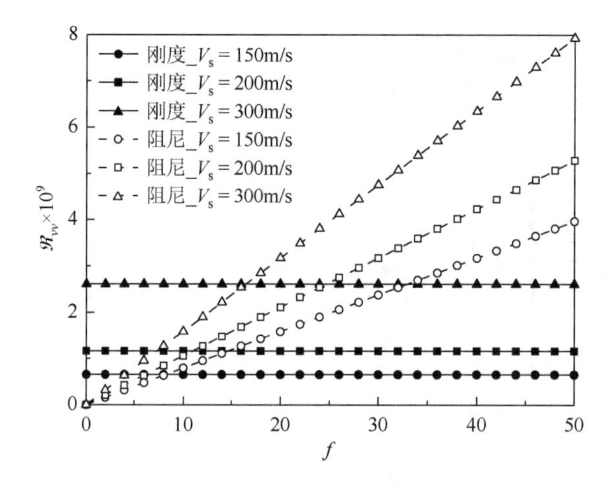

图 5-8　不同的均质弹性地基上明置基础的垂直振动阻抗

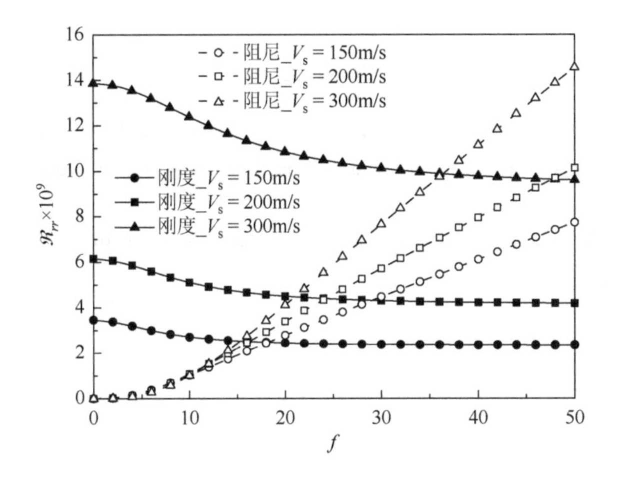

图 5-9　不同的均质弹性地基上明置基础的摇摆振动阻抗

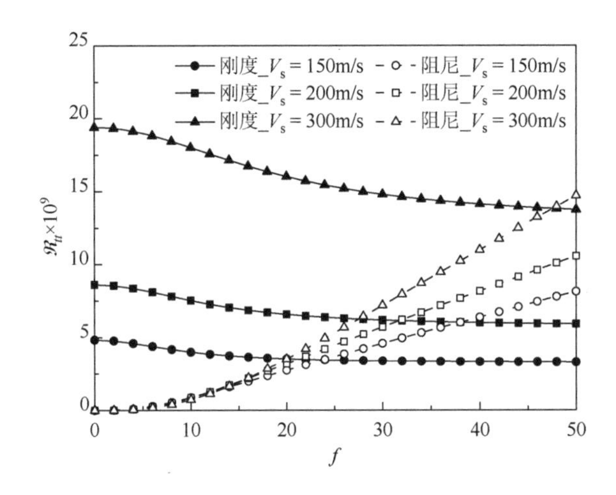

图 5-10　不同的均质弹性地基上明置基础的扭转振动阻抗

5.4　本 章 小 结

本章主要介绍了 Wolf 等以均质半空间地基与明置刚性基础动力相互作用为研究对象而提出的锥体模型的建立过程，并对其推导出的均质半空间表面明置基础的水平、垂直、摇摆和扭转振动阻抗的简化公式与基于弹性半空间理论的精确解进行对比。在此基础上，研究了地基土剪切波波速对明置条形基础阻抗函数的影响规律。研究表明，在以低频振动为主的地震工程中，基于锥体模型的基础振动阻抗具有较高的计算精度，尤其是对于不产生压缩波的水平和扭转振动。

参 考 文 献

[1] 蒋通. 地基-结构动力相互作用分析方法: 薄层法原理及应用[M]. 上海: 同济大学出版社, 2009.

[2] Wolf J P. Simple physical models for foundation dynamics[J]. Developments in Geotechnical Engineering, 1998, 83(98): 1-70.

[3] Wolf J P, Deeks A J. Foundation Vibration Analysis: A Strength of Materials Approach[M]. Amsterdam: Elsevier, 2004.

第6章　考虑双剪切效应的成层土与单桩动力相互作用模型

桩基础是梁在工程中的一种应用形式，目前用于研究地震、机械振动等动荷载作用下桩-土动力相互作用的 Winkler 地基上的 Euler 梁模型（Eulerbeam-on-dynamic-Winkler-foundation model，E-W model）由于物理概念清晰且计算量小而得到广泛运用，但该模型在理论上还不够严密。Winkler 地基采用一系列独立的弹簧和阻尼器来模拟桩周土对桩身的作用力，从而忽略了土体变形的连续性。Pasternak 地基模型则在此基础上将弹簧和阻尼器用一层只产生竖向剪切变形而不可压缩的纯剪切单元相连，进而引入了可以考虑土体剪切效应的第二地基参数。此外，Euler 梁忽略了桩身的剪切变形及转动惯量，Timoshenko 则对 Euler 梁理论进行了修正，克服了其在梁变形理论中的缺陷。本章将桩基础近似为 Timoshenko 梁进行计算分析，提出的双剪切计算模型将桩看作 Pasternak 地基上的 Timoshenko 梁模型（Timoshenko beam-on-dynamic-Pasternak-foundation model，T-P model），考虑了土体及桩身的剪切变形以及桩身转动惯量的影响，因此更符合实际。本章采用初参数法求解单桩水平振动的微分方程，运用传递矩阵法得到层状地基中单桩水平和回转的振动阻抗。通过与实例比较验证了理论推导及程序编制的正确性。对桩顶振动阻抗的影响因素——桩土弹模比、地基成层性、桩底边界条件、桩身长径比、无量纲频率等进行了参数化分析。

6.1　模型介绍及基本假定

考虑层状地基中单桩受水平简谐力 $Pe^{i\omega t}$ 及回转简谐力 $Me^{i\omega t}$ 耦合作用下的水平振动，ω为外激振荷载的圆频率，虚数$i=\sqrt{-1}$，h_i为第 i 层土厚度，L 和 d 分别为桩身长度及直径，如图 6-1（a）所示。将桩比拟成 Timoshenko 梁，按照地基分层情况划分桩段，将桩周土对桩的作用简化为分布弹簧、阻尼器和纯剪切层。相关研究者[1, 2]通过将物理简化模型与已有的数值模型以及实验模型进行校准，给出了弹簧系数、阻尼系数以及地基剪切系数的解析表达式如下：

$$k_{xi} \approx \begin{cases} 1.75(L/d)^{-0.13}E_{si}, & L/d < 10 \\ 1.2E_{si}, & L/d \geqslant 10 \end{cases} \tag{6-1a}$$

$$c_{xi} \approx 6a_0^{-1/4}\rho_{si}d\nu_{si} + 2\beta_{si}k_{xi}/\omega \tag{6-1b}$$

$$g_{xi} \approx \lambda_{Gi}k_{xi} \tag{6-1c}$$

式中，E_{si}、ρ_{si}、ν_{si}和β_{si}分别为第 i 层土体的弹性模量、密度、泊松比和耗散阻尼。另外，土体剪切波波速$V_s = \sqrt{G_s / \rho_s}$，无量纲频率$a_0 = \omega d / V_s$。$\lambda_{Gi}$为地基系数比，可通过试验测定，当$\lambda_{Gi} = 0$时即退化为 Winkler 地基模型。Fwa 等[3]通过理论与试验的对比建议地基系数比取值范围为 0.35～0.55。

为了便于问题的研究，此处引入下列基本假定。

（1）在双剪切模型中，将一系列独立弹簧和阻尼器相连的剪切单元只能产生竖向剪切变形而不可压缩。

（2）桩周土为层状各向同性的线弹性连续介质，桩身为等截面的线弹性 Timoshenko 梁，截面为圆形。

（3）桩-土系统做稳态简谐振动，其变形限定在线弹性范围内，并且两者之间不发生相对滑移及脱离。

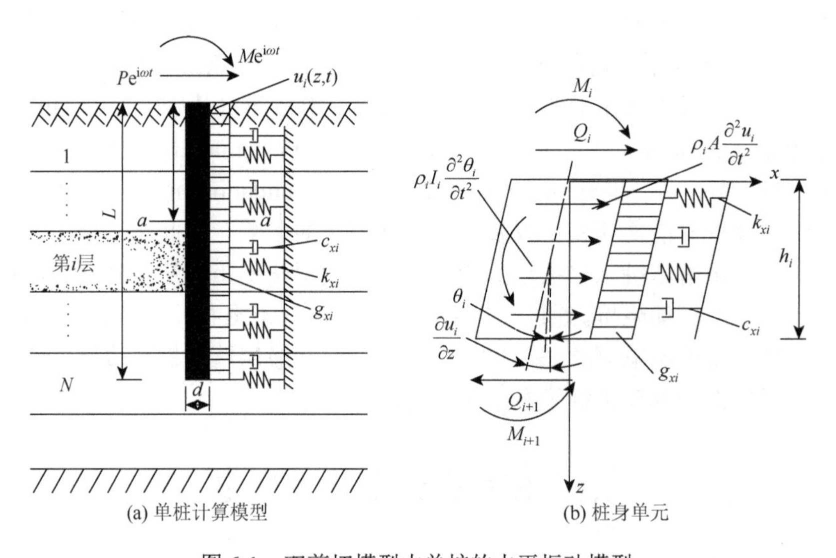

图 6-1　双剪切模型中单桩的水平振动模型

6.2　单桩水平振动解析解

6.2.1　振动控制方程及传递矩阵

将桩侧土对桩的作用简化为沿桩身分布的弹簧和阻尼器，对地基每一分层中的桩身采用 Timoshenko 梁理论分析，则第 i 层桩身单元水平振动的平衡微分方程为

$$\rho_{\mathrm{p}i}A_{\mathrm{p}i}\frac{\partial^2 u_{1i}(z,t)}{\partial t^2}=-\frac{\partial}{\partial z}\left[\kappa G_{\mathrm{p}i}A_{\mathrm{p}i}\left(\theta_{1i}(z,t)-\frac{\partial u_{1i}(z,t)}{\partial z}\right)\right]-\left(k_{xi}u_{1i}(z,t)-g_{xi}\frac{\partial^2 u_{1i}(z,t)}{\partial x^2}+c_{xi}\frac{\partial u_{1i}(z,t)}{\partial t}\right) \tag{6-2}$$

$$\rho_{\mathrm{p}i}I_{\mathrm{p}i}\frac{\partial^2 \theta_{1i}(z,t)}{\partial t^2}=E_{\mathrm{p}i}I_{\mathrm{p}i}\frac{\partial^2 \theta_{1i}(z,t)}{\partial z^2}-\kappa G_{\mathrm{p}i}A_{\mathrm{p}i}\left(\theta_{1i}(z,t)-\frac{\partial u_{1i}(z,t)}{\partial z}\right) \tag{6-3}$$

式中，$A_{\mathrm{p}i}$、$I_{\mathrm{p}i}$分别为桩身截面面积和横截面惯性矩；$\kappa=6(1+\nu_{\mathrm{p}})/(7+6\nu_{\mathrm{p}})$为截面有效剪切系数，$\nu_{\mathrm{p}}$为桩身泊松比；$u_{1i}(z,t)$、$\theta_{1i}(z,t)$分别为第 i 段桩的水平振动位移和转角函数。

当考虑桩顶作用的水平力和弯矩都是简谐力时，桩身做简谐运动，则位移和转角满足如下形式：

$$u_{1i}(z,t)=U_{1i}(z)\mathrm{e}^{\mathrm{i}\omega t},\quad \theta_{1i}(z,t)=\Theta_{1i}(z)\mathrm{e}^{\mathrm{i}\omega t} \tag{6-4}$$

结合式（6-4），将式（6-2）代入式（6-3）一阶导表达式，整理后可得只含有位移变量的四阶微分方程：

$$E_{\mathrm{p}i}I_{\mathrm{p}i}\left(1+\frac{g_{xi}}{\kappa G_{\mathrm{p}i}A_{\mathrm{p}i}}\right)\frac{\mathrm{d}^4U_{1i}}{\mathrm{d}z^4}+E_{\mathrm{p}i}I_{\mathrm{p}i}\left[\frac{\rho_{\mathrm{p}i}A_{\mathrm{p}i}\omega^2-k_{xi}-\mathrm{i}\omega c_{xi}}{\kappa G_{\mathrm{p}i}A_{\mathrm{p}i}}-\frac{g_{xi}}{E_{\mathrm{p}i}I_{\mathrm{p}i}}+\frac{\rho_{\mathrm{p}i}I_{\mathrm{p}i}\omega^2}{E_{\mathrm{p}i}I_{\mathrm{p}i}}\left(1+\frac{g_{xi}}{\kappa G_{\mathrm{p}i}A_{\mathrm{p}i}}\right)\right]\cdot\frac{\mathrm{d}^2U_{1i}}{\mathrm{d}z^2}-\left(1-\frac{\rho_{\mathrm{p}i}I_{\mathrm{p}i}\omega^2}{\kappa G_{\mathrm{p}i}A_{\mathrm{p}i}}\right)\left(\rho_{\mathrm{p}i}A_{\mathrm{p}i}\omega^2-k_{xi}-\mathrm{i}\omega c_{xi}\right)U_{1i}=0 \tag{6-5}$$

化简后得

$$\frac{\mathrm{d}^4U_{1i}}{\mathrm{d}z^4}+\frac{\delta_i^2}{h_i^2}\frac{\mathrm{d}^2U_{1i}}{\mathrm{d}z^2}-\frac{\lambda_i^4}{h_i^4}U_{1i}=0 \tag{6-6}$$

式中，$\left(\dfrac{\delta_i}{h_i}\right)^2=\dfrac{E_{\mathrm{p}i}I_{\mathrm{p}i}R_i-J_{\mathrm{p}i}g_{xi}+W_{\mathrm{p}i}(J_{\mathrm{p}i}+g_{xi})}{E_{\mathrm{p}i}I_{\mathrm{p}i}(J_{\mathrm{p}i}+g_{xi})}$；$\left(\dfrac{\lambda_i}{h_i}\right)^4=\dfrac{R_i(J_{\mathrm{p}i}-W_{\mathrm{p}i})}{E_{\mathrm{p}i}I_{\mathrm{p}i}(J_{\mathrm{p}i}+g_{xi})}$；$J_{\mathrm{p}i}=\kappa G_{\mathrm{p}i}A_{\mathrm{p}i}$；$W_{\mathrm{p}i}=\rho_{\mathrm{p}i}I_{\mathrm{p}i}\omega^2$；$R_i=\rho_{\mathrm{p}i}A_{\mathrm{p}i}\omega^2-k_{xi}-\mathrm{i}\omega c_{xi}$。

式（6-6）是四阶常系数齐次微分方程，其通解为

$$U_{1i}(z)=A_{1i}\cosh\frac{\alpha_i}{h_i}z+B_{1i}\sinh\frac{\alpha_i}{h_i}z+C_{1i}\cos\frac{\beta_i}{h_i}z+D_{1i}\sin\frac{\beta_i}{h_i}z \tag{6-7}$$

式中，$\alpha_i=\sqrt{\sqrt{\dfrac{\delta_i^4}{4}+\lambda_i^4}-\dfrac{\delta_i^2}{2}}$；$\beta_i=\sqrt{\dfrac{\delta_i^2}{2}+\sqrt{\dfrac{\delta_i^4}{4}+\lambda_i^4}}$；$A_{1i}$、$B_{1i}$、$C_{1i}$、$D_{1i}$为待定系数，

由边界条件确定。

由式（6-2）和式（6-3）求得桩身截面转角 $\Theta_{1i}(z)$ 如下：

$$\Theta_{1i}(z)=\frac{E_{\mathrm{p}i}I_{\mathrm{p}i}(J_{\mathrm{p}i}+g_{xi})}{J_{\mathrm{p}i}(J_{\mathrm{p}i}-W_{\mathrm{p}i})}\frac{\mathrm{d}^3U_{1i}(z)}{\mathrm{d}z^3}+\frac{1}{J_{\mathrm{p}i}(J_{\mathrm{p}i}-W_{\mathrm{p}i})}(E_{\mathrm{p}i}I_{\mathrm{p}i}R_i+J_{\mathrm{p}i}^2)\frac{\mathrm{d}U_{1i}(z)}{\mathrm{d}z} \tag{6-8}$$

根据 Timoshenko 梁的弯曲理论，桩身弯矩及剪力为

$$M_{1i}(z)=E_{\mathrm{p}i}I_{\mathrm{p}i}\frac{\mathrm{d}\Theta_{1i}(z)}{\mathrm{d}z} \tag{6-9}$$

$$Q_{1i}(z)=J_{\mathrm{p}i}\left(\frac{\mathrm{d}U_{1i}(z)}{\mathrm{d}z}-\Theta_{1i}(z)\right) \tag{6-10}$$

联立式（6-7）～式（6-10）可得第 i 层桩身单元的变形、内力与待定系数间的关系为

$$\begin{bmatrix} U_{1i}(z) \\ \Theta_{1i}(z) \\ Q_{1i}(z) \\ M_{1i}(z) \end{bmatrix}=\boldsymbol{ta}_i\begin{bmatrix} A_{1i} \\ B_{1i} \\ C_{1i} \\ D_{1i} \end{bmatrix} \tag{6-11}$$

式中，传递矩阵 $\boldsymbol{ta}_i=[\boldsymbol{a}_i^1,\boldsymbol{a}_i^2,\boldsymbol{a}_i^3,\boldsymbol{a}_i^4]^{\mathrm{T}}$ 中的各行向量为

$$\boldsymbol{a}_i^1=\left[\cosh\left(\frac{\alpha_i}{h_i}z\right),\ \sinh\left(\frac{\alpha_i}{h_i}z\right),\ \cos\left(\frac{\beta_i}{h_i}z\right),\ \sin\left(\frac{\beta_i}{h_i}z\right)\right]$$

$$\boldsymbol{a}_i^2=\begin{bmatrix} \left[\Phi_i\frac{\alpha_i}{h_i}+\Upsilon_i\left(\frac{\alpha_i}{h_i}\right)^3\right]\sinh\left(\frac{\alpha_i}{h_i}z\right) \\ \left[\Phi_i\frac{\alpha_i}{h_i}+\Upsilon_i\left(\frac{\alpha_i}{h_i}\right)^3\right]\cosh\left(\frac{\alpha_i}{h_i}z\right) \\ \left[-\Phi_i\frac{\beta_i}{h_i}+\Upsilon_i\left(\frac{\beta_i}{h_i}\right)^3\right]\sin\left(\frac{\beta_i}{h_i}z\right) \\ \left[\Phi_i\frac{\beta_i}{h_i}-\Upsilon_i\left(\frac{\beta_i}{h_i}\right)^3\right]\cos\left(\frac{\beta_i}{h_i}z\right) \end{bmatrix}^{\mathrm{T}},\quad \boldsymbol{a}_i^3=\begin{bmatrix} \left[\Psi_i\frac{\alpha_i}{h_i}+\Upsilon_iJ_{\mathrm{p}i}\left(\frac{\alpha_i}{h_i}\right)^3\right]\sinh\left(\frac{\alpha_i}{h_i}z\right) \\ \left[\Psi_i\frac{\alpha_i}{h_i}+\Upsilon_iJ_{\mathrm{p}i}\left(\frac{\alpha_i}{h_i}\right)^3\right]\cosh\left(\frac{\alpha_i}{h_i}z\right) \\ -\left[\Psi_i\frac{\beta_i}{h_i}-\Upsilon_iJ_{\mathrm{p}i}\left(\frac{\beta_i}{h_i}\right)^3\right]\sin\left(\frac{\beta_i}{h_i}z\right) \\ \left[\Psi_i\frac{\beta_i}{h_i}-\Upsilon_iJ_{\mathrm{p}i}\left(\frac{\beta_i}{h_i}\right)^3\right]\cos\left(\frac{\beta_i}{h_i}z\right) \end{bmatrix}^{\mathrm{T}}$$

$$\boldsymbol{a}_i^4=\begin{bmatrix} -E_{\mathrm{p}i}I_{\mathrm{p}i}\left[\Phi_i\left(\dfrac{\alpha_i}{h_i}\right)^2+\Upsilon_iJ_{\mathrm{p}i}\left(\dfrac{\alpha_i}{h_i}\right)^4\right]\cosh\left(\dfrac{\alpha_i}{h_i}z\right) \\ -E_{\mathrm{p}i}I_{\mathrm{p}i}\left[\Phi_i\left(\dfrac{\alpha_i}{h_i}\right)^2+\Upsilon_iJ_{\mathrm{p}i}\left(\dfrac{\alpha_i}{h_i}\right)^4\right]\sinh\left(\dfrac{\alpha_i}{h_i}z\right) \\ E_{\mathrm{p}i}I_{\mathrm{p}i}\left[\Phi_i\left(\dfrac{\beta_i}{h_i}\right)^2-\Upsilon_iJ_{\mathrm{p}i}\left(\dfrac{\beta_i}{h_i}\right)^4\right]\cos\left(\dfrac{\beta_i}{h_i}z\right) \\ E_{\mathrm{p}i}I_{\mathrm{p}i}\left[\Phi_i\left(\dfrac{\beta_i}{h_i}\right)^2-\Upsilon_iJ_{\mathrm{p}i}\left(\dfrac{\beta_i}{h_i}\right)^4\right]\sin\left(\dfrac{\beta_i}{h_i}z\right) \end{bmatrix}^{\mathrm{T}},\quad \Phi_i=\frac{J_{\mathrm{p}i}}{J_{\mathrm{p}i}-W_{\mathrm{p}i}}+\frac{R_iE_{\mathrm{p}i}I_{\mathrm{p}i}}{J_{\mathrm{p}i}(J_{\mathrm{p}i}-W_{\mathrm{p}i})}$$

$$\Psi_i=\frac{R_iE_{\mathrm{p}i}I_{\mathrm{p}i}+W_{\mathrm{p}i}J_{\mathrm{p}i}}{J_{\mathrm{p}i}-W_{\mathrm{p}i}},\quad \Upsilon_i=\frac{E_{\mathrm{p}i}I_{\mathrm{p}i}(J_{\mathrm{p}i}+g_{xi})}{J_{\mathrm{p}i}(J_{\mathrm{p}i}-W_{\mathrm{p}i})}$$

根据初参数法，分别将桩身第 i 单元顶部的局部坐标 $z=0$ 和底部的局部坐标为 $z=h_i$ 代入式（6-11），可得桩身单元上下两端点位移、转角、剪力和弯矩之间的关系：

$$\begin{bmatrix} A_{1i} \\ B_{1i} \\ C_{1i} \\ D_{1i} \end{bmatrix}=\boldsymbol{ta}_i^{-1}\big|_{z=0}\begin{bmatrix} U_{1i}(0) \\ \Theta_{1i}(0) \\ Q_{1i}(0) \\ M_{1i}(0) \end{bmatrix}=\boldsymbol{ta}_i^{-1}\big|_{z=h_i}\begin{bmatrix} U_{1i}(h_i) \\ \Theta_{1i}(h_i) \\ Q_{1i}(h_i) \\ M_{1i}(h_i) \end{bmatrix} \tag{6-12}$$

即

$$\begin{bmatrix} U_{1i}(h_i) \\ \Theta_{1i}(h_i) \\ Q_{1i}(h_i) \\ M_{1i}(h_i) \end{bmatrix}=\boldsymbol{ta}_i\big|_{z=h_i}\ \boldsymbol{ta}_i^{-1}\big|_{z=0}\begin{bmatrix} U_{1i}(0) \\ \Theta_{1i}(0) \\ Q_{1i}(0) \\ M_{1i}(0) \end{bmatrix} \tag{6-13}$$

由于将桩身根据土层自上而下划分成 N 个单元，根据连续性条件，第 i–1 单元底面与第 i 单元顶面的位移、转角、剪力、弯矩必须相等，即 $[U_{1i+1}(0),\Theta_{1i+1}(0),Q_{1i+1}(0),M_{1i+1}(0)]=[U_{1i}(h_i),\Theta_{1i}(h_i),Q_{1i}(h_i),M_{1i}(h_i)]$，使用传递矩阵法可得桩顶处位移、转角、剪力、弯矩与桩底处对应物理量之间的关系：

$$\begin{bmatrix} U_1(L) \\ \Theta_1(L) \\ Q_1(L) \\ M_1(L) \end{bmatrix}=\boldsymbol{TA}\begin{bmatrix} U_1(0) \\ \Theta_1(0) \\ Q_1(0) \\ M_1(0) \end{bmatrix} \tag{6-14}$$

式中，$\boldsymbol{TA}=\prod\limits_{i=1}^{N}\boldsymbol{Ta}_i$；$\boldsymbol{Ta}_i=\boldsymbol{ta}_i\big|_{z=h_i}\ \boldsymbol{ta}_i^{-1}\big|_{z=0}$。

式(6-14)中传递矩阵 $\boldsymbol{TA}$ 可分解成 4 个 2×2 的子矩阵，即 $\boldsymbol{TA}=\begin{bmatrix}\boldsymbol{TA}_{11} & \boldsymbol{TA}_{12}\\ \boldsymbol{TA}_{21} & \boldsymbol{TA}_{22}\end{bmatrix}$，则有

$$\begin{bmatrix}U_1(L)\\ \Theta_1(L)\end{bmatrix}=\boldsymbol{TA}_{11}\begin{bmatrix}U_1(0)\\ \Theta_1(0)\end{bmatrix}+\boldsymbol{TA}_{12}\begin{bmatrix}Q_1(0)\\ M_1(0)\end{bmatrix} \tag{6-15}$$

$$\begin{bmatrix}Q_1(L)\\ M_1(L)\end{bmatrix}=\boldsymbol{TA}_{21}\begin{bmatrix}U_1(0)\\ \Theta_1(0)\end{bmatrix}+\boldsymbol{TA}_{22}\begin{bmatrix}Q_1(0)\\ M_1(0)\end{bmatrix} \tag{6-16}$$

6.2.2 桩底边界条件及阻抗

桩底的边界条件通常有 3 种处理方法：①假定为自由端；②假定为固定端；③用弹性半空间不考虑水平与回转耦合作用的刚性圆盘解来描述桩底反力与位移之间的关系。当桩长超过一定长度后，不同的桩端假定对桩顶刚度几乎没有影响，此时可以假定桩端固定或自由来得到桩头阻抗。但是，对于短桩而言，采用黏弹性半空间上刚性圆盘的理论解作为桩底边界条件更符合实际，即

$$\begin{bmatrix}Q_1(L)\\ M_1(L)\end{bmatrix}=\boldsymbol{K}_{\text{tip}}\begin{bmatrix}U_1(L)\\ \Theta_1(L)\end{bmatrix} \tag{6-17}$$

式中，Novak 等[4]建议 $\boldsymbol{K}_{\text{tip}}=\begin{bmatrix}(4.3+\text{i}2.7a_0)G_{\text{s,tip}}(d/2) & 0\\ 0 & (2.5+\text{i}0.43a_0)G_{\text{s,tip}}(d/2)^3\end{bmatrix}$，$G_{\text{s, tip}}$ 为桩端持力层土体的剪切模量。

将式（6-15）～式（6-17）联立可解得

$$\begin{bmatrix}Q_1(0)\\ M_1(0)\end{bmatrix}=(\boldsymbol{K}_{\text{tip}}\boldsymbol{TA}_{12}-\boldsymbol{TA}_{22})^{-1}(\boldsymbol{TA}_{21}-\boldsymbol{K}_{\text{tip}}\boldsymbol{TA}_{11})\begin{bmatrix}U_1(0)\\ \Theta_1(0)\end{bmatrix} \tag{6-18}$$

式（6-18）描述了单桩桩顶的荷载和水平位移、转角间的关系。因此桩顶阻抗为

$$\boldsymbol{\mathfrak{R}}=(\boldsymbol{K}_{\text{tip}}\boldsymbol{TA}_{12}-\boldsymbol{TA}_{22})^{-1}(\boldsymbol{TA}_{21}-\boldsymbol{K}_{\text{tip}}\boldsymbol{TA}_{11}) \tag{6-19}$$

在实际工程中，当桩端持力层的土体较软（如淤泥）时，可将桩端看作自由端，其剪切模量小，可认为 $G_{\text{s, tip}}\to 0$，式（6-19）可以退化为

$$\boldsymbol{\mathfrak{R}}_{\text{free}}=-\boldsymbol{TA}_{22}^{-1}\boldsymbol{TA}_{21} \tag{6-20}$$

当桩端持力层的土体较硬（如基岩）时，可以将桩端看作固定端，其剪切模量大，可认为 $G_{\text{s, tip}}\to\infty$，式（6-19）可以退化为

$$\boldsymbol{\mathfrak{R}}_{\text{fixed}}=-\boldsymbol{TA}_{12}^{-1}\boldsymbol{TA}_{11} \tag{6-21}$$

6.2.3　桩身内力

利用桩顶阻抗函数可求解图 6-1（a）所示桩身任意截面 a-a 上的内力。设该截面位于第 i 层土中，距地表面高度为 z，则有

$$\begin{bmatrix} U(z) \\ \varphi(z) \\ P(z) \\ M(z) \end{bmatrix} = \boldsymbol{TA}^a \begin{bmatrix} U(0) \\ \varphi(0) \\ P(0) \\ M(0) \end{bmatrix} \tag{6-22}$$

式中，$\boldsymbol{TA}^a = \boldsymbol{TA}_i \boldsymbol{TA}_{i\text{-}1} \cdots \boldsymbol{TA}_1$，$\boldsymbol{TA}_1 \sim \boldsymbol{TA}_{i\text{-}1}$ 中的高度 h_j（$j = 1, 2, \cdots, i-1$）为各土层厚度，$\boldsymbol{TA}_i$ 中的 $h_i = z - \sum_{n=1}^{i-1} h_n$ 。

根据式（6-22）以及桩顶阻抗可知桩身任意截面处的内力为

$$\begin{bmatrix} P(z) \\ M(z) \end{bmatrix} = (\boldsymbol{TA}_{11}^a \boldsymbol{\Re}^{-1} + \boldsymbol{TA}_{12}^a) \begin{bmatrix} P(0) \\ M(0) \end{bmatrix} \tag{6-23}$$

6.3　与现存模型的比较

6.3.1　对比算例

Gazetas 等[5]分析了旧金山海湾地区的一个实例钢管桩，外径 1.4m，钢管壁厚 85mm，桩长 34m。场地土分为 9 层，表 6-1 给出了各层的土性参数。

表 6-1　场地土的特性参数

层号	层高/m	弹性模量/MPa	剪切波波速/(m/s)	泊松比	阻尼比
1	0.42	58	112	0.25	0.04
2	0.42	87	135	0.25	0.04
3	0.43	116	159	0.25	0.04
4	2.99	132	165	0.25	0.04
5	7.53	86	130	0.49	0.07
6	10.72	200	184	0.45	0.03
7	5.00	357	257	0.35	0.02
8	2.00	273	232	0.30	0.02
9	5.00	480	300	0.30	0.02

为便于比较，将桩的振动阻抗写成如下形式：

$$\mathfrak{R}=K_s(K+2iC)$$

式中，$C=\omega/(2K_s)$，单桩的静刚度 $K_s=0.9\times10^6$kN/m 为有限元计算得到。图 6-2 采用双剪切模型分别计算了地基系数比 $\lambda_G=0$ 和 $\lambda_G=0.5$ 两种情况下的单桩刚度系数和阻尼系数，其中，$\lambda_G=0$ 条件下即为 Winkler 模型。计算结果与简化方法解对比表现出较好的一致性。从图 6-2 可以看出，Winkler 模型和双剪切模型所得阻尼系数的差异很小，但 Winkler 模型的刚度系数要明显小于其他解，而且这种差异随着频率的增大而增大，因为 Winkler 模型忽略了土体剪切效应，所以采用双剪切模型计算桩的振动阻抗可以得到更为合理的结果。

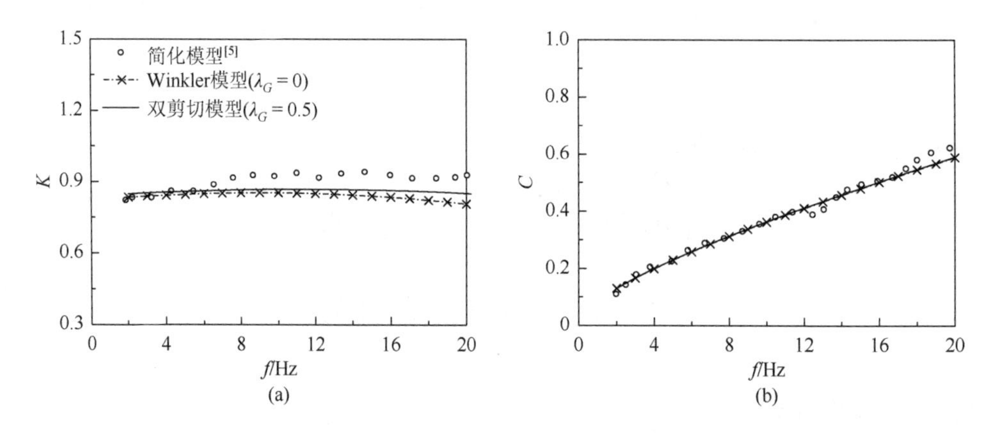

图 6-2　层状地基中钢管-混凝土桩水平阻抗的比较

6.3.2　桩基础模型验证

胡安峰等[6]针对桩身长径比较小的桩基础水平振动问题，提出了可以考虑桩身剪切的计算模型，得到了埋置在双层 Winkler 地基中，长径比 $L/d=10$ 的短桩基础在水平简谐激振下的桩顶水平位移幅值。计算参数如下：第一层地基桩土弹模比 $E_p/E_{s1}=10000$，层厚为 $4d$，第二层地基桩土弹模比 $E_p/E_{s2}=5000$，外荷载无量纲激振频率 $a_0=\omega d/V_{s1}=0.5$，桩土密度比 $\rho_p/\rho_s=1.25$，桩土泊松比分别为 $\nu_s=0.4$ 和 $\nu_p=0.3$，地基逸散阻尼比为 $\beta_s=5\%$。本章对水平位移幅值进行了规格化：$|U(z)|=E_pd\,|u(z)|/(500Q)$。图 6-3 给出桩顶无量纲水平位移本章的解与胡安峰等的计算结果对比。从图 6-3 可以看出，两者计算结果的一致表明了双剪切模型中桩基础模型的正确性。图中较小的误差是由文献[6]中忽略了土体剪切效应所引起的。

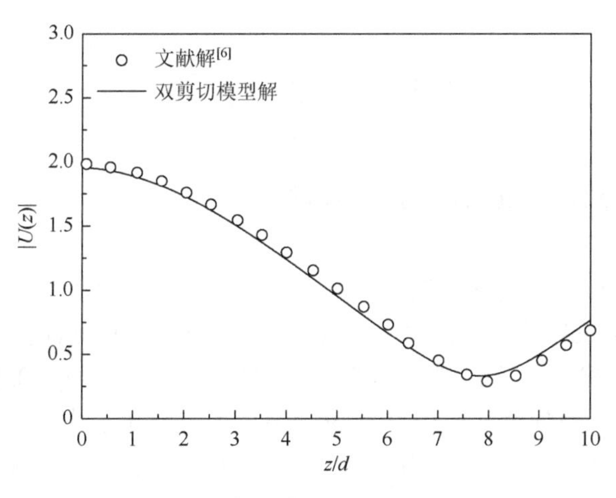

图 6-3　桩顶无量纲水平位移的比较

6.3.3　地基模型验证

张望喜等[7]采用能量变分原理得到了 Pasternak 层状地基中长桩的桩顶位移。计算桩顶受 100kN 水平静力（$\omega=0$）时的水平位移。计算参数如下：桩身弹性模量 $E_p=3\times10^{10}$Pa，桩长 $L=30$m；土体分三层，第一、二层厚度均为 5m，弹性模量自上而下分别为 1×10^7Pa，2×10^7Pa，1.6×10^8Pa。桩顶水平位移随桩径的变化如图 6-4 所示。由于本章算例中长桩的长径比大，桩身的剪切变形不明显，因此双剪切模型的计算结果与文献[7]一致，验证了双剪切模型中地基模型的正确性。

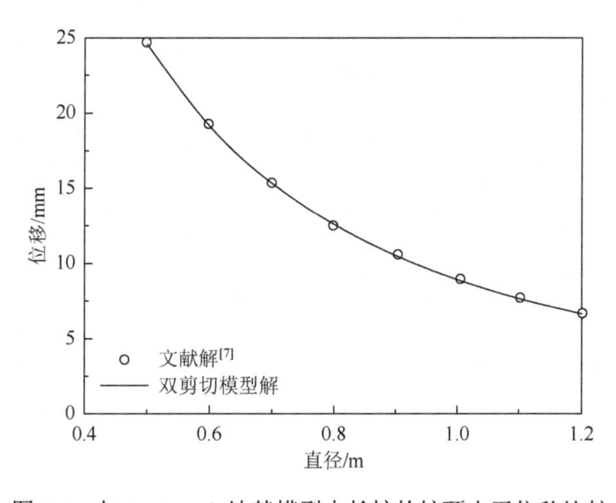

图 6-4　与 Pasternak 地基模型中长桩的桩顶水平位移比较

6.4 参 数 分 析

6.4.1 桩身长径比对振动阻抗的影响

本节计算了在水平简谐激振下，具有不同长径比和桩土弹模比的端承桩桩顶阻抗，并与 Mylonakis[8]基于改进的平面应变地基模型和 Euler 梁理论得到的结果进行比较。计算参数如下：桩土泊松比分别为$\nu_p = 0.3$ 和$\nu_s = 0.40$，桩土密度比$\rho_p/\rho_s = 1.25$，无量纲频率 $a_0 = 0.001$。从表 6-2 可以看出，由于 Mylonakis 的结果忽略了桩身剪切效应，两个模型的相对误差随着桩身长径比的减小而增大，当长径比 $L/d = 10$ 时，最大的相对误差小于 5%，但当 $L/d = 5$ 时，最小的相对误差大于 30%。图 6-5 计算了分别采用 Timoshenko 梁模型以及纯弯模型的 Euler 梁模型时桩顶刚度随长径比的变化。通过比较可以看出，当 $L/d>10$ 时，桩身剪切效应对桩顶刚度的影响非常小，但当 $L/d<5$ 时其影响显著，考虑剪切效应后的桩顶刚度明显小于纯弯模型。因此，对于长径比较小的桩基础，若忽略桩身的剪切效应，可能带来较大的误差，双剪切模型使得基础阻抗的求解在理论上更合理，结果更可靠，计算精度更高。

表 6-2 不同模型下长径比对桩顶刚度的影响

E_p/E_s	L/d	$K_{hh}/(E_sd)$			$K_{rr}/(E_sd^3)$			$K_{hr}/(E_sd^2)$		
		文献解[8]	本章模型解	误差/%	文献解[8]	本章模型解	误差/%	文献解[8]	本章模型解	误差/%
1000	5	4.69	6.27	33.78	32.80	36.81	12.22	8.93	11.71	31.09
	7	4.38	4.83	10.24	28.00	30.42	8.65	7.61	8.74	14.91
	10	4.18	4.24	1.54	26.91	27.30	1.43	7.46	7.65	2.60
300	5	3.58	3.63	1.50	11.74	12.25	4.31	4.46	4.84	8.58
	7	3.40	3.39	0.25	11.25	11.15	0.93	4.34	4.42	1.78
	10	3.10	3.10	0.15	11.04	10.84	1.81	2.38	2.39	0.35
100	5	2.85	2.59	8.97	5.10	4.88	4.23	2.67	2.57	3.67
	7	2.59	2.51	3.00	5.00	4.68	6.34	2.55	2.52	1.23
	10	2.35	2.30	2.28	4.84	4.66	3.74	2.38	2.39	0.3

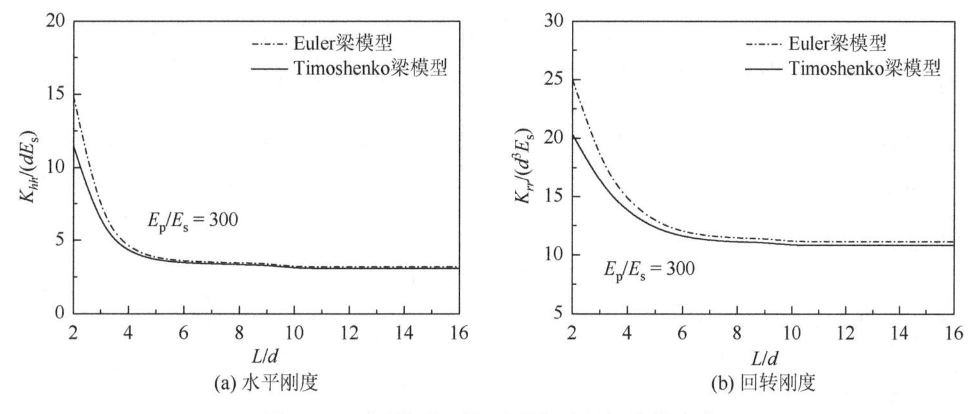

(a) 水平刚度　　(b) 回转刚度

图 6-5　不同模型下桩顶刚度随长径比的变化

6.4.2　边界条件对振动阻抗的影响

桩底边界条件一般介于固结与自由之间，可按弹性半无限空间上的刚性圆盘理论来处理。图 6-6～图 6-8 采用双剪切模型分析不同激振频率和不同桩土弹模比时，两种极端边界条件下桩顶阻抗随桩身长径比的变化。各层土与表层土弹模比自上而下分别为：$E_p/E_s = 400, 800, 2000$；第一、二层土厚为 $4d$，桩土密度比 $\rho_p/\rho_s = 1.25$，桩土泊松比分别为 $\nu_s = 0.4$ 和 $\nu_p = 0.3$，地基逸散阻尼比为 $\beta_s = 5\%$。

计算考虑了两个不同无量纲激振频率的外荷载，从图 6-6～图 6-8 可以看到一个共同点：在长径比较小的情况下，桩底边界条件对桩顶水平和回转阻抗有明显的影响。这时，将桩底看作刚性圆盘，采用弹性半空间理论处理可提高分析精度。但当长径比增加到一定值时，存在一个有效桩长，这时桩顶阻抗随桩底边界条件以及长径比的变化可忽略，按无限长桩来处理。从图 6-6～图 6-8 中可以看出，激振频率对有效桩长的影响不大。将图 6-6～图 6-8 对比可看出，桩土弹模比对有效

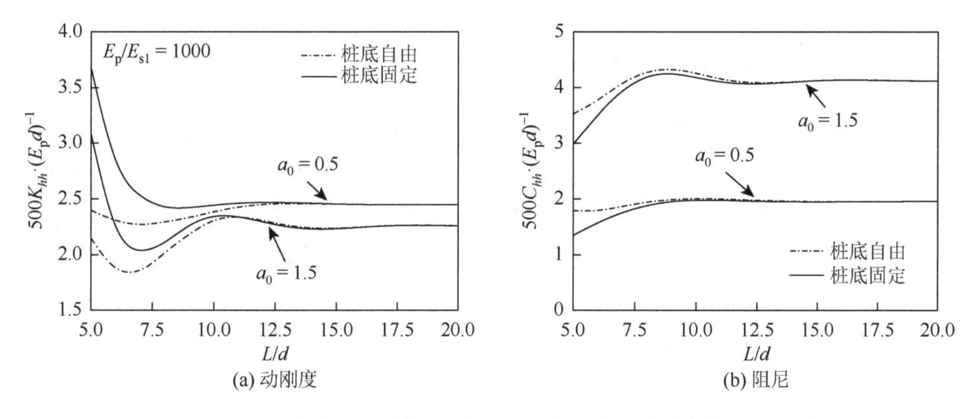

(a) 动刚度　　(b) 阻尼

图 6-6　不同频率及边界条件下桩顶水平阻抗随桩身长径比的变化

桩长有着很大的影响，有效桩长值随着桩土弹模比的增加而增大。当其比值在 10^2 数量级时，有效桩长大约为 $10d$，当其比值在 10^3 数量级时，有效桩长大约为 $15d$。

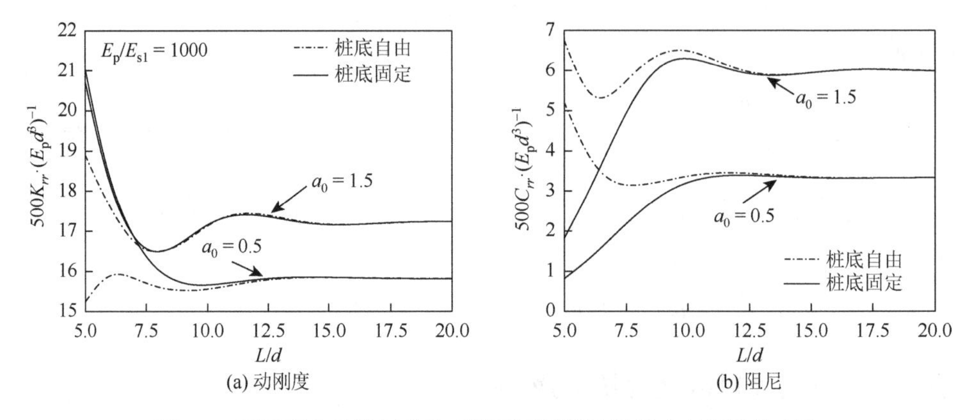

图 6-7　不同频率及边界条件下桩顶回转阻抗随桩身长径比的变化

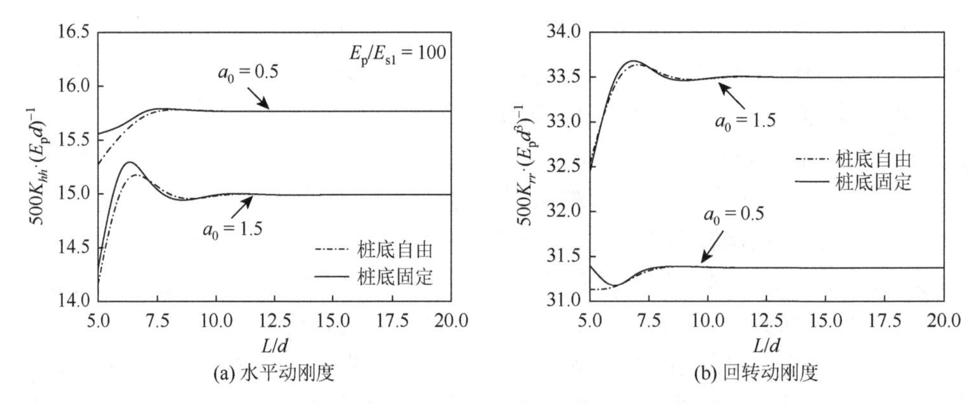

图 6-8　不同频率及边界条件下桩顶阻抗随桩身长径比的变化

6.4.3　土体剪切对振动阻抗的影响

在 Winkler 地基模型中，地基系数比λ_G取 0，但实际土体的地基剪切系数总是大于零，且小于地基的刚度系数，即 $0<\lambda_G<1$。为研究土体剪切效应对桩顶水平、回转阻抗的影响，图 6-9 和图 6-10 采用双剪切模型计算了不同桩土弹模比下单桩阻抗随地基系数比的变化。土体阻尼比$\beta_s=0.05$，泊松比$\nu_s=0.4$，桩土密度比 $\rho_p/\rho_s=1.25$，无量纲频率 $a_0=1.0$。图中水平及回转阻抗分别作了无量纲化处理。

从图 6-9 和图 6-10 的斜率可以看出，土体剪切效应对桩顶动刚度的影响要明显大于其对耗散阻尼的影响。随着桩土弹模比的减小，土体剪切效应的影响有增大的趋势。第二地基参数虽然不能从本质上改变桩水平振动的形式，但 Pasternak

地基模型下桩的动刚度明显比单参数的 Winkler 地基模型下的要大，由于 Winkler 地基模型忽略了土体的剪切效应，而 Pasternak 地基模型弥补了 Winkler 地基模型的这一缺陷，在理论上更合理，结果更可靠，分析精度更高。计算结果表明，当桩土弹模比较小时，考虑土体剪切效应对桩顶阻抗函数的精确计算是必要的。

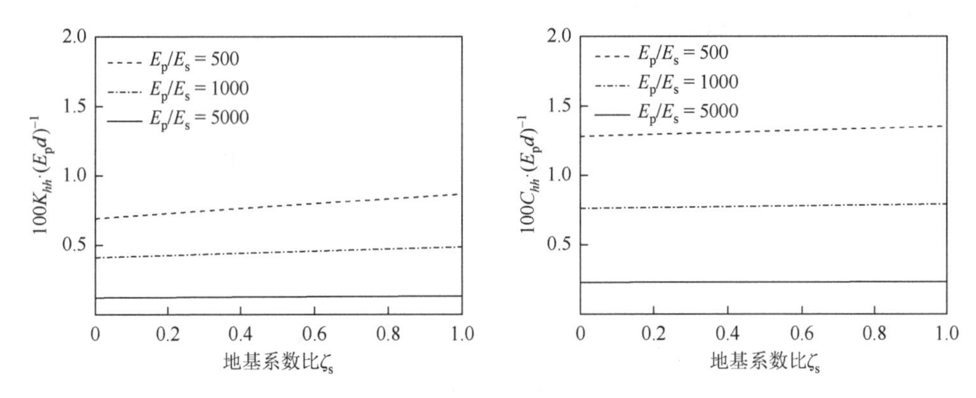

图 6-9　水平阻抗随地基系数比的变化

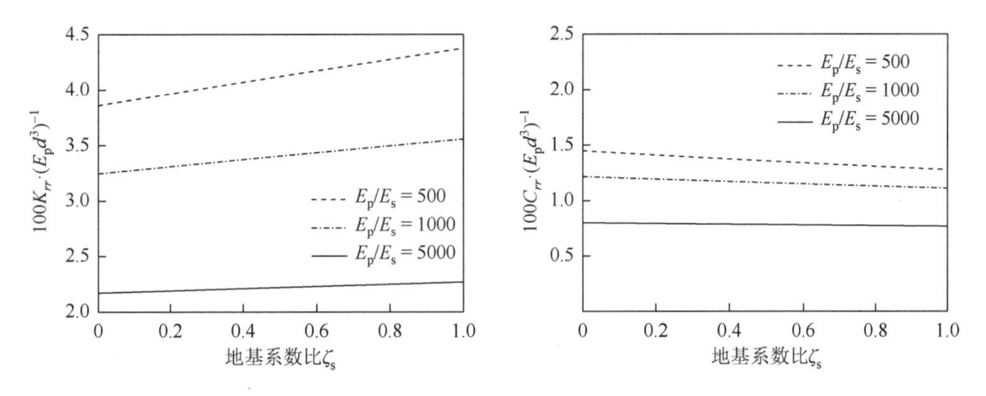

图 6-10　回转阻抗随地基系数比的变化

6.4.4　土体成层性对振动阻抗的影响

本节研究桩基在无量纲频率 $a_0 = 1.5$ 时，表层土弹模比 E_p/E_{s1} 和二层土弹模比 E_p/E_{s2} 的变化对水平和回转阻抗的影响。当变化 E_p/E_{s1} 时，$E_p/E_{s2} = 2000$；当变化 E_p/E_{s2} 时，$E_p/E_{s1} = 2000$，底层 $E_p/E_{s3} = 5000$，土体阻尼比 $\beta_s = 0.05$，泊松比 $\nu_s = 0.4$，桩土密度比 $\rho_p/\rho_s = 1.25$。各层土的桩土弹模比与水平及回转阻抗的关系分别如图 6-11 和图 6-12 所示，结果表明，无论表层土还是二层土，随着桩土弹模比的增大（桩身弹性模量不变而土的弹性模量降低），桩顶阻抗呈下降趋势，尤其是当表层土的弹模比小于 2000 时，无论水平阻抗还是回转阻抗都随弹模比的减小而迅速增大。此外，通过图 6-11 和图 6-12 中各自的 E_p/E_{s1} 与 E_p/E_{s2} 曲线对比可以看出，表层土的性质对桩顶阻抗的影响要远远大于下层土的影响。因此，在实际工程中，将层状地基简化成均质地基是不合适的，表层土弹性模量的精确测定很重要。

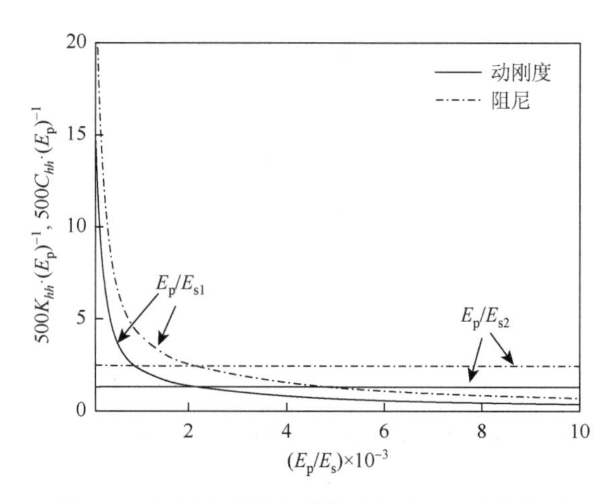

图 6-11　各层土的桩土弹模比与水平阻抗的关系

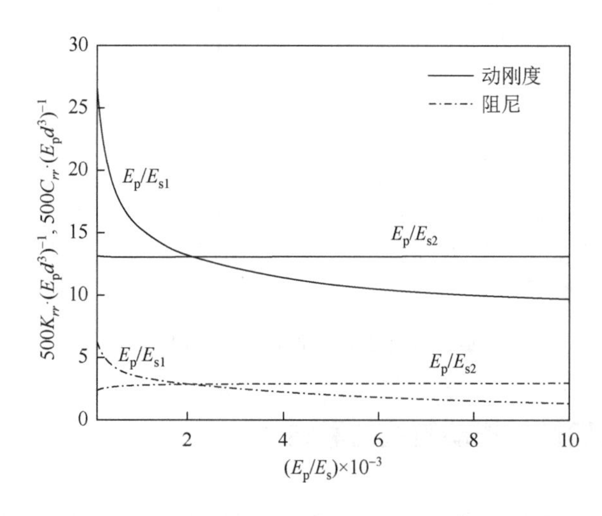

图 6-12　各层土的桩土弹模比与回转阻抗的关系

6.4.5　无量纲频率对桩身内力的影响

桩身内力是结构配筋设计的重要依据。图 6-13 和图 6-14 计算了桩顶铰接桩底固定边界条件下各截面的动内力，并且考虑了三种不同的无量纲激振频率

$a_0 = 0.5, 1.0, 1.5$。其中，长径比 $L/d = 25$，首层桩土弹模比 $E_p/E_{s1} = 1000$，其余参数与 6.4.2 节一致。从图中可以看出，频率对剪力和弯矩沿桩身的分布影响不是很大，在动荷载作用下桩身会出现负剪力和负弯矩。

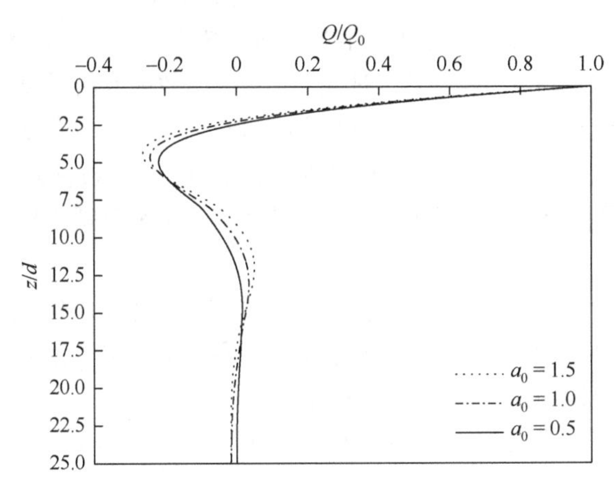

图 6-13　桩身剪力 Q 分布

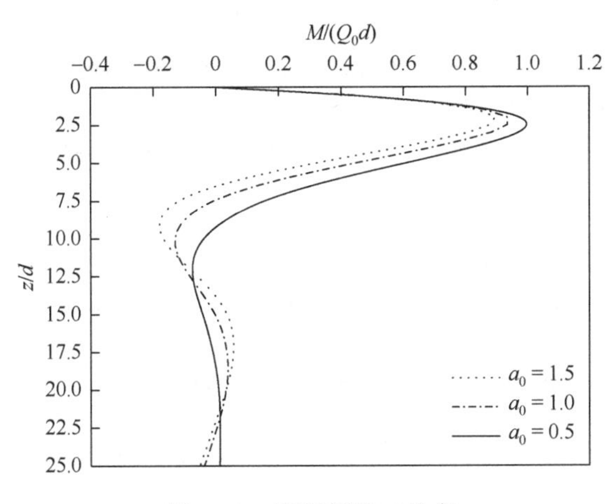

图 6-14　桩身弯矩 M 分布

6.5　本 章 小 结

本章针对实际工程中的具有不同长径比的单桩基础，提出了同时考虑土体及桩身剪切效应的双剪切模型[9, 10]。该模型将桩比拟成 Pasternak 地基上的 Timoshenko 梁，弥补了 Winkler 地基模型中土体变化不连续的缺陷，也克服了 Euler 梁模型中桩身变形不连续及转动惯性忽略不计的缺点，使桩基础阻抗的求解在理论上更合理，结果更可靠，计算精度更高。通过参数分析可以得到以下结论。

（1）双剪切模型中地基第二参数虽然不能从本质上改变桩的水平振动形式，但 Pasternak 地基模型中桩的动刚度总是比单参数的 Winkler 地基模型中桩的动刚度要大，且随着桩土弹模比的减小，差异有增大的趋势。

（2）桩身在弯曲的同时一般总是伴随着剪切变形。桩身剪切效应会随着长径比的减小而增大，当桩身长径比小于 5 时，桩身的剪切效应对桩顶动阻抗的影响显著。

（3）桩径一定时，对于不同的桩底边界条件，存在一个 L/d 的临界值，当桩长超过这个有效长度时，桩顶阻抗将不随桩底边界条件及桩长的变化而变化。有效桩长值随着桩土弹模比的增加而增大，而激振频率对有效桩长的影响不明显。

（4）无论表层土还是下层土，随着桩土弹模比的增大，桩顶阻抗呈下降趋势。而表层土的性质对桩顶阻抗的影响远远大于下层土的影响。因此，在实际工程中，要特别注意对表层地质土弹性模量的测定。

（5）动荷载下桩身会出现负剪力和负弯矩，且动荷载频率对剪力和弯矩沿桩身的分布有影响但不显著。

参 考 文 献

[1] Gerolymos N, Gazetas G. Winkler model for lateral response of rigid caisson foundations in linear soil[J]. Soil Dynamics and Earthquake Engineering, 2006, 26(5): 347-361.

[2] Dobry R. Simplified methods in soil dynamics[J]. Soil Dynamics and Earthquake Engineering, 2014, 61-62: 246-268.

[3] Fwa T F, Shi X P, Tan S A. Use of Pasternak foundation model in concrete pavement analysis[J]. Journal of Transportation Engineering, 1996, 122(4): 323-328.

[4] Novak M, Sachs K. Torsional and coupled vibrations of embedded footings[J]. Earthquake Engineering & Structural Dynamics, 1973, 2(1): 11-33.

[5] Gazetas G, Dobry R. Horizontal response of piles in layered soils[J]. Journal of Geotechnical Engineering, 1984, 110(1): 20-40.

[6] 胡安峰，谢康和，肖志荣. 层状土中考虑剪切变形的单桩水平振动解析解[J]. 浙江大学学报（工学版），2005, 39(6): 869-873.

[7] 张望喜，占鑫杰，易伟建，等. 双参数层状地基受水平荷载长桩的水平位移计算[J]. 湖南大学学报（自然科学版），2011, 38(3): 17-21.

[8] Mylonakis G. Elastodynamic model for large-diameter end-bearing shafts[J]. Soils and Foundations, 2001, 41(3): 31-44.

[9] 王珏，周叮，刘伟庆，等.层状地基中考虑土体剪切效应的单桩振动阻抗分析[J].南京工业大学学报，2013, 35(5): 1-8.

[10] Wang J, Zhou D, Ji T J. Horizontal dynamic stiffness and interaction factors of inclined piles[J]. International Journal of Geomechanics, ASCE, 2017, 17(9): 04017075.

第7章　基于双剪切模型的成层土与群桩水平振动

在实际工程中，桩通常以群的形式出现。这时，群桩中的单桩除了承受上部结构的荷载，还承受由邻桩通过场地波动而施加的沿轴向分布的附加荷载，由此产生了相邻桩基础的动力相互作用效应。群桩计算通常有两类方法：一是直接法或整体法；二是相互作用因子叠加法。第一种方法一般通过有限元法、边界元法或边界积分法来实现，由于有限元法和边界元法计算量巨大，应用于大型工程计算问题时耗时较多，因此相互作用因子叠加法是目前计算大型群桩振动阻抗的较为有效方法之一。

本章基于第6章提出的双剪切模型（Timoshenko beam-on-dynamic-Pasternak-foundation model，T-P model），采用相互作用因子叠加法，分析了群桩基础的振动阻抗函数，解决了Winkler地基上Euler梁模型（Euler beam-on-dynamic-Winkler-foundation model，E-W model）在分析短桩基础群相互作用时因误差叠加而导致的精度下降问题。分析了桩土弹模比、地基成层性、桩身长径比以及外激振荷载频率等对相互作用因子及群桩阻抗函数的影响，为桩承结构与土的动力相互作用分析提供了理论基础。

7.1　模型介绍及基本假定

邻桩动力相互作用因子指由于主动桩A受外荷载激振引起被动桩B的附加位移与主动桩A自身振动位移的比值。在第6章提出的双剪切模型的基础上，建立了层状地基中相邻桩基础水平动力相互作用的计算模型，如图7-1所示。为了便于问题的研究，此处引入下列基本假定。

（1）在双剪切模型中，假定连接一系列独立弹簧和阻尼器的纯剪切单元只能产生竖向剪切变形而不可压缩。

（2）主动桩A振动引起以桩轴为中心线的柱面波，该波经土壤沿水平方向传播，各层土的传播速度虽然不同，但由于邻桩间距较小，不同土层内的波到达被动桩的时间差与桩振动周期相比很小，因此假定其同时到达被动桩的各个截面[1]。

（3）桩土系统做稳态简谐振动，其变形限定在线弹性范围内，并且两者之间不发生相对滑移及脱离。土体是层状各向同性的线弹性连续介质，每层的刚度系数、抗剪系数以及阻尼系数均为常数。

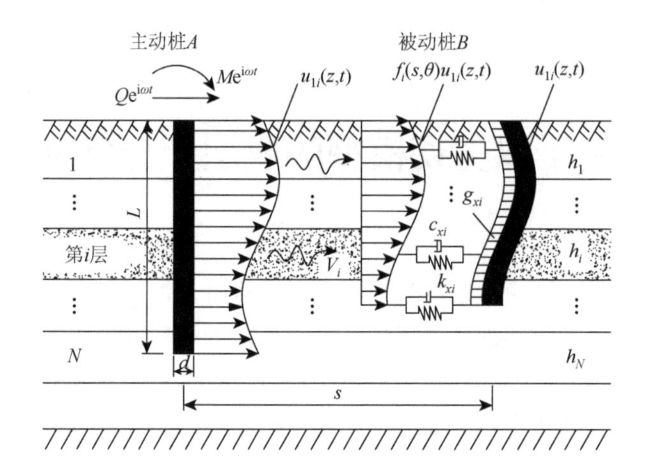

图 7-1　成层土中相邻桩基础动力相互作用的双剪切模型示意图

7.2　桩-土-桩动力相互作用因子

7.2.1　理论推导

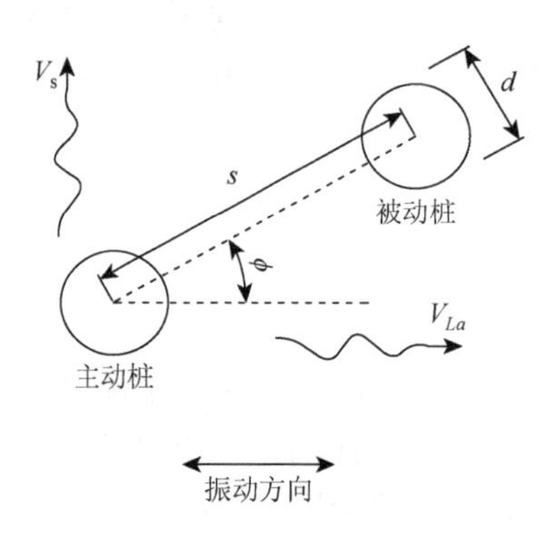

图 7-2　相邻桩基础的平面位置示意图

通过第 5 章的分析，可得到主动桩 A 在简谐荷载作用下的位移 $U_1(z,t)=u_1(z,t)e^{i\omega t}$，下面进一步研究由其引起的周围土体运动，如图 7-2 所示，ϕ 表示两桩连线与振动方向的夹角，s 为两桩的间距。根据文献[2]提出的二维平面应变模型，由主动桩引起的土体水平位移场为

$$u_{si}(z,t)=U_{si}(z)e^{i\omega t}=\varphi_i(s,\phi)U_{1i}(z)e^{i\omega t} \tag{7-1}$$

式中，$\varphi_i(s,\phi)$ 为土体位移衰减函数，表达式如下：

$$\varphi_i(s,0)=\sqrt{\frac{d}{2s}}\exp\left[\frac{-\omega(\beta_{si}+i)(s-d/2)}{V_{Lai}}\right] \tag{7-2a}$$

$$\varphi_i\left(s,\frac{\pi}{2}\right)=\sqrt{\frac{d}{2s}}\exp\left[\frac{-\omega(\beta_{si}+i)(s-d/2)}{V_{si}}\right] \tag{7-2b}$$

$$\varphi_i(s,\phi)=\varphi_i(s,0)\cos^2\phi+\varphi_i\left(s,\frac{\pi}{2}\right)\sin^2\phi \tag{7-2c}$$

式中，$V_{si}=\sqrt{\dfrac{E_{si}}{2(1+\nu_{si})\rho_{si}}}$ 为剪切波波速；$V_{Lai}=\dfrac{3.4V_{si}}{\pi(1-\nu_{si})}$ 为 Lysmer 比拟波速；E_{si}、ρ_{si}、ν_{si} 和 β_{si} 分别为土体的弹性模量、密度、泊松比和耗散阻尼。

根据双剪切模型理论，考虑被动桩 B 与土体间的动力相互作用，第 i 层桩身单元水平振动的平衡微分方程为

$$\begin{aligned}\rho_{pi}A_{pi}\frac{\partial^2u_{2i}}{\partial t^2}=&-\frac{\partial}{\partial z}\left[\kappa G_{pi}A_{pi}\left(\theta_{2i}-\frac{\partial u_{2i}}{\partial z}\right)\right]-\left[k_{xi}(u_{2i}-u_{si})-g_{xi}\left(\frac{\partial^2u_{2i}}{\partial z^2}-\frac{\partial^2u_{si}}{\partial z^2}\right)\right.\\&\left.+c_{xi}\left(\frac{\partial u_{2i}}{\partial t}-\frac{\partial u_{si}}{\partial t}\right)\right]\end{aligned} \tag{7-3}$$

$$\rho_{pi}I_{pi}\frac{\partial^2\theta_{2i}}{\partial t^2}=E_{pi}I_{pi}\frac{\partial^2\theta_{2i}}{\partial z^2}-\kappa G_{pi}A_{pi}\left(\theta_{2i}-\frac{\partial u_{2i}}{\partial z}\right) \tag{7-4}$$

由于主动桩受简谐荷载作用，因此被动桩的位移和转角满足 $u_{2i}(z,t)=U_{2i}(z)e^{i\omega t}$ 和 $\theta_{2i}(z,t)=\Theta_{2i}(z)e^{i\omega t}$。将式（7-3）代入式（7-4）的一阶表达式，整理后可得只含有位移变量的四阶微分方程：

$$\begin{aligned}&E_{pi}I_{pi}\left(1+\frac{g_{xi}}{\kappa G_{pi}A_{pi}}\right)\frac{d^4U_{2i}}{dz^4}+E_{pi}I_{pi}\left[\frac{\rho_{pi}A_{pi}\omega^2-k_{xi}-i\omega c_{xi}}{\kappa G_{pi}A_{pi}}-\frac{g_{xi}}{E_{pi}I_{pi}}+\frac{\rho_{pi}I_{pi}\omega^2}{E_{pi}I_{pi}}\left(1+\frac{g_{xi}}{\kappa G_{pi}A_{pi}}\right)\right]\\&\cdot\frac{d^2U_{2i}}{dz^2}-\left(1-\frac{\rho_{pi}I_{pi}\omega^2}{\kappa G_{pi}A_{pi}}\right)(\rho_{pi}A_{pi}\omega^2-k_{xi}-i\omega c_{xi})U_{2i}=\left(1-\frac{\rho_{pi}I_{pi}\omega^2}{\kappa G_{pi}A_{pi}}\right)(k_{xi}+i\omega c_{xi})U_{si}\\&-\frac{E_{pi}I_{pi}(k_{xi}+i\omega c_{xi})-\rho_{pi}I_{pi}\omega^2g_{xi}}{\kappa G_{pi}A_{pi}}\frac{d^2U_{si}}{dz^2}+\frac{E_{pi}I_{pi}g_{xi}}{\kappa G_{pi}A_{pi}}\frac{d^4U_{si}}{dz^4}\end{aligned} \tag{7-5}$$

令 $\left(\dfrac{\delta_i}{h_i}\right)^2=\dfrac{E_{pi}I_{pi}R_i-J_{pi}g_{xi}+W_{pi}(J_{pi}+g_{xi})}{E_{pi}I_{pi}(J_{pi}+g_{xi})}$，$\left(\dfrac{\lambda_i}{h_i}\right)^4=\dfrac{R_i(J_{pi}-W_{pi})}{E_{pi}I_{pi}(J_{pi}+g_{xi})}$，$J_{pi}=\kappa G_{pi}A_{pi}$，$W_{pi}=\rho_{pi}I_{pi}\omega^2$，$R_i=\rho_{pi}A_{pi}\omega^2-k_{xi}-i\omega c_{xi}$，则式（7-5）可化简为

$$\frac{d^4U_{2i}}{dz^4}+\frac{\delta_i^2}{h_i^2}\frac{d^2U_{2i}}{dz^2}-\frac{\lambda_i^4}{h_i^4}U_{2i}=f_{ai}(s,\phi)U_{1i}+f_{bi}(s,\phi)\frac{d^2U_{1i}}{dz^2}+f_{ci}(s,\phi)\frac{d^4U_{1i}}{dz^4} \tag{7-6}$$

式中

$$f_{ai}=\frac{(J_{\mathrm{p}i}-W_{\mathrm{p}i})(k_{xi}+\mathrm{i}\omega c_{xi})}{E_{\mathrm{p}i}I_{\mathrm{p}i}(J_{\mathrm{p}i}+g_{xi})}\psi_i(s,\phi),\quad f_{bi}=\frac{E_{\mathrm{p}i}I_{\mathrm{p}i}(k_{xi}+\mathrm{i}\omega c_{xi})-W_{\mathrm{p}i}g_{xi}}{E_{\mathrm{p}i}I_{\mathrm{p}i}(J_{\mathrm{p}i}+g_{xi})}\psi_i(s,\phi)$$

$$f_{ci}=\frac{g_{xi}}{J_{\mathrm{p}i}+g_{xi}}\psi_i(s,\phi)$$

式（7-6）为四阶常系数非齐次微分方程，其解由两部分组成，其中通解为

$$U_{2i}^{*}(z)=A_{2i}\cosh\frac{\alpha_i}{h_i}z+B_{2i}\sinh\frac{\alpha_i}{h_i}z+C_{2i}\cos\frac{\beta_i}{h_i}z+D_{2i}\sin\frac{\beta_i}{h_i}z \tag{7-7}$$

特解为

$$U_{2i}^{**}(z)=zF_{ai}\left[A_{1i}\sinh\left(\frac{\alpha_i}{h_i}z\right)+B_{1i}\cosh\left(\frac{\alpha_i}{h_i}z\right)\right]+zF_{bi}\left[-C_{1i}\sin\left(\frac{\beta_i}{h_i}z\right)+D_{1i}\cos\left(\frac{\beta_i}{h_i}z\right)\right] \tag{7-8}$$

式中

$$F_{ai}=\frac{f_{ai}+f_{bi}\left(\frac{\alpha_i}{h_i}\right)^2+f_{ci}\left(\frac{\alpha_i}{h_i}\right)^4}{2\left(\frac{\alpha_i}{h_i}\right)\left[2\left(\frac{\alpha_i}{h_i}\right)^2+\left(\frac{\delta_i}{h_i}\right)^2\right]},\quad F_{bi}=\frac{f_{ai}-f_{bi}\left(\frac{\beta_i}{h_i}\right)^2+f_{ci}\left(\frac{\beta_i}{h_i}\right)^4}{2\left(\frac{\beta_i}{h_i}\right)\left[2\left(\frac{\beta_i}{h_i}\right)^2-\left(\frac{\delta_i}{h_i}\right)^2\right]},\quad \alpha_i=\sqrt{\sqrt{\frac{\delta_i^4}{4}+\lambda_i^4}-\frac{\delta_i^2}{2}}$$

$$\beta_i=\sqrt{\frac{\delta_i^2}{2}+\sqrt{\frac{\delta_i^4}{4}+\lambda_i^4}}$$

A_{2i}、B_{2i}、C_{2i}、D_{2i} 为由边界条件决定的待定系数。综上所述，式（7-6）的解为

$$U_{2i}(z)=U_{2i}^{*}(z)+U_{2i}^{**}(z) \tag{7-9}$$

与第 4 章中单桩解法类似，根据 Timoshenko 梁理论并结合初参数法，可得第 i 层被动桩 B 的变形、内力与待定系数的关系为

$$\begin{bmatrix}U_{2i}(z)\\ \Theta_{2i}(z)\\ Q_{2i}(z)\\ M_{2i}(z)\end{bmatrix}=\boldsymbol{ta}_i\begin{bmatrix}A_{2i}\\ B_{2i}\\ C_{2i}\\ D_{2i}\end{bmatrix}+\boldsymbol{tb}_i\begin{bmatrix}A_{1i}\\ B_{1i}\\ C_{1i}\\ D_{1i}\end{bmatrix} \tag{7-10}$$

式中，矩阵 $\boldsymbol{ta}_i$ 的表达式见第 6 章。类似地，$\boldsymbol{tb}_i$ 表示为 $\boldsymbol{tb}_i=[\boldsymbol{b}_i^1,\boldsymbol{b}_i^2,\boldsymbol{b}_i^3,\boldsymbol{b}_i^4]^{\mathrm{T}}$，其中各行向量的表达式如下：

$$\boldsymbol{b}_i^1=\left[zF_{ai}\sinh\left(\frac{\alpha_i}{h_i}z\right),\quad zF_{ai}\cosh\left(\frac{\alpha_i}{h_i}z\right),\quad -zF_{bi}\sin\left(\frac{\beta_i}{h_i}z\right),\quad zF_{bi}\cos\left(\frac{\alpha_i}{h_i}z\right)\right]$$

$$
\boldsymbol{b}_i^2 = \begin{bmatrix}
\dfrac{F_{ai}}{J_{\mathrm{p}i}(J_{\mathrm{p}i}-W_{\mathrm{p}i})}\left\{\left(\dfrac{\alpha_i}{h_i}\right)\left[J_{\mathrm{p}i}{}^2+R_iE_{\mathrm{p}i}I_{\mathrm{p}i}+\left(\dfrac{\alpha_i}{h_i}\right)^2E_{\mathrm{p}i}I_{\mathrm{p}i}(J_{\mathrm{p}i}+g_{xi})\right]z\cosh\left(\dfrac{\alpha_i}{h_i}z\right)\right. \\
\left.+\left[J_{\mathrm{p}i}{}^2+R_iE_{\mathrm{p}i}I_{\mathrm{p}i}+3\left(\dfrac{\alpha_i}{h_i}\right)^2E_{\mathrm{p}i}I_{\mathrm{p}i}(J_{\mathrm{p}i}+g_{xi})\right]\sinh\left(\dfrac{\alpha_i}{h_i}z\right)\right\} \\
\dfrac{F_{ai}}{J_{\mathrm{p}i}(J_{\mathrm{p}i}-W_{\mathrm{p}i})}\left\{\left[J_{\mathrm{p}i}{}^2+R_iE_{\mathrm{p}i}I_{\mathrm{p}i}+3\left(\dfrac{\alpha_i}{h_i}\right)^2E_{\mathrm{p}i}I_{\mathrm{p}i}(J_{\mathrm{p}i}+g_{xi})\right]\cosh\left(\dfrac{\alpha_i}{h_i}z\right)\right. \\
\left.+\left(\dfrac{\alpha_{1i}}{h_i}\right)\left[J_{\mathrm{p}i}{}^2+R_iE_{\mathrm{p}i}I_{\mathrm{p}i}+\left(\dfrac{\alpha_i}{h_i}\right)^2E_{\mathrm{p}i}I_{\mathrm{p}i}(J_{\mathrm{p}i}+g_{xi})\right]z\sinh\left(\dfrac{\alpha_i}{h_i}z\right)\right\} \\
-\dfrac{F_{bi}}{J_{\mathrm{p}i}(J_{\mathrm{p}i}-W_{\mathrm{p}i})}\left\{\left(\dfrac{\beta_i}{h_i}\right)\left[J_{\mathrm{p}i}{}^2+R_iE_{\mathrm{p}i}I_{\mathrm{p}i}-\left(\dfrac{\beta_i}{h_i}\right)^2E_{\mathrm{p}i}I_{\mathrm{p}i}(J_{\mathrm{p}i}+g_{xi})\right]z\cos\left(\dfrac{\beta_i}{h_i}z\right)\right. \\
\left.+\left[J_{\mathrm{p}i}{}^2+R_iE_{\mathrm{p}i}I_{\mathrm{p}i}-3\left(\dfrac{\beta_i}{h_i}\right)^2E_{\mathrm{p}i}I_{\mathrm{p}i}(J_{\mathrm{p}i}+g_{xi})\right]\sin\left(\dfrac{\beta_i}{h_i}z\right)\right\} \\
\dfrac{F_{bi}}{J_{\mathrm{p}i}(J_{\mathrm{p}i}-W_{\mathrm{p}i})}\left\{\left[J_{\mathrm{p}i}{}^2+R_iE_{\mathrm{p}i}I_{\mathrm{p}i}-3\left(\dfrac{\beta_i}{h_i}\right)^2E_{\mathrm{p}i}I_{\mathrm{p}i}(J_{\mathrm{p}i}+g_{xi})\right]\cos\left(\dfrac{\beta_i}{h_i}z\right)\right. \\
\left.-\left(\dfrac{\beta_i}{h_i}\right)\left[J_{\mathrm{p}i}{}^2+R_iE_{\mathrm{p}i}I_{\mathrm{p}i}-\left(\dfrac{\beta_i}{h_i}\right)^2E_{\mathrm{p}i}I_{\mathrm{p}i}(J_{\mathrm{p}i}+g_{xi})\right]z\sin\left(\dfrac{\beta_i}{h_i}z\right)\right\}
\end{bmatrix}^{\mathrm{T}}
$$

$$\boldsymbol{b}_i^3=\begin{bmatrix}\dfrac{F_{ai}}{J_{\mathrm{p}i}-W_{\mathrm{p}i}}\left\{\left(\dfrac{\alpha_i}{h_i}\right)\left[R_iE_{\mathrm{p}i}I_{\mathrm{p}i}+J_{\mathrm{p}i}W_{\mathrm{p}i}+\left(\dfrac{\alpha_i}{h_i}\right)^2E_{\mathrm{p}i}I_{\mathrm{p}i}(J_{\mathrm{p}i}+g_{xi})\right]z\cosh\left(\dfrac{\alpha_i}{h_i}z\right)\right.\\ \left.+\left[R_iE_{\mathrm{p}i}I_{\mathrm{p}i}+J_{\mathrm{p}i}W_{\mathrm{p}i}+3\left(\dfrac{\alpha_i}{h_i}\right)^2E_{\mathrm{p}i}I_{\mathrm{p}i}(J_{\mathrm{p}i}+g_{xi})\right]\sinh\left(\dfrac{\alpha_i}{h_i}z\right)\right\}\\ \dfrac{F_{ai}}{J_{\mathrm{p}i}-W_{\mathrm{p}i}}\left\{\left[R_iE_{\mathrm{p}i}I_{\mathrm{p}i}+J_{\mathrm{p}i}W_{\mathrm{p}i}+3\left(\dfrac{\alpha_i}{h_i}\right)^2E_{\mathrm{p}i}I_{\mathrm{p}i}(J_{\mathrm{p}i}+g_{xi})\right]\cosh\left(\dfrac{\alpha_i}{h_i}z\right)\right.\\ \left.+\left(\dfrac{\alpha_i}{h_i}\right)\left[R_iE_{\mathrm{p}i}I_{\mathrm{p}i}+J_{\mathrm{p}i}W_{\mathrm{p}i}+\left(\dfrac{\alpha_i}{h_i}\right)^2E_{\mathrm{p}i}I_{\mathrm{p}i}(J_{\mathrm{p}i}+g_{xi})\right]z\sinh\left(\dfrac{\alpha_i}{h_i}z\right)\right\}\\ -\dfrac{F_{bi}}{J_{\mathrm{p}i}-W_{\mathrm{p}i}}\left\{\left(\dfrac{\beta_i}{h_i}\right)\left[R_iE_{\mathrm{p}i}I_{\mathrm{p}i}+J_{\mathrm{p}i}W_{\mathrm{p}i}-\left(\dfrac{\beta_i}{h_i}\right)^2E_{\mathrm{p}i}I_{\mathrm{p}i}(J_{\mathrm{p}i}+g_{xi})\right]z\cos\left(\dfrac{\beta_i}{h_i}z\right)\right.\\ \left.+\left[R_iE_{\mathrm{p}i}I_{\mathrm{p}i}+J_{\mathrm{p}i}W_{\mathrm{p}i}-3\left(\dfrac{\beta_i}{h_i}\right)^2E_{\mathrm{p}i}I_{\mathrm{p}i}(J_{\mathrm{p}i}+g_{xi})\right]\sin\left(\dfrac{\beta_i}{h_i}z\right)\right\}\\ \dfrac{F_{bi}}{J_{\mathrm{p}i}-W_{\mathrm{p}i}}\left\{\left[R_iE_{\mathrm{p}i}I_{\mathrm{p}i}+J_{\mathrm{p}i}W_{\mathrm{p}i}-3\left(\dfrac{\beta_i}{h_i}\right)^2E_{\mathrm{p}i}I_{\mathrm{p}i}(J_{\mathrm{p}i}+g_{xi})\right]\cos\left(\dfrac{\beta_i}{h_i}z\right)\right.\\ \left.-\left(\dfrac{\beta_i}{h_i}\right)\left[R_iE_{\mathrm{p}i}I_{\mathrm{p}i}+J_{\mathrm{p}i}W_{\mathrm{p}i}-\left(\dfrac{\beta_i}{h_i}\right)^2E_{\mathrm{p}i}I_{\mathrm{p}i}(J_{\mathrm{p}i}+g_{xi})\right]z\sin\left(\dfrac{\beta_i}{h_i}z\right)\right\}\end{bmatrix}^{\mathrm{T}}$$

$$
\boldsymbol{b}_i^4 = \begin{bmatrix}
\begin{aligned}
&-\frac{F_{ai}E_{\mathrm{p}i}I_{\mathrm{p}i}}{J_{\mathrm{p}i}(J_{\mathrm{p}i}-W_{\mathrm{p}i})}\left(\frac{\alpha_i}{h_i}\right)\left\{2\left[J_{\mathrm{p}i}^2+R_iE_{\mathrm{p}i}I_{\mathrm{p}i}+2\left(\frac{\alpha_i}{h_i}\right)^2E_{\mathrm{p}i}I_{\mathrm{p}i}(J_{\mathrm{p}i}+g_{xi})\right]\cosh\left(\frac{\alpha_i}{h_i}z\right)\right.\\
&\left.+\left(\frac{\alpha_i}{h_i}\right)\left[J_{\mathrm{p}i}^2+R_iE_{\mathrm{p}i}I_{\mathrm{p}i}+\left(\frac{\alpha_i}{h_i}\right)^2E_{\mathrm{p}i}I_{\mathrm{p}i}(J_{\mathrm{p}i}+g_{xi})\right]z\sinh\left(\frac{\alpha_i}{h_i}z\right)\right\}
\end{aligned}\\
\begin{aligned}
&-\frac{F_{ai}E_{\mathrm{p}i}I_{\mathrm{p}i}}{J_{\mathrm{p}i}(J_{\mathrm{p}i}-W_{\mathrm{p}i})}\left(\frac{\alpha_i}{h_i}\right)\left\{\left(\frac{\alpha_i}{h_i}\right)\left[J_{\mathrm{p}i}^2+R_iE_{\mathrm{p}i}I_{\mathrm{p}i}+\left(\frac{\alpha_i}{h_i}\right)^2E_{\mathrm{p}i}I_{\mathrm{p}i}(J_{\mathrm{p}i}+g_{xi})\right]z\cosh\left(\frac{\alpha_i}{h_i}z\right)\right.\\
&\left.+2\left[J_{\mathrm{p}i}^2+R_iE_{\mathrm{p}i}I_{\mathrm{p}i}+2\left(\frac{\alpha_i}{h_i}\right)^2E_{\mathrm{p}i}I_{\mathrm{p}i}(J_{\mathrm{p}i}+g_{xi})\right]\sinh\left(\frac{\alpha_i}{h_i}z\right)\right\}
\end{aligned}\\
\begin{aligned}
&\frac{F_{bi}E_{\mathrm{p}i}I_{\mathrm{p}i}}{J_{\mathrm{p}i}(J_{\mathrm{p}i}-W_{\mathrm{p}i})}\left(\frac{\beta_i}{h_i}\right)\left\{2\left[J_{\mathrm{p}i}^2+R_iE_{\mathrm{p}i}I_{\mathrm{p}i}-2\left(\frac{\beta_i}{h_i}\right)^2E_{\mathrm{p}i}I_{\mathrm{p}i}(J_{\mathrm{p}i}+g_{xi})\right]\cos\left(\frac{\beta_i}{h_i}z\right)\right.\\
&\left.-\left(\frac{\beta_i}{h_i}\right)\left[J_{\mathrm{p}i}^2+R_iE_{\mathrm{p}i}I_{\mathrm{p}i}-\left(\frac{\beta_i}{h_i}\right)^2E_{\mathrm{p}i}I_{\mathrm{p}i}(J_{\mathrm{p}i}+g_{xi})\right]z\sin\left(\frac{\beta_i}{h_i}z\right)\right\}
\end{aligned}\\
\begin{aligned}
&\frac{F_{bi}E_{\mathrm{p}i}I_{\mathrm{p}i}}{J_{\mathrm{p}i}(J_{\mathrm{p}i}-W_{\mathrm{p}i})}\left(\frac{\beta_i}{h_i}\right)\left\{\left(\frac{\beta_i}{h_i}\right)\left[J_{\mathrm{p}i}^2+R_iE_{\mathrm{p}i}I_{\mathrm{p}i}-\left(\frac{\beta_i}{h_i}\right)^2E_{\mathrm{p}i}I_{\mathrm{p}i}(J_{\mathrm{p}i}+g_{xi})\right]z\cos\left(\frac{\beta_i}{h_i}z\right)\right.\\
&\left.+2\left[J_{\mathrm{p}i}^2+R_iE_{\mathrm{p}i}I_{\mathrm{p}i}-2\left(\frac{\beta_i}{h_i}\right)^2E_{\mathrm{p}i}I_{\mathrm{p}i}(J_{\mathrm{p}i}+g_{xi})\right]\sin\left(\frac{\beta_i}{h_i}z\right)\right\}
\end{aligned}
\end{bmatrix}^{\mathrm{T}}
$$

将式（6-12）代入式（7-10），则待定系数 A_{2i}、B_{2i}、C_{2i}、D_{2i} 可表示为

$$
\begin{bmatrix} A_{2i}\\ B_{2i}\\ C_{2i}\\ D_{2i}\end{bmatrix} = \boldsymbol{ta}_i^{-1}\big|_{z=0}\left(\begin{bmatrix} U_{2i}(0)\\ \varTheta_{2i}(0)\\ Q_{2i}(0)\\ M_{2i}(0)\end{bmatrix} - \boldsymbol{tb}_i\big|_{z=0}\,\boldsymbol{ta}_i^{-1}\big|_{z=0}\begin{bmatrix} U_{1i}(0)\\ \varTheta_{1i}(0)\\ Q_{1i}(0)\\ M_{1i}(0)\end{bmatrix}\right) \tag{7-11}
$$

将式（7-11）和式（6-11）代入式（7-10）后可得被动桩 B 第 i 段桩身单元上下两端点位移、转角、剪力和弯矩之间的关系：

$$
\begin{bmatrix} U_{2i}(h_i)\\ \varTheta_{2i}(h_i)\\ Q_{2i}(h_i)\\ M_{2i}(h_i)\end{bmatrix} = \boldsymbol{Ta}_i\begin{bmatrix} U_{2i}(0)\\ \varTheta_{2i}(0)\\ Q_{2i}(0)\\ M_{2i}(0)\end{bmatrix} + \boldsymbol{Tb}_i\begin{bmatrix} U_{1i}(0)\\ \varTheta_{1i}(0)\\ Q_{1i}(0)\\ M_{1i}(0)\end{bmatrix} \tag{7-12}
$$

式中

$$\boldsymbol{Ta}_i = \boldsymbol{ta}_i \big|_{z=h_i} \boldsymbol{ta}_i^{-1} \big|_{z=0}$$

$$\boldsymbol{Tb}_i = -\boldsymbol{ta}_i \big|_{z=h_i} \boldsymbol{ta}_i^{-1} \big|_{z=0} \boldsymbol{tb}_i \big|_{z=0} \boldsymbol{ta}_i^{-1} \big|_{z=0} + \boldsymbol{tb}_i \big|_{z=h_i} \boldsymbol{ta}_i^{-1} \big|_{z=0}$$

根据桩身交界面上力和位移的连续条件 $[U_{2i+1}(0),\Theta_{2i+1}(0),Q_{2i+1}(0),M_{2i+1}(0)] = [U_{2i}(h_i),\Theta_{2i}(h_i),Q_{2i}(h_i),M_{2i}(h_i)]$，使用传递矩阵法可得被动桩 B 桩底处位移、转角、剪力、弯矩与 A、B 桩顶处对应物理量之间的关系为

$$\begin{bmatrix} U_2(L) \\ \Theta_2(L) \\ Q_2(L) \\ M_2(L) \end{bmatrix} = \boldsymbol{TB} \begin{bmatrix} U_1(0) \\ \Theta_1(0) \\ Q_1(0) \\ M_1(0) \end{bmatrix} + \boldsymbol{TC} \begin{bmatrix} U_2(0) \\ \Theta_2(0) \\ Q_2(0) \\ M_2(0) \end{bmatrix} \tag{7-13}$$

式中

$$\boldsymbol{TB} = \sum_{j=1}^{N_2} \boldsymbol{Ta}_{N_2} \cdots \boldsymbol{Ta}_{j+1} \boldsymbol{Tb}_j \boldsymbol{Ta}_{j-1} \cdots \boldsymbol{Ta}_1, \quad \boldsymbol{TC} = \prod_{j=1}^{N_2} \boldsymbol{Ta}_j$$

采用与式（6-14）类似的处理方法，分别将 $\boldsymbol{TB}$ 和 $\boldsymbol{TC}$ 分成 4 个 2×2 的子矩阵，则有

$$\begin{bmatrix} U_2(L) \\ \Theta_2(L) \end{bmatrix} = \boldsymbol{TC}_{11} \begin{bmatrix} U_2(0) \\ \Theta_2(0) \end{bmatrix} + \boldsymbol{TC}_{12} \begin{bmatrix} Q_2(0) \\ M_2(0) \end{bmatrix} + \boldsymbol{TB}_{11} \begin{bmatrix} U_1(0) \\ \Theta_1(0) \end{bmatrix} + \boldsymbol{TB}_{12} \begin{bmatrix} Q_1(0) \\ M_1(0) \end{bmatrix} \tag{7-14a}$$

$$\begin{bmatrix} Q_2(L) \\ M_2(L) \end{bmatrix} = \boldsymbol{TC}_{21} \begin{bmatrix} U_2(0) \\ \Theta_2(0) \end{bmatrix} + \boldsymbol{TC}_{22} \begin{bmatrix} Q_2(0) \\ M_2(0) \end{bmatrix} + \boldsymbol{TB}_{21} \begin{bmatrix} U_1(0) \\ \Theta_1(0) \end{bmatrix} + \boldsymbol{TB}_{22} \begin{bmatrix} Q_1(0) \\ M_1(0) \end{bmatrix} \tag{7-14b}$$

将被动桩桩底边界条件 $\begin{bmatrix} Q_2(L) \\ M_2(L) \end{bmatrix} = \boldsymbol{K}_{\text{tip}} \begin{bmatrix} U_2(L) \\ \Theta_2(L) \end{bmatrix}$ 以及主动桩桩顶阻抗 $\begin{bmatrix} Q_1(0) \\ M_1(0) \end{bmatrix} = \boldsymbol{\Re} \begin{bmatrix} U_1(0) \\ \Theta_1(0) \end{bmatrix}$ 代入式（7-14）可得 A、B 两桩桩顶的位移关系为

$$\begin{bmatrix} U_2(0) \\ \Theta_2(0) \end{bmatrix} = \boldsymbol{a}(s,\phi) \begin{bmatrix} U_1(0) \\ \Theta_1(0) \end{bmatrix} \tag{7-15}$$

式中

$$\boldsymbol{a}(s,\phi) = (\boldsymbol{K}_{\text{tip}} \boldsymbol{TC}_{11} - \boldsymbol{TC}_{21})^{-1} [\boldsymbol{TB}_{21} + \boldsymbol{TB}_{22} \boldsymbol{\Re} - \boldsymbol{K}_{\text{tip}} (\boldsymbol{TB}_{11} + \boldsymbol{TB}_{12} \boldsymbol{\Re})]$$

对于自由端桩基础有 $\boldsymbol{a}(s,\phi) = -\boldsymbol{TC}_{21}^{-1}(\boldsymbol{TB}_{21} + \boldsymbol{TB}_{22}\boldsymbol{\Re})$；对于固定端桩基础有 $\boldsymbol{a}(s,\phi) = -\boldsymbol{TC}_{11}^{-1}(\boldsymbol{TB}_{11} + \boldsymbol{TB}_{12}\boldsymbol{\Re})$。

令 $\boldsymbol{f} = \boldsymbol{\Re}^{-1}$，根据相互作用因子的定义可得邻桩水平、摇摆动力相互作用因子分别为

$$\alpha_{uq}=\frac{U_2(0)}{U_1(0)}=\frac{\boldsymbol{a}_{1,1}\boldsymbol{f}_{1,1}+\boldsymbol{a}_{1,2}\boldsymbol{f}_{2,1}}{\boldsymbol{f}_{1,1}} \tag{7-16}$$

$$\alpha_{\theta m}=\frac{\Theta_2(0)}{\Theta_1(0)}=\frac{\boldsymbol{a}_{2,2}\boldsymbol{f}_{2,2}+\boldsymbol{a}_{2,1}\boldsymbol{f}_{1,2}}{\boldsymbol{f}_{2,2}} \tag{7-17}$$

7.2.2　算例验证

当地基剪切系数 g_{xi}、桩参数 $1/J_{pi}$ 和 W_{pi} 同时趋于 0 时，双剪切模型则可退化为 Mylonakis 等提出的 E-W 模型[1]。通过将双剪切模型的退化解与已有的文献进行对比，从而验证本章公式推导的正确性。

图 7-3 和图 7-4 分别为均质地基中邻桩水平、回转动力相互作用因子对比，其计算参数如下：$\beta_s=5\%$，$\nu_s=0.4$，$\nu_p=0.3$，$L/d=20$，$E_p/E_s=1000$，$\rho_p/\rho_s=1.5$，$a_0=\omega d/V_s$。比较图 7-3 和图 7-4 可以看出，采用双剪切模型得到的水平、回转动力相互作用因子退化解与 Mylonakis 等提出的 E-W 模型计算结果完全一致。此外，图 7-3 还将水平相互作用因子的退化解与 Dobry 等[2]采用简化模型得到的结果进行了对比。当桩间距 $s/d=2$ 时，退化解明显小于简化模型的解，但这种差异随着 s/d 的增大而减小。这主要是因为 Dobry 等的简化模型忽略了被动桩与土之间的动力相互作用。

图 7-5 为层状地基中的邻桩动力相互作用因子对比，其计算参数如下：$\beta_s=5\%$，$\nu_s=0.4$，$\nu_p=0.3$，$L/d=20$，$E_p/E_{s1}=10000$，$h_1/d=1$，$E_p/E_{s2}=1000$，$\rho_p/\rho_s=1.3$，$a_0=\omega d/V_{s2}$。从图 7-5 中的曲线比较可以看出，采用双剪切模型得到的水平动力相互作用因子退化解与 Mylonakis 等提出的 E-W 模型[1]计算结果完全一致。

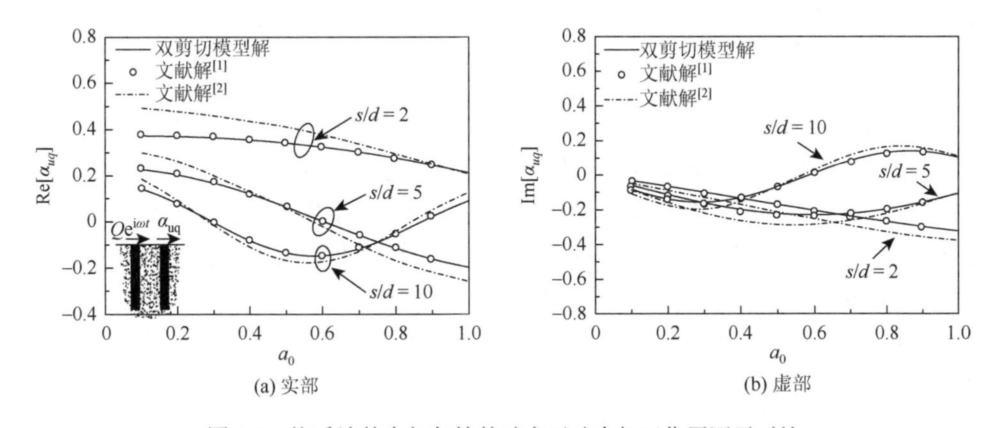

图 7-3　均质地基中相邻桩基础水平动力相互作用因子对比

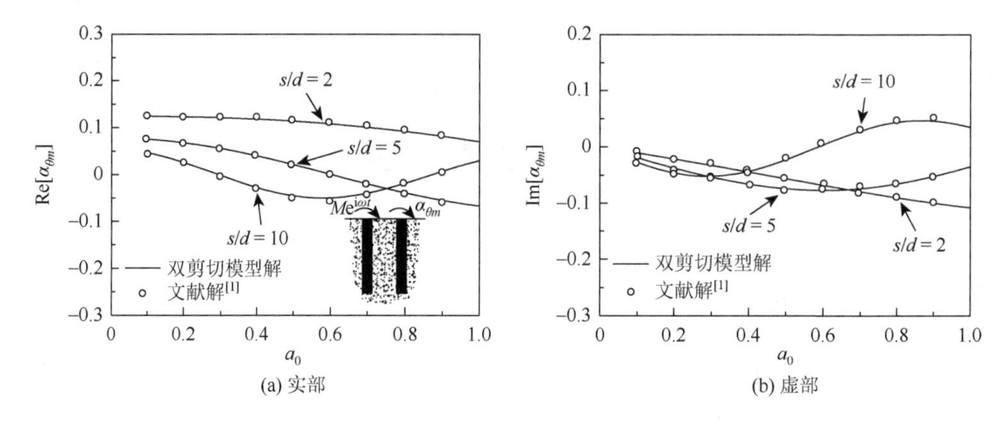

(a) 实部　(b) 虚部

图 7-4　均质地基中相邻桩基础回转动力相互作用因子对比

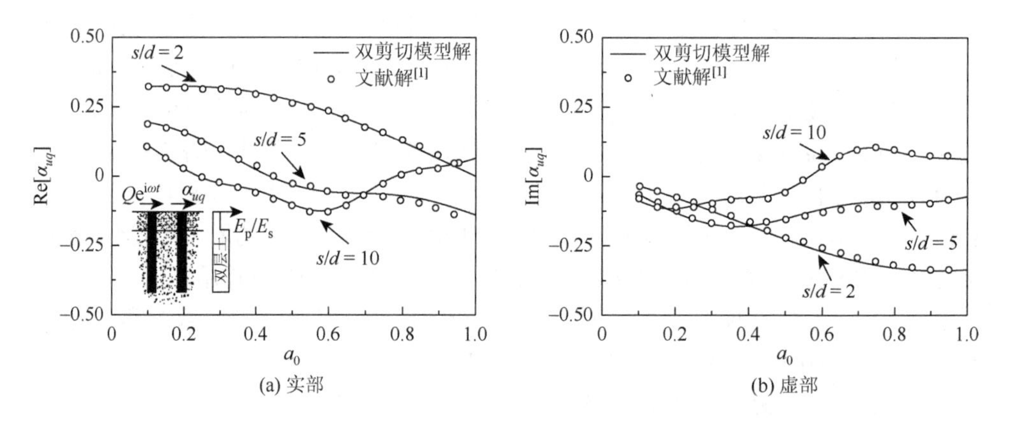

(a) 实部　(b) 虚部

图 7-5　软土覆盖层状地基中相邻桩基础水平动力相互作用因子对比

7.2.3　参数分析

1. 土体剪切效应对相互作用因子的影响

为了研究土体剪切效应对相邻桩基础动力相互作用的影响，本小节分别采用双剪切模型和 Winkler 模型计算了均质地基中相邻桩基础水平相互作用因子和回转相互作用因子，并通过对比分析讨论了桩土弹模比对两种模型计算结果的影响，结果如图 7-6 和图 7-7 所示。计算参数如下：$\beta_s = 5\%$，$\nu_s = 0.4$，$\nu_p = 0.3$，$L/d = 20$，$s/d = 2$，$a_0 = \omega d/V_s$。由于桩身长径比较大，两种模型的计算差异主要由土体剪切效应所引起。

从图 7-6 和图 7-7 可以看出，采用双剪切模型求得的邻桩水平、回转动力相互作用因子均大于 Winkler 地基模型所得结果，而且随着桩土弹模比的减小，土体剪切效应对水平以及回转动力相互作用因子的影响越来越明显。此外，在计算频率范围内，土体剪切效应对水平和回转相互作用因子实部的影响随频率的增大而减小，对虚部的影响则随频率的增大而增大。

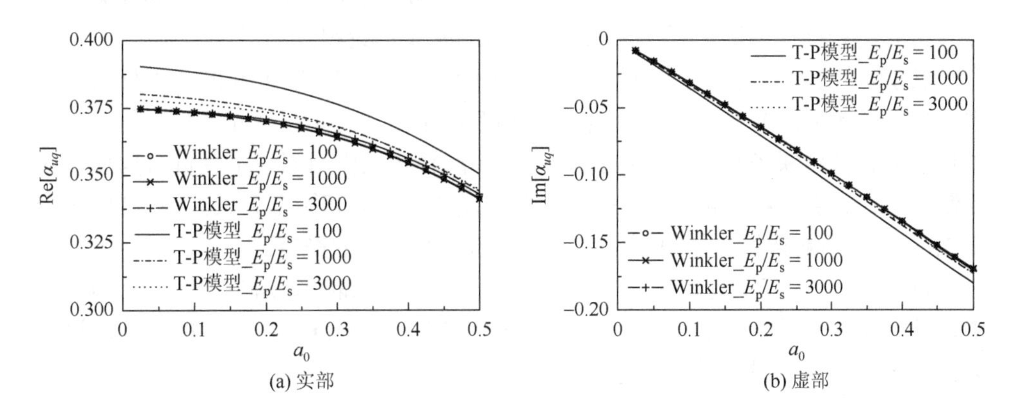

图 7-6　不同桩土弹模比下土体剪切效应对水平邻桩相互作用因子的影响

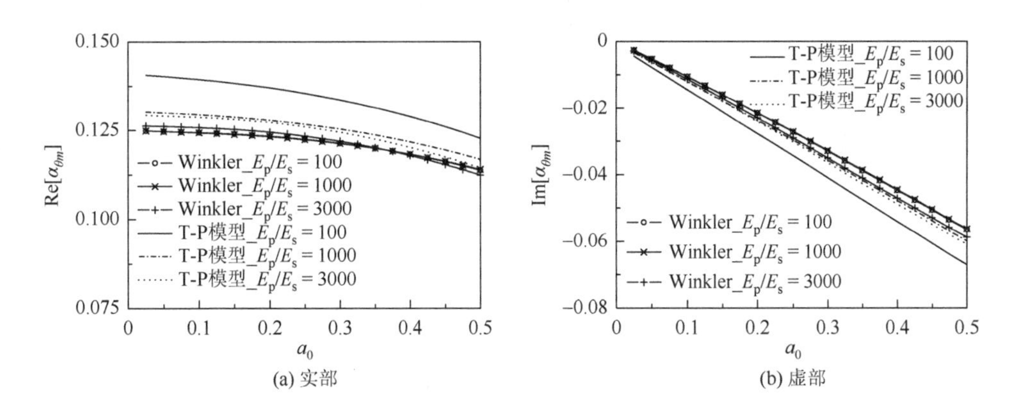

图 7-7　不同桩土弹模比下土体剪切效应对回转邻桩相互作用因子的影响

2. 桩身剪切对相互作用因子的影响

对于长径比 L/d 较小的桩，其在振动过程中桩的横截面并不是与弹性轴始终保持垂直的，采用 Timoshenko 梁理论能同时考虑桩身剪切变形和转动惯量对其振动的影响。为了研究桩身剪切效应对具有不同长径比的邻桩动力相互作用因子的影响，本小节分别采用 Timoshenko 梁和 Euler 梁理论计算了不同参数下均质地基以及层状地基中相邻桩基础动力相互作用因子随长径比的变化，并进行对比分析。计算参数如下：$\beta_s = 5\%$，$\nu_s = 0.4$，$\nu_p = 0.3$，$\rho_p/\rho_s = 1.5$。图 7-8 为均质地基（$E_p/E_s = 1000$）的计算结果。图 7-9 为层状地基（$E_p/E_{s1} = 10000$，$E_p/E_{s2} = 1000$，$h_1/d = 1$）的计算结果。从图 7-8 和图 7-9 中均可以看出以下几个方面。

首先，在图 7-8（c）和图 7-9（c）中，当 L/d 较小时采用 Timoshenko 梁理论计算得到的相互作用因子要明显大于采用 Euler 梁理论得到的。

其次，在计算外荷载激振频率 $a_0 = 0.1$ 的图 7-8（a）、（b）和图 7-9（a）、（b）中，当长径比 L/d 大于 10 时，无论水平相互作用因子还是摇摆相互作用因子，两种理论的计算结果差异小于 5%，此时水平和回转相互作用因子不受桩身剪切效应的影响；在计算外荷载激振频率 $a_0 = 0.9$ 的图 7-8（c）和图 7-9（c）中，L/d 须大于 15，水平和回转相互作用因子才不受桩身剪切效应的影响。

最后，值得注意的是，在计算外荷载激振频率 a_0 较高的图 7-8（c）和图 7-9（c）中，随着 L/d 的增大两种理论计算结果逐渐靠近，但始终存在一定的差异。这是因为对于高频振动桩身转动惯量的影响更显著。

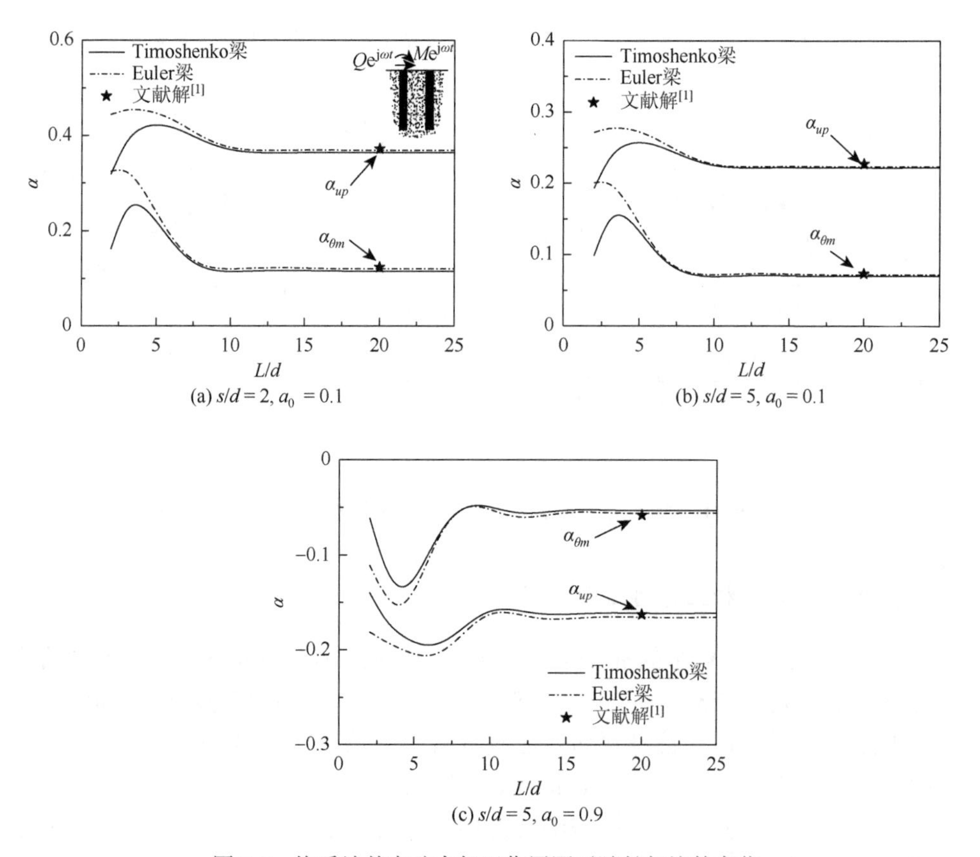

图 7-8　均质地基中动力相互作用因子随长径比的变化

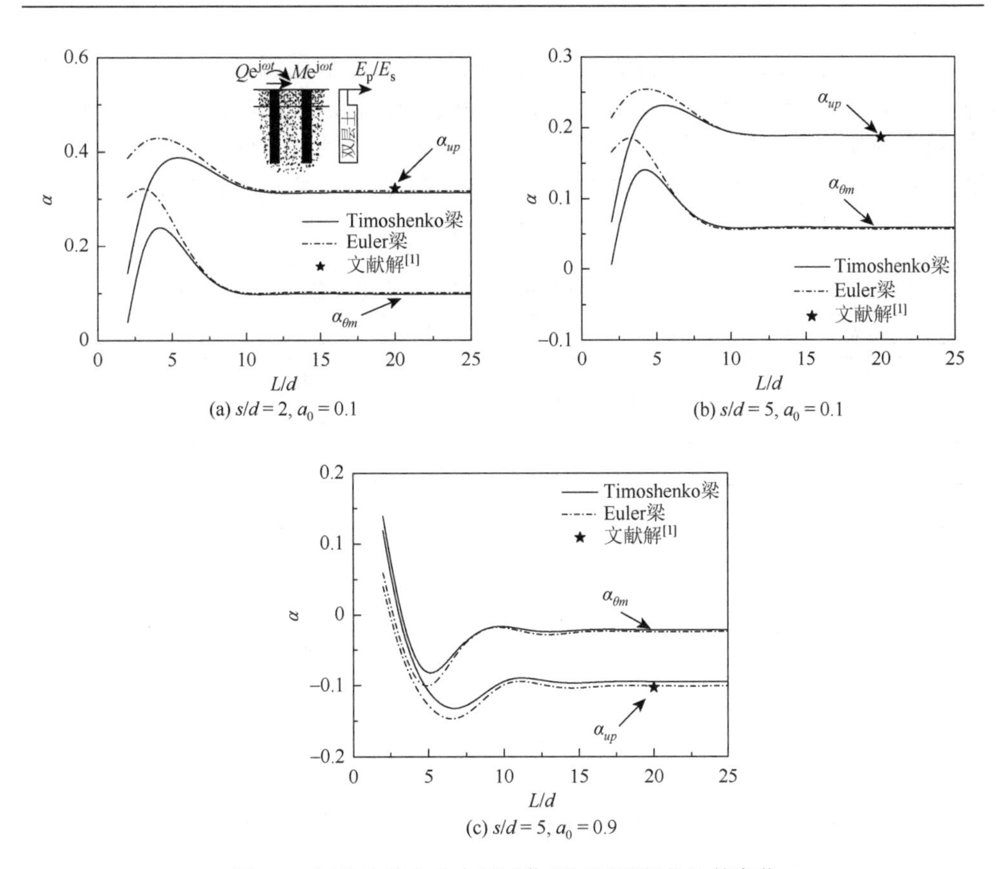

(a) $s/d=2, a_0=0.1$

(b) $s/d=5, a_0=0.1$

(c) $s/d=5, a_0=0.9$

图 7-9　层状地基中动力相互作用因子随长径比的变化

3. 桩间角对相互作用因子的影响

从土体位移衰减函数可以看出，当桩间角 $\theta=90°$时，被动桩主要受到来自主动桩的剪切波影响，当桩间角 $\theta=0°$时，被动桩主要受到来自主动桩的 Lysmer 比拟波影响。图 7-10 和图 7-11 分别讨论了桩间角对水平、回转动力相互作用因子的影响。计算参数如下：长径比为 $L/d=20$，桩间距为 $s/d=5$。各层桩土弹模比自上而下依次为：$E_p/E_{s1}=1500$，$E_p/E_{s2}=1000$，$E_p/E_{s3}=500$，前两层土厚度均为 3m。从图 7-10 和图 7-11 可以看出，在层状地基中，邻桩动力相互作用因子随激振频率呈波动性变化，且波动随桩间角的增大而加快。当桩间距与激振频率保持不变时，$\theta=45°$的相互作用因子是 $\theta=0°$与 $\theta=90°$之和的一半。

4. 长短桩对相互作用因子的影响

从以上参数分析部分可以看出，桩土相互作用过程中桩身及土体的剪切效应不可忽略。作为对 Mylonakis 等[1]研究成果的拓展，本小节基于双剪切模型计算了不同层状地基中相邻长短桩基础间的动力相互作用因子。地基土分布如表 7-1 所示，工况一和工况三分别为软土和硬土覆盖层状地基，工况二为弹性模量呈线性变化的层状地基，$\beta_s = 5\%$，$\nu_s = 0.4$。相邻桩基础具有相同的材料属性：$E_p = 38\text{GPa}$，$\nu_p = 0.3$，$\rho_p/\rho_s = 1.5$，直径均为 $d = 0.5\text{m}$，主动桩桩长 $L_s = 10\text{m}$。

表 7-1 沿厚度分布的桩土弹模比分布

土层分布	层厚/m	工况一（软土覆盖）	工况二（E_s随深度增加）	工况三（硬土覆盖）
第 1 层	1	10000	5000	500
第 2 层	1.5	3000	3000	3000
第 3 层	1.5	2000	2000	2000
第 4 层	∞	1000	1000	1000

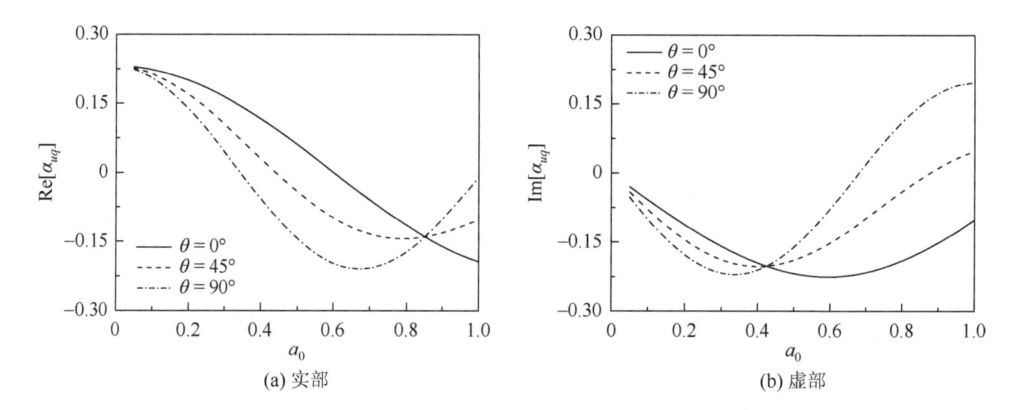

图 7-10 层状双剪切模型中桩间角度对水平相互作用因子的影响

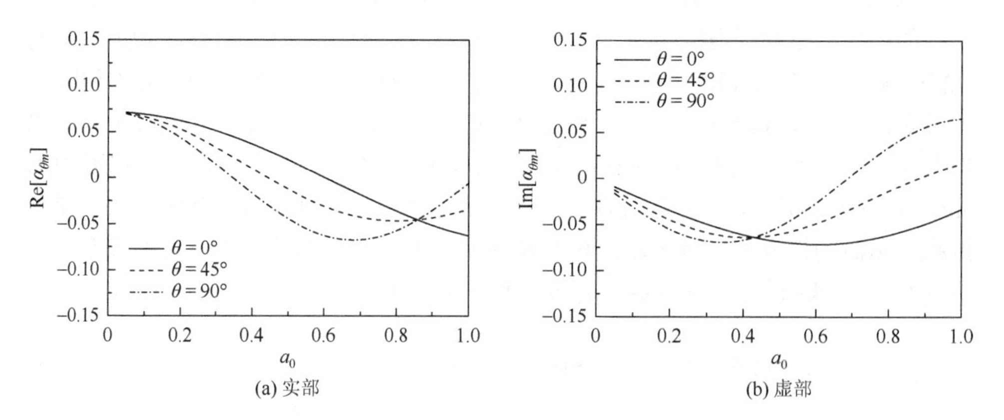

图 7-11 层状双剪切模型中桩间角度对回转相互作用因子的影响

被动桩的桩长比对相邻桩基础水平、回转动力相互作用因子的影响如图 7-12 和图 7-13 所示。当相邻桩基础桩长比 L_s/L_r 大于 1∶0.5 时，长短桩动力相互作用因子与等长邻桩相互作用因子的差异超过了 25%；但当 L_s/L_r 小于 1∶0.5 时，长短桩效应并不明显。此外，通过工况一～工况三下的计算结果对比可以发现，软土覆盖地基中的长短桩效应比其他两种地基更为明显。

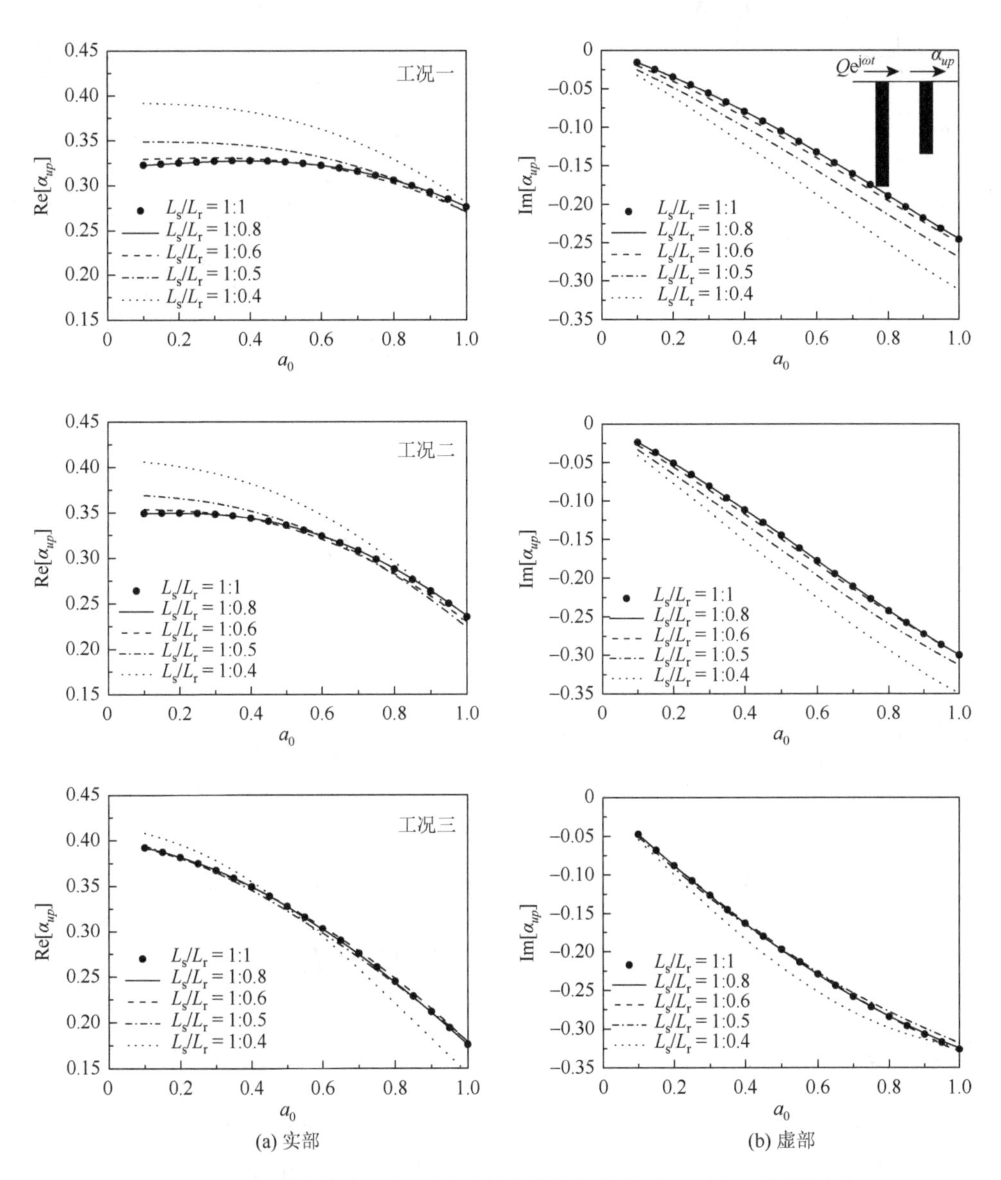

(a) 实部　(b) 虚部

图 7-12　各种地基中具有不同桩长比的相邻桩基础水平相互作用因子

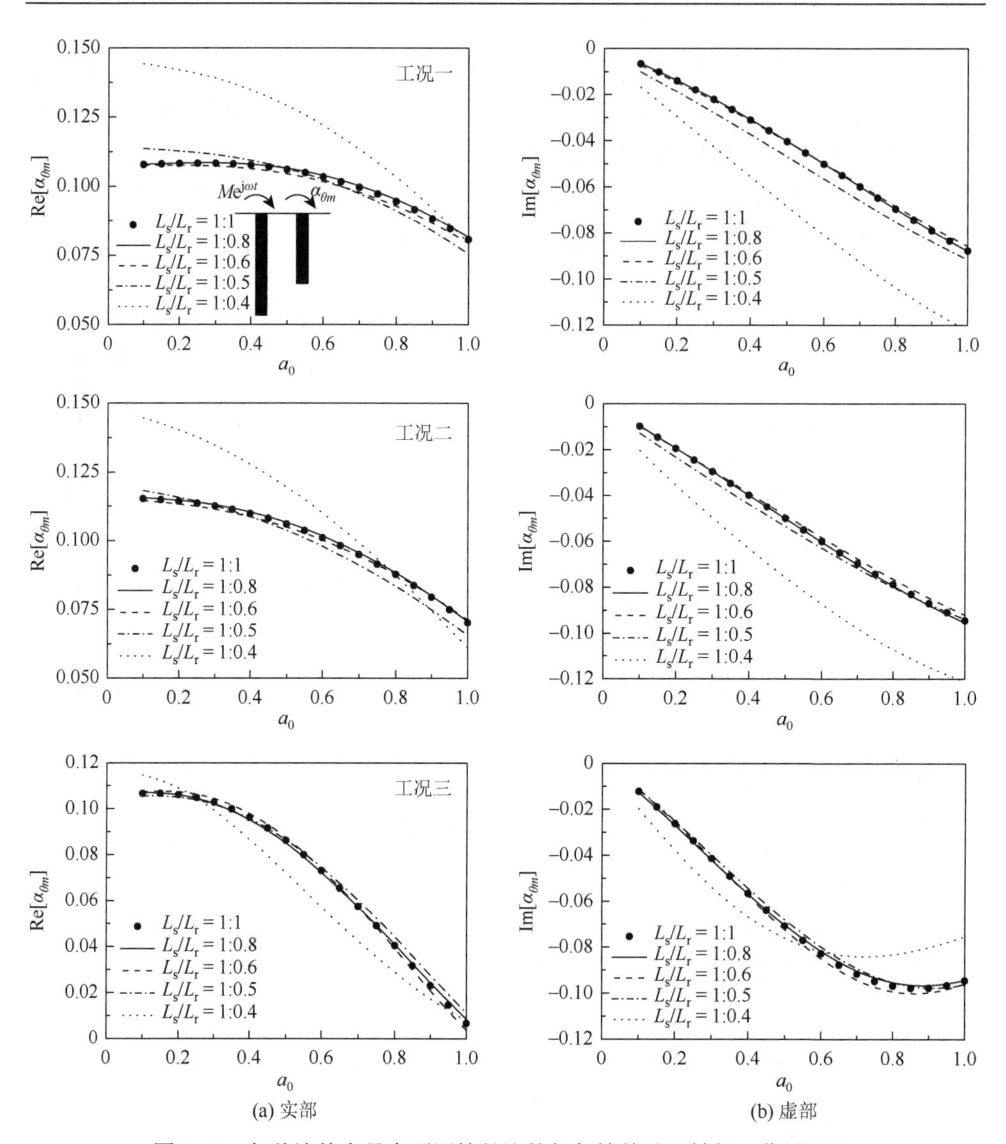

(a) 实部　　(b) 虚部

图 7-13　各种地基中具有不同桩长比的相邻桩基础回转相互作用因子

7.3　群桩振动及桩身内力

7.3.1　理论推导

假设承台下群桩的桩数为 N，当承台受水平简谐激振 $P^G \exp(\mathrm{i}\omega t)$ 作用时，根据基于动力相互作用因子的叠加法可得承台水平位移 $U^G(0)$和各桩桩顶水平位移 $U_n(0)$满足

$$U^G(0)=U_n(0)=\sum_{m=1,m\neq n}^{N}(1+\alpha_{up,nm})\frac{P_m(0)}{\mathscr{R}_{hh}^{\text{sig}}} \tag{7-18}$$

式中，$\mathscr{R}_{\text{hh}}^{\text{sig}}$为单桩水平阻抗；$P_m(0)$为第 m 个桩顶所分担的承台外荷载；$\alpha_{up,nm}$为桩 m 和桩 n 间的水平动力相互作用因子。

由于承台所受的外荷载由群桩共同承担，因此根据力的平衡条件可得

$$\sum_{n=1}^{N}P_n(0)=P^G(0) \tag{7-19}$$

将式（7-18）和式（7-19）写成如下矩阵形式：

$$\begin{bmatrix} 1 & \alpha_{up,12} & \alpha_{up,13} & \cdots & \alpha_{up,1N} & -1 \\ \alpha_{up,21} & 1 & \alpha_{up,23} & \cdots & \alpha_{up,2N} & -1 \\ \alpha_{up,31} & \alpha_{up,32} & 1 & \cdots & \alpha_{up,3N} & -1 \\ \vdots & \vdots & \vdots & & \vdots & \vdots \\ \alpha_{up,N1} & \alpha_{up,N2} & \alpha_{up,N3} & \cdots & 1 & -1 \\ 1 & 1 & 1 & \cdots & 1 & 0 \end{bmatrix}\begin{bmatrix} P_1(0) \\ P_2(0) \\ P_3(0) \\ \vdots \\ P_N(0) \\ U^G(0)\mathscr{R}_{hh}^{\text{sig}} \end{bmatrix}=\begin{bmatrix} 0 \\ 0 \\ 0 \\ \vdots \\ 0 \\ P^G(0) \end{bmatrix} \tag{7-20}$$

求解式（7-20）即可得承台水平位移 $U^G(0)$（即各桩桩顶水平位移 $U_n(0)$）以及各桩桩顶分担的荷载 $P_m(0)$。由此可得群桩的水平振动阻抗：

$$\mathscr{R}_{hh}^G=\frac{P^G(0)}{U^G(0)}=K_{hh}^G+\mathrm{i}a_0C_{hh}^G \tag{7-21}$$

桩身内力是结构配筋设计的重要依据。如前面所述，群桩基础中每个桩体不仅受承台荷载的作用，还受到由邻桩运动产生的地基位移场的作用。因此，群桩中每个单桩的桩身内力应通过叠加法考虑以上两种因素的共同效应。首先，当 A 桩作为主动桩，其 i 层坐标 z 处的动内力可表示为

$$\begin{bmatrix} P_1(z) \\ M_1(z) \end{bmatrix}=(\boldsymbol{TA}_{21}^a\boldsymbol{\mathscr{R}}^{-1}+\boldsymbol{TA}_{22}^a)\begin{bmatrix} P_1(0) \\ M_1(0) \end{bmatrix} \tag{7-22}$$

式中，$\boldsymbol{TA}^a=\boldsymbol{Ta}_i\boldsymbol{Ta}_{i\text{-}1}\cdots\boldsymbol{Ta}_j\cdots\boldsymbol{Ta}_1$，$\boldsymbol{Ta}_j$ 表达式中的 h_j（$j=1, 2, \cdots, i\text{–}1$）为对应层的层高；$\boldsymbol{Ta}_i$ 表达式中的 h_i 为 $z-\sum_{j=1}^{i-1}h_j$。

当 A 桩作为被动桩时，受邻近主动桩 B 产生的位移场影响，那么 A 桩第 i 层坐标 z 处的桩身附加动内力可以通过单桩阻抗和主动桩桩顶边界条件表示如下：

$$\begin{bmatrix} P_2(z) \\ M_2(z) \end{bmatrix}=[(\boldsymbol{TA}_{21}^a\,\boldsymbol{a}+\boldsymbol{TC}_{21}^a)(\boldsymbol{\mathscr{R}}_{hh}^{\text{sig}})^{-1}+\boldsymbol{TC}_{22}^a]\begin{bmatrix} P_2(0) \\ M_2(0) \end{bmatrix}+\boldsymbol{TA}_{22}^a\begin{bmatrix} P_1(0) \\ M_1(0) \end{bmatrix} \tag{7-23}$$

式中

$$\boldsymbol{TC}^a=\begin{cases} \boldsymbol{TC}_1, & i=1 \\ \sum_{j=1}^{i}\boldsymbol{TA}_i\cdots\boldsymbol{TA}_{j+1}\,\boldsymbol{TC}_{\,j}\boldsymbol{TA}_{j-1}\cdots\boldsymbol{TA}_1, & 2\leqslant i\leqslant N \end{cases}$$

$\boldsymbol{TA}_j$ 和 $\boldsymbol{TC}_j$ 中的 $h_j(j=1,2,\cdots,i-1)$ 为相应层的层高，$\boldsymbol{TA}_i$ 和 $\boldsymbol{TC}_i$ 中的 h_j 为 $z-\sum_{j=1}^{i-1}h_j$ 。

7.3.2　算例验证

当地基剪切系数 g_{xi}，以及桩参数 $1/J_{pi}$、W_{pi} 同时趋于 0 时，双剪切模型则可退化为 E-W 模型。图 7-14～图 7-16 通过将双剪切模型的退化解与 E-W 模型解以及已有的文献进行对比，从而验证本章公式推导过程的正确性。计算参数如下：$E_p/E_s=1000$，$L/d=20$，$s/d=5$，$\beta_s=5\%$，$\nu_s=0.4$，$\rho_p/\rho_s=1.5$。从图中可以看出采用双剪切模型得到的群桩水平动阻抗的退化解与 E-W 模型计算结果完全一致。

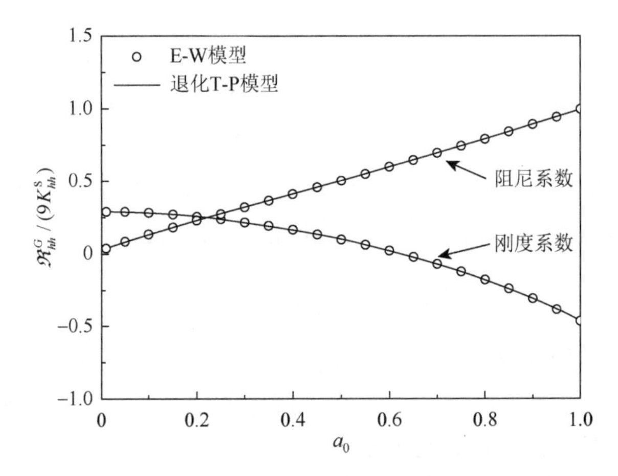

图 7-14　桩间距 $s/d=2$ 下 3×3 群桩水平阻抗对比

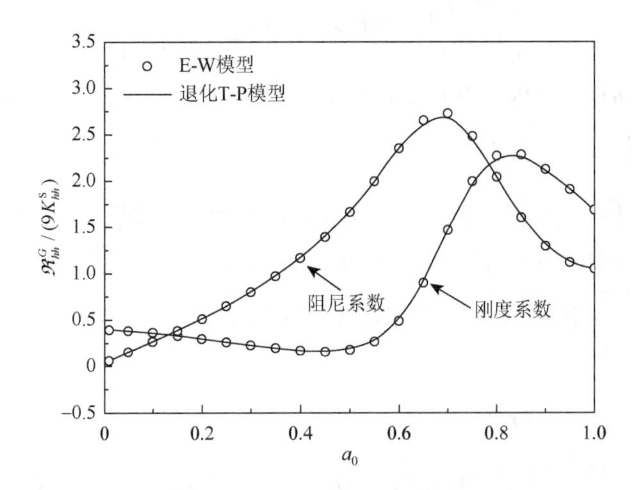

图 7-15　桩间距 $s/d=5$ 下 3×3 群桩水平阻抗对比

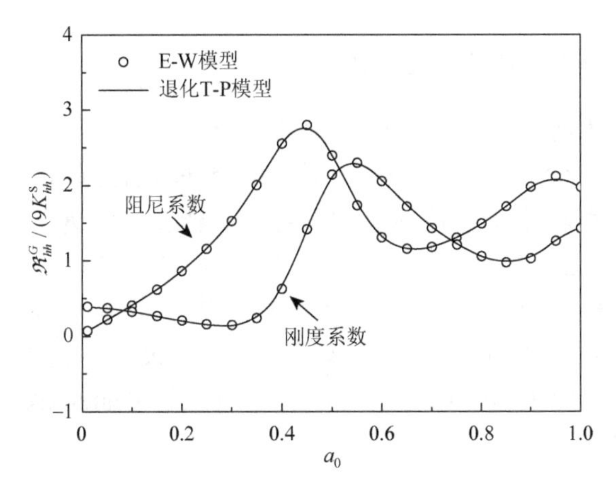

图 7-16　桩间距 $s/d=10$ 下 3×3 群桩水平阻抗对比

7.3.3　参数分析

1. 桩身剪切对群桩阻抗的影响

为了研究桩身剪切效应对群桩阻抗的影响（算例中地基均采用 Pasternak 地基模型，即 E-P 模型），图 7-17 分别给出了在无量纲频率 $a_0=0.1$ 和 0.4 时，采用 Euler 桩模型和 Timoshenko 桩模型计算得到的一个 3×3 群桩的桩顶动刚度随桩身长径比的变化曲线。计算参数如下：$E_p/E_s=1000$，$s/d=5$，$\beta_s=5\%$，$\nu_s=0.4$，$\rho_p/\rho_s=1.5$。从图 7-17（a）和（b）中可以看到，随着长径比的增加两种模型的计算结果逐渐趋于一致。但这里值得注意的是，与图 7-17（a）不同的是，图 7-17（b）中即使当长径比达到 16 时，两种模型的计算结果始终存在一定的差异，Euler 桩模型结果偏小。这是由于 Timoshenko 桩模型考虑了桩身转动惯量，当外荷载振动频率增大时，这种现象变得更加明显。

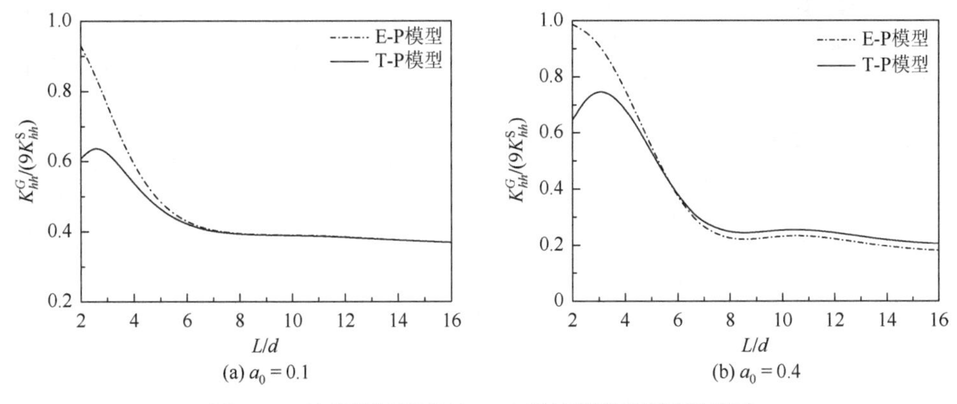

图 7-17　桩身剪切效应对 3×3 群桩桩顶动刚度的影响

2. 土体剪切对群桩振动阻抗的影响

为了研究土体剪切效应对群桩阻抗的影响，图 7-18～图 7-20 分别研究对比了不同群桩（1×2，2×2，3×3）下，采用 Pasternak 地基模型和 Winkler 地基模型计算的群桩水平阻抗计算结果对比。计算参数为：三层 Pasternak 地基模型的各层桩土弹模比自上而下为 $E_p/E_s = 3000, 2000, 1000$，$L/d = 20$，$\beta_s = 5\%$，$\nu_s = 0.4$，$\rho_p/\rho_s = 1.5$。从图中可以看出，采用 Pasternak 地基模型求得的群桩水平阻抗大于 Winkler 地基模型所得结果，并且这种差异随着桩数的增加而增加，因此采用可以考虑土体剪切效应的 Pasternak 地基模型计算群桩阻抗是有必要的。

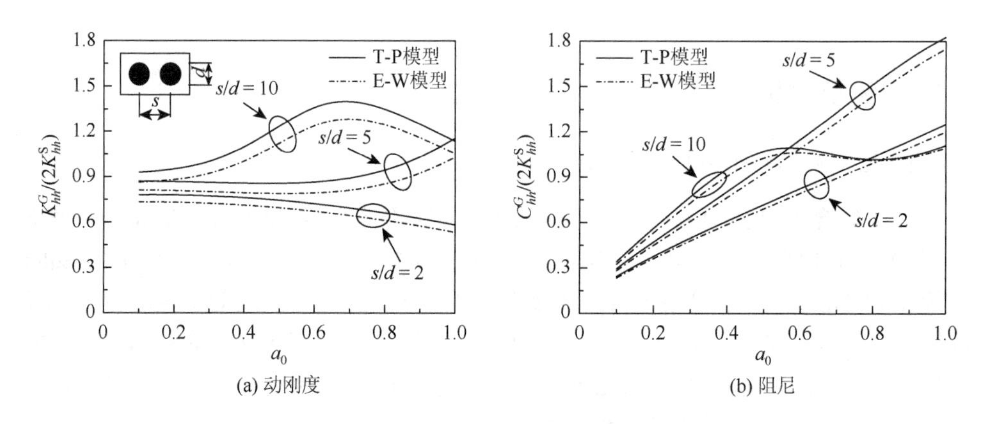

图 7-18 不同地基模型下 1×2 群桩基础的水平阻抗对比

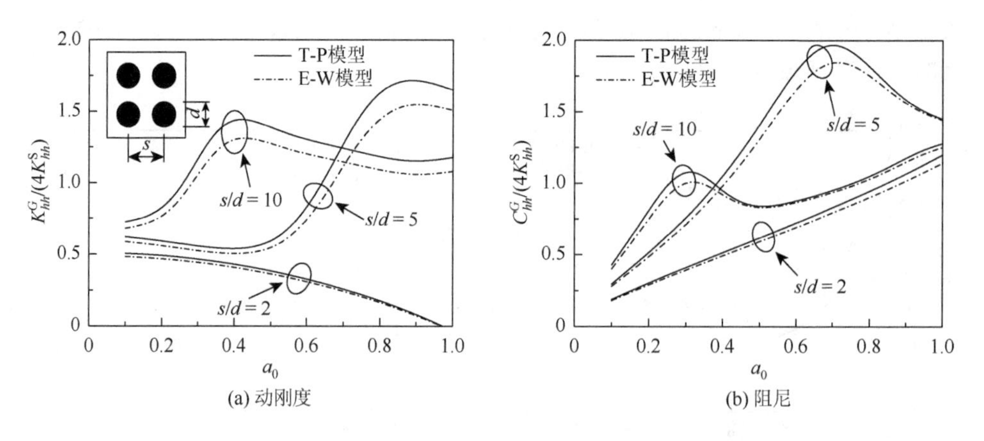

图 7-19 不同地基模型下 2×2 群桩基础的水平阻抗对比

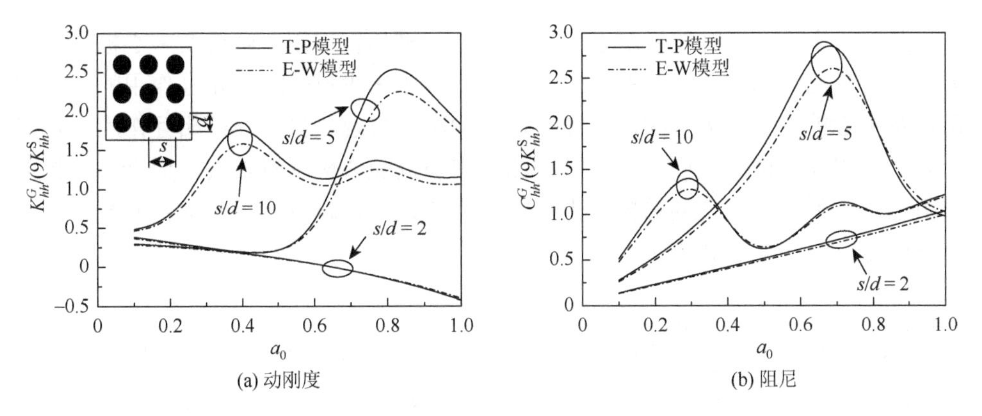

图 7-20　不同地基模型下 3×3 群桩基础的水平阻抗对比

3. 群桩中各桩顶和桩身受力分布

由于各桩变形不同，即使几何形状和材料性能都相同，桩顶的剪切力分布也是不同的。图 7-21 给出了当 $L/d = 20$ 时，三层 Pasternak 地基模型（各层桩土弹模比自上而下为 $E_p/E_s = 3000, 2000, 1000$）中桩顶铰接的 3×3 群桩的角桩和中心桩顶部剪切力与无量纲频率的关系。其他计算参数如下：$\beta_s = 5\%$，$\nu_s = 0.4$，$\rho_p/\rho_s = 1.5$。图中，$\bar{P}(0)$ 为桩头平均剪切力。从图中可以看出，在低频激振荷载作用下，角桩承受的荷载最多。当无量纲激振频率 $a_0 = 0.1$ 时，随着 s/d 从 2 增加到 5，角桩的剪切力幅值$|F_1|$从 1.25 倍的平均值降低到 1.15 倍。与之相反，中心桩的剪力幅值则从桩头平均剪力幅值的 45%增加到了桩头平均剪力幅值的 60%。另外，剪切力的分布也易受桩间距变化的影响。随着桩间距的增加，角桩的剪切力增加，而中心桩的剪切力则减小。

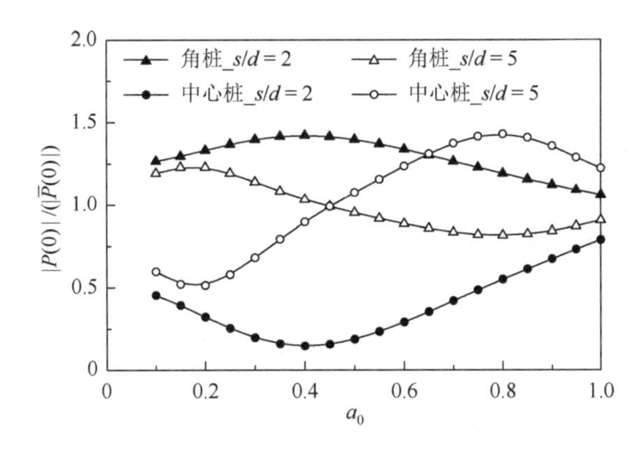

图 7-21　层状地基中 3×3 群桩的角桩和中心桩桩头荷载

此外，本小节还计算了群桩中考虑桩-土-桩相互作用对角桩及中心桩桩身内力分布的影响。图 7-22 和图 7-23 为层状地基中考虑桩-土-桩相互作用的群桩中角桩及中心桩桩身内力分布。从图中可以看出，与忽略桩-土-桩相互作用下各桩内力分布相同的情况不同，与角桩相比，中心桩受邻桩影响较大，桩-土-桩相互作用引起的附加内力在其总内力中占了很大的比例，超过了自身桩头荷载引起的自身内力，因此在设计中必须加以考虑。

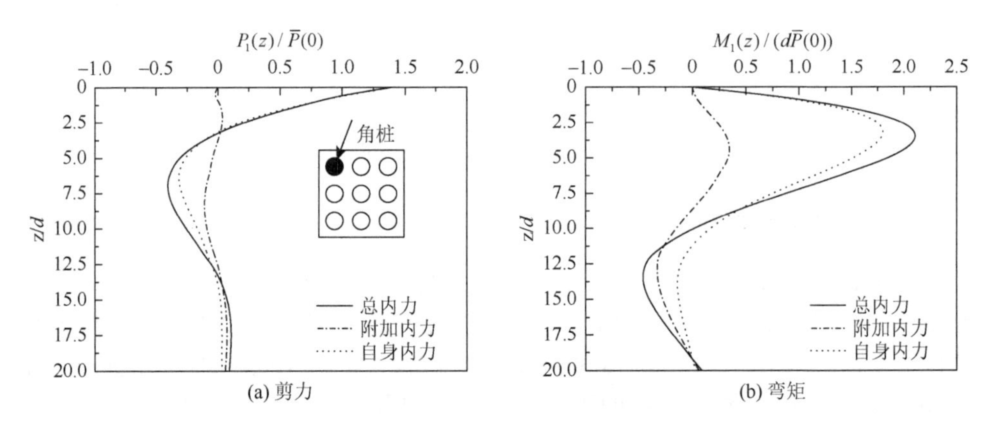

图 7-22　层状地基中 3×3 群桩的角桩内力分布图

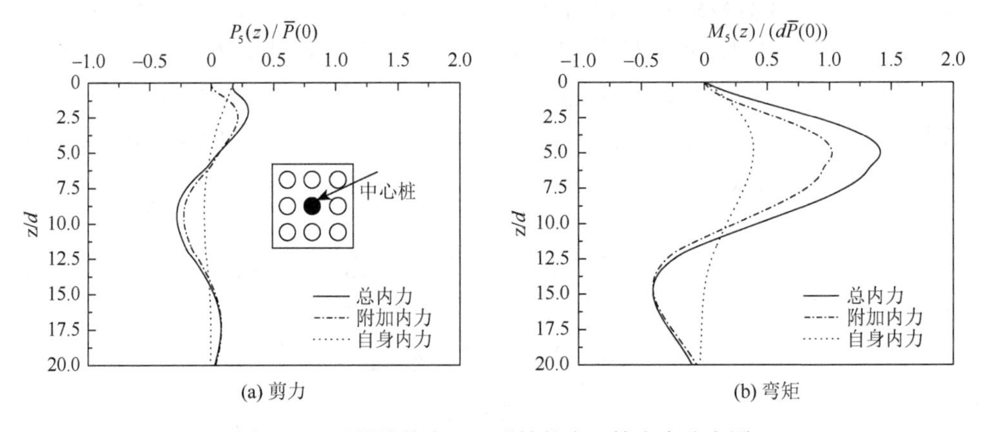

图 7-23　层状地基中 3×3 群桩的中心桩内力分布图

7.4　本 章 小 结

本章基于可以同时考虑土体及桩身剪切效应的双剪切模型研究了桩-土-桩间的动力相互作用效应以及群桩基础的水平振动阻抗[3, 4]。通过建立 Pasternak 地基模型中 Timoshenko 桩的水平振动微分方程，采用初参数法及传递矩阵法得到层状地基中邻桩的动力相互作用因子。最后，基于邻桩动力相互作用因子和单桩阻抗，采用叠加原理得到了群桩水平振动阻抗。双剪切模型弥补了 Winkler 地基模型中土体变化不连续的缺陷，克服了 Euler 梁模型中桩身变形不连续及转动惯性忽略不计的缺点，使得在分析短桩及高频激振时得到更高的精度，解决了在分析多桩相互作用时因误差叠加而导致的精度下降问题，使群桩基础阻抗的求解在理论上更合理，结果更可靠，计算精度更高。对一些重要的影响因素进行了参数化分析，得到如下结论。

（1）当桩土弹模比较小时，土体剪切效应对相邻桩基础动力相互作用因子的影响较明显。采用 Pasternak 地基模型求得的群桩水平阻抗大于 Winkler 地基模型所得结果，并且这种差异随着桩数的增加而增加，因此采用可以考虑土体剪切效应的 Pasternak 地基模型计算群桩阻抗是有必要的。

（2）当长径比 L/d 较小时，采用 Timoshenko 梁理论计算得到的相互作用因子和群桩阻抗与采用 Euler 梁理论得到的结果差异较大。但随着长径比的增大，两种理论得到的计算结果差异越来越小。当长径比 $L/d=6$ 时两者结果基本一致，但值得注意的是，当计算外荷载激振频率 a_0 较高时，由于桩身转动惯量的影响，两种理论模型的计算结果仍会存在一定的差异。

（3）由于群桩中各桩分布的几何位置不同，其承担的桩顶剪力也是不同的。在低频激振荷载作用下，桩顶剪力主要由角桩承受。此外，剪切力的分布也易受桩间距变化的影响，随着桩间距的增加，角桩的剪切力增加，而中心桩的剪切力则减小。

（4）与角桩相比，中心桩受邻桩影响较大，桩-土-桩相互作用引起的附加内力在其总内力中占了很大的比例，超过了自身桩头荷载引起的自身内力，因此桩-土-桩相互作用在设计中必须加以考虑。

参考文献

[1] Mylonakis G, Gazetas G. Lateral vibration and internal forces of grouped piles in layered soil[J]. Journal of Geotechnical and Geoenvironmental Engineering, 1999, 125(1): 16-25.

[2] Dobry R, Gazetas G. Simple method for dynamic stiffness and damping of floating pile groups[J]. Geotechnique, 1988, 38(4): 557-574.

[3] Wang J, Lo S H, Zhou D. Effect of a forced harmonic vibration pile to its adjacent pile in layered elastic soil with double-shear model[J]. Soil Dynamic and Earthquake Engineering, 2014, 67: 54-65.

[4] 王珏, 周叮, 刘伟庆, 等. 考虑成层地基中考虑土体剪切效应的相邻桩基动力相互作用因子研究[J]. 振动工程学报, 2013, 26(5): 732-742.

第 8 章　基于切比雪夫复多项式的递归集总参数模型

反映基础振动位移与外力关系的振动阻抗是与外激振频率相关的函数，无法直接应用于土-基础-结构系统的时域分析，只能通过傅里叶逆变换来求解时域响应，且无法处理结构的非线性动力学问题。集总参数模型（lumped parameter model，LPM）的提出使得阻抗函数直接用于时域分析得以实现，且理论上通过增加集总参数模型的自由度可以使其在描述阻抗对频率依赖性时达到任意精度。但是，传统的集总参数模型在拟合复杂阻抗时，存在由于使用高阶普通多项式引起的数值振荡问题，尤其是对频率依赖性强的基础振动阻抗的拟合。因此提出一个能用较少参数反映阻抗函数复杂变化的集总参数模型，采用比一般多项式更为优良的拟合函数，是实现地震作用下复杂基础时域响应计算的一个重要环节。

俄国数学家切比雪夫在 1854 年提出了可以用于多项式插值的切比雪夫多项式。由于该多项式能最大限度地降低龙格现象，且能提供多项式在连续函数的最佳一致逼近，因此在数值分析领域得到了广泛的应用，如数值积分、偏微分方程、函数拟合和正交多项式等[1]。本章将在频域内描述土与基础间动力相互作用的动柔度函数用两个切比雪夫复多项式的比值表示，通过定义误差函数和最小二乘拟合得到了该目标函数中各阶基函数的未知系数。然后将该目标函数表示成递归分式的形式，并将其等效为一个带有弹簧和阻尼器的切比雪夫递归集总参数模型（Chebyshev nested LPM）。

8.1　切比雪夫多项式的定义

与普通多项式相比，切比雪夫复多项式在逼近阻抗函数时可以避免因阶数过高而引起的数值振荡问题，其各阶基函数定义如下：

$$T_0(\mathrm{i}x)=1,\quad T_1(\mathrm{i}x)=\mathrm{i}x \tag{8-1a}$$

$$T_n(\mathrm{i}x)=(-1)^{n-1}2\mathrm{i}xT_{n-1}(\mathrm{i}x)-T_{n-2}(\mathrm{i}x),\quad n=2,3,\cdots \tag{8-1b}$$

式中，$\mathrm{i}=\sqrt{-1}$ 为虚数。任意阶的 $\{T_n(\mathrm{i}x)\}$ 可以根据式（8-1）递推得到，表 8-1 和图 8-1 分别给出了前几阶切比雪夫复多项式的表达式。从图 8-1 中可以看到，当变量 x 在[−1, 1]的范围内变化时，各阶多项式的变化区间均在[−1, 1]。

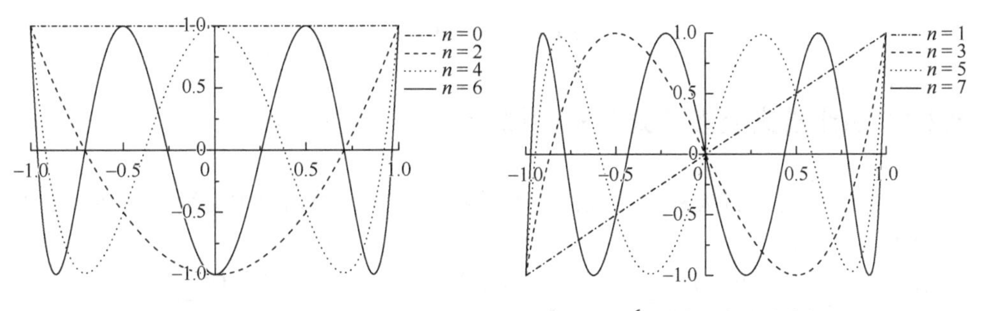

图 8-1　前几阶切比雪夫复多项式曲线 $T_n(\mathrm{i}x)=\begin{cases}T_n(x), & n=0,2,4,6\\ \mathrm{i}T_n(x), & n=1,3,5,7\end{cases}$

表 8-1　前几阶切比雪夫复多项式的表达式 $\tilde{T}_m(\tilde{x})$（$m=0, 1, 2, \cdots, 7$）

$T_0(\tilde{x})=1=T_0(x)$
$T_1(\tilde{x})=\tilde{x}=T_1(x)\mathrm{i}$
$T_2(\tilde{x})=-2\tilde{x}^2-1=T_2(x)$
$T_3(\tilde{x})=-4\tilde{x}^3-3\tilde{x}=T_3(x)\mathrm{i}$
$T_4(\tilde{x})=8\tilde{x}^4+8\tilde{x}^2+1=T_4(x)$
$T_5(\tilde{x})=16\tilde{x}^5+20\tilde{x}^3+5\tilde{x}=T_5(x)\mathrm{i}$
$T_6(\tilde{x})=-32\tilde{x}^6-48\tilde{x}^4-18\tilde{x}^2-1=T_6(x)$
$T_7(\tilde{x})=-64\tilde{x}^7-112\tilde{x}^5-56\tilde{x}^3-7\tilde{x}=T_7(x)\mathrm{i}$

注：表中 $\tilde{x}=\mathrm{i}x$ 。

8.2　切比雪夫递归集总参数模型

8.2.1　基础的动力柔度函数

考虑土与基础动力相互作用时，用于表征基础振动位移与外力关系的振动阻抗函数是依赖于外荷载激振频率 ω 的复变函数，可表示为

$$\mathfrak{R}(\omega)=\mathfrak{R}(a_0)=K_{\mathrm{s}}[K(a_0)+\mathrm{i}a_0C(a_0)] \tag{8-2}$$

式中，K_{s} 为基础的静刚度；$K(a_0)$和 $C(a_0)$为规格化的刚度和几何阻尼；无量纲频率 $a_0=\omega d/V_{\mathrm{s}}$，$V_{\mathrm{s}}$ 为土体剪切波波速，d 为基础的特征长度。

Wu 等[2]的研究表明，采用基础动力柔度函数可以在不使用任何权函数的情况下使得低频范围占拟合过程的支配地位。当不考虑耦合阻抗时，动力柔度函数为动力刚度函数的倒数；当考虑耦合阻抗时，动柔度函数矩阵则为动力刚度函数矩阵的逆矩阵。与振动阻抗类似，动柔度函数也可由静柔度 F_{s} 进行如下规格化：

$$F(a_0)=F_sF_d(a_0) \tag{8-3}$$

8.2.2 切比雪夫复多项式分式的拟合

本章采用切比雪夫复多项式作为基函数对格式化的动力柔度函数进行函数拟合，可以表示为

$$F_d(a_0)=F_d(s)\approx\frac{\Phi(s)}{\Psi(s)}=\frac{1+\phi_1T_1(s)+\phi_2T_2(s)+\cdots+\phi_NT_N(s)}{1+C+\varphi_1T_1(s)+\varphi_2T_2(s)+\cdots+\varphi_NT_N(s)+\kappa\phi_NT_{N+1}(s)} \tag{8-4}$$

式中，$s=\mathrm{i}a_0/a_{0\max}$，$a_{0\max}$为需要拟合的最大频率；$N$为拟合时所用的切比雪夫复多项式的最高阶次；$\phi_n$和$\varphi_n$为各阶切比雪夫复多项式的待定系数，均为实数。

式（8-4）中系数 C 和κ的引入是为了确保双精度拟合，函数 $F_d(a_0)$需满足两个特征条件：

（1）当外荷载激振频率趋于零（$a_0\to0$）时满足

$$F_d(a_0)\to0 \tag{8-5a}$$

（2）当外荷载激振频率趋于最大值（$a_0\to a_{0\max}$）时满足

$$F_d(a_0)\to1/(\mathrm{i}\sigma a_0) \tag{8-5b}$$

式中，σ为高激振频率趋于最大值时的阻尼系数值。由式（8-5a）和式（8-5b）的条件可得系数κ和 C 为

$$\kappa=(-1)^N\frac{\sigma a_{0\max}}{2} \tag{8-6}$$

$$C=\begin{cases}\sum\limits_{n=1}^{(N-1)/2}(-1)^n\phi_{2n}+\sum\limits_{n=1}^{(N-1)/2}(-1)^{n+1}\varphi_{2n}+(-1)^{(N-1)/2}\kappa\phi_N, & N=1,3,5,\cdots\\ \sum\limits_{n=1}^{N/2}(-1)^n\phi_{2n}+\sum\limits_{n=1}^{N/2}(-1)^{n+1}\varphi_{2n}, & N=2,4,6,\cdots\end{cases} \tag{8-7}$$

根据线性最小二乘拟合法，定义误差函数如下：

$$\varepsilon=\sum_{j=1}^{J}|F_d(s_j)\Psi(s_j)-\Phi(s_j)|^2=\sum_{j=1}^{J}[F_d(s_j)\Psi(s_j)-\Phi(s_j)][F_d^*(s_j)\Psi^*(s_j)-\Phi^*(s_j)] \tag{8-8}$$

式中，$s_j=\mathrm{i}a_{0j}/a_{0\max}$；$j$ 表示拟合频率点的序数；*表示共轭复数。

为得到拟合函数 $F_d(a_0)$的离散最佳平方逼近，需求解上述误差函数的极小点，并令其等于零：

$$\begin{cases}\dfrac{\partial\varepsilon}{\partial\varphi_n}=0, & n=1,2,\cdots,N\\ \dfrac{\partial\varepsilon}{\partial\phi_n}=0, & n=1,2,\cdots,N\end{cases} \tag{8-9}$$

求解上述方程组即可得到式（8-4）中的所有未知系数，将其代入整理后可得

$$F_{\mathrm{d}}(a_0)=F_{\mathrm{d}}(s)\approx\frac{Q^{(0)}(s)}{P^{(0)}(s)}=\frac{1+q_1^{(0)}s+q_2^{(0)}s^2+\cdots+q_N^{(0)}s^N}{1+p_1^{(0)}s+p_2^{(0)}s^2+\cdots+p_N^{(0)}s^N+p_{N+1}^{(0)}s^{N+1}} \quad (8\text{-}10)$$

8.2.3　模型参数的确定

将拟合得到的目标函数式（8-10）代入式（8-3），那么基础的动柔度函数可写成如下形式：

$$\begin{aligned}F(a_0)&=F_{\mathrm{s}}F_{\mathrm{d}}(a_0)=F_{\mathrm{s}}F_{\mathrm{d}}(s)=\frac{F_{\mathrm{s}}}{\dfrac{P^{(0)}(s)}{Q^{(0)}(s)}}=\frac{F_{\mathrm{s}}}{\dfrac{1+p_1^{(0)}s+p_2^{(0)}s^2+\cdots+p_N^{(0)}s^N+p_{N+1}^{(0)}s^{N+1}}{1+q_1^{(0)}s+q_2^{(0)}s^2+\cdots+q_N^{(0)}s^N}}\\&=\frac{F_{\mathrm{s}}}{1+\dfrac{p_{N+1}^{(0)}}{q_N^{(0)}}s+\dfrac{p_1^{(1)}s+p_2^{(1)}s^2+\cdots+p_N^{(1)}s^N}{1+q_1^{(0)}s+q_2^{(0)}s^2+\cdots+q_N^{(0)}s^N}}=\frac{F_{\mathrm{s}}}{1+\dfrac{p_{N+1}^{(0)}}{q_N^{(0)}}s+\dfrac{P^{(1)}(s)}{Q^{(0)}(s)}}\end{aligned} \quad (8\text{-}11)$$

式中，$q_0^{(0)}=1$；$p_n^{(1)}=p_n^{(0)}-q_n^{(0)}-\dfrac{p_{N+1}^{(0)}}{q_N^{(0)}}q_{n-1}^{(0)}$；$n=1,2,\cdots,N$。式（8-11）中各项表达式的上标系数是为了与后续表达式中的多项式系数区分。进一步对式（8-11）中的$\dfrac{P^{(1)}(s)}{Q^{(0)}(s)}$进行数学处理：

$$\begin{aligned}\frac{P^{(1)}(s)}{Q^{(0)}(s)}&=\frac{1}{\dfrac{1+q_1^{(0)}s+q_2^{(0)}s^2+\cdots+q_N^{(0)}s^N}{p_1^{(1)}s+p_2^{(1)}s^2+\cdots+p_N^{(1)}s^N}}=\frac{1}{\dfrac{q_N^{(0)}}{p_N^{(1)}}+\dfrac{1+q_1^{(1)}s+q_2^{(1)}s^2+\cdots+q_{N-1}^{(1)}s^{N-1}}{p_1^{(1)}s+p_2^{(1)}s^2+\cdots+p_N^{(1)}s^N}}\\&=\frac{1}{\dfrac{q_N^{(0)}}{p_N^{(1)}}+\dfrac{1}{\dfrac{p_1^{(1)}s+p_2^{(1)}s^2+\cdots+p_N^{(1)}s^N}{1+q_1^{(1)}s+q_2^{(1)}s^2+\cdots+q_{N-1}^{(1)}s^{N-1}}}}=\frac{1}{\dfrac{q_N^{(0)}}{p_N^{(1)}}+\dfrac{1}{\dfrac{p_N^{(1)}}{q_{N-1}^{(1)}}s+\dfrac{p_1^{(2)}s+p_2^{(2)}s^2+\cdots+p_{N-1}^{(2)}s^{N-1}}{1+q_1^{(1)}s+q_2^{(1)}s^2+\cdots+q_{N-1}^{(1)}s^{N-1}}}}\\&=\frac{1}{\dfrac{q_N^{(0)}}{p_N^{(1)}}+\dfrac{1}{\dfrac{p_N^{(1)}}{q_{N-1}^{(1)}}s+\dfrac{P^{(2)}(s)}{Q^{(1)}(s)}}}\end{aligned} \quad (8\text{-}12)$$

式中，$q_0^{(0)}=1$；$q_n^{(1)}=q_n^{(0)}-\dfrac{q_N^{(0)}}{p_N^{(1)}}p_n^{(1)}$；$p_n^{(2)}=p_n^{(1)}-\dfrac{p_N^{(1)}}{q_{N-1}^{(1)}}q_{n-1}^{(1)}$；$n=1,2,\cdots,N-1$。

根据递归原理，不失一般性可得

$$\frac{P^{(j)}(s)}{Q^{(j-1)}(s)}=\cfrac{1}{\frac{q_{N-j+1}^{(j-1)}}{p_{N-j+1}^{(j)}}+\cfrac{1}{\frac{p_{N-j+1}^{(j)}}{q_{N-j}^{(j)}}s+\frac{p_1^{(j+1)}s+\cdots+p_{N-j}^{(j+1)}s^{N-j}}{1+q_1^{(j)}s+\cdots+q_{N-j}^{(j)}s^{N-j}}}}=\cfrac{1}{\frac{q_{N-j+1}^{(j-1)}}{p_{N-j+1}^{(j)}}+\cfrac{1}{\frac{p_{N-j+1}^{(j)}}{q_{N-j}^{(j)}}s+\frac{P^{(j+1)}(s)}{Q^{(j)}(s)}}} \tag{8-13}$$

式中，$q_n^{(j)}=q_n^{(j-1)}-\frac{q_{N-j+1}^{(j-1)}}{p_{N-j+1}^{(j)}}p_n^{(j)}$；$p_n^{(j+1)}=p_n^{(j)}-\frac{p_{N-j+1}^{(j)}}{q_{N-j}^{(j)}}q_{n-1}^{(j)}$；$j=1,2,\cdots,N$；$n=1,2,\cdots,N-j$。

将式（8-12）代入式（8-11）并结合考虑式（8-13），可得

$$F(a_0)=F(s)=\cfrac{F_\mathrm{s}}{1+\frac{p_{N+1}^{(0)}}{q_N^{(0)}}s+\cfrac{1}{\underbrace{\frac{q_N^{(0)}}{p_N^{(1)}}+\cfrac{1}{\frac{p_N^{(1)}}{q_{N-1}^{(1)}}s+}}_{j=1}\cfrac{1}{\underbrace{\frac{q_{N-1}^{(1)}}{p_{N-1}^{(2)}}+\cfrac{1}{\frac{p_{N-1}^{(2)}}{q_{N-2}^{(2)}}s+}}_{j=2}\cfrac{1}{\ddots+\cfrac{1}{\underbrace{\frac{q_2^{(N-2)}}{p_2^{(N-1)}}+\cfrac{1}{\frac{p_2^{(N-1)}}{q_1^{(N-1)}}s+}}_{j=N-1}\cfrac{1}{\underbrace{\frac{q_1^{(N-1)}}{p_1^{(N)}}+\cfrac{1}{\frac{p_1^{(N)}}{q_0^{(N)}}s}}_{j=N}}}}}}} \tag{8-14}$$

上述动柔度函数的关系可以用离散化的弹簧-阻尼器模型来表示，如图 8-2 所示的切比雪夫递归集总参数模型。该模型的动柔度可写成如下形式：

$$F(\omega)=\frac{U_0}{P_0}=\cfrac{1}{\frac{1}{F_\mathrm{s}}+\mathrm{i}\omega\frac{\delta d}{V_\mathrm{s}F_\mathrm{s}}+\cfrac{1}{\frac{F_\mathrm{s}}{\lambda_1}+\cfrac{1}{\mathrm{i}\omega\frac{\gamma_1 d}{V_\mathrm{s}F_\mathrm{s}}+\cfrac{1}{\frac{F_\mathrm{s}}{\lambda_2}+\cfrac{1}{\mathrm{i}\omega\frac{\gamma_2 d}{V_\mathrm{s}F_\mathrm{s}}+\cfrac{1}{\ddots+\cfrac{1}{\frac{F_\mathrm{s}}{\lambda_{N-1}}+\cfrac{1}{\mathrm{i}\omega\frac{\gamma_{N-1}d}{V_\mathrm{s}F_\mathrm{s}}+\cfrac{1}{\frac{F_\mathrm{s}}{\lambda_N}+\cfrac{1}{\mathrm{i}\omega\frac{\gamma_N d}{V_\mathrm{s}F_\mathrm{s}}}}}}}}}}} \tag{8-15}$$

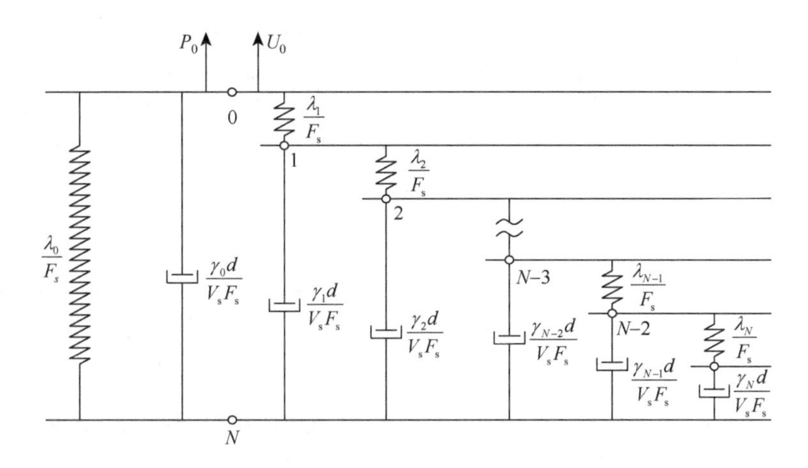

图 8-2　切比雪夫递归集总参数模型

通过式（8-14）和式（8-15）的对比可以得到切比雪夫递归集总参数模型中的各力学元件系数：

$$\lambda_j = \frac{p_{N-j+1}^{(j)}}{q_{N-j+1}^{(j-1)}}, \quad \gamma_j = \frac{p_{N-j+1}^{(j)}}{q_{N-j}^{(j)} a_{0\max}}, \quad j = 0,1,\cdots,N \tag{8-16}$$

8.3　与现存模型的比较

为了验证本章提出的切比雪夫递归集总参数模型在模拟等效基础振动阻抗时的有效性和优越性，下面将该模型与 Safak[3]通过 z 变换得到的基于普通多项式的集总参数模型进行了对比，结果如图 8-3 和图 8-4 所示。从图 8-3 中可以看出，Safak 的模型需采用五阶普通多项式（$N=5$）才能对均质弹性半空间中矩形埋置基础摇摆阻抗函数的频率相关性进行准确模拟，而本章模型只需采用三阶切比雪夫复多项式（$N=3$）即可。当基础结构形式或地基土参数变化复杂时，基础振动阻抗的频率相关性会随之增强。此时，需要通过增加的多项式阶数来提高集总参数模型对地基阻抗函数的逼近精度。Safak 采用七阶普通多项式模拟了层状弹性半空间上明置圆形基础摇摆阻抗的频率相关性，但存在一定的误差，如需提高模拟精度则要增加多项式阶数。然而，过高阶数的普通多项式必然会引起数值振荡问题。但如图 8-4 所示，本章模型采用切比雪夫复多项式的阶数高达 $N=30$ 时依然可以保证数值的稳定性，从而显著提高了函数的逼近精度。

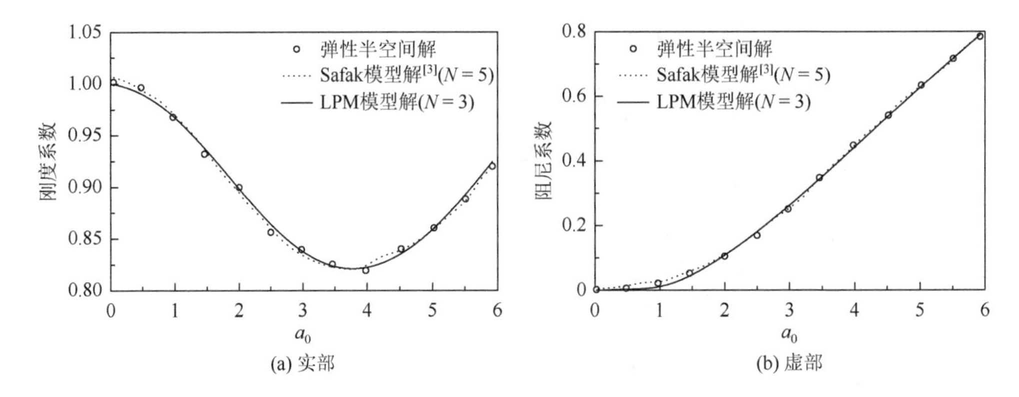

图 8-3　均质弹性半空间中矩形埋置基础摇摆阻抗的集总参数模型比较

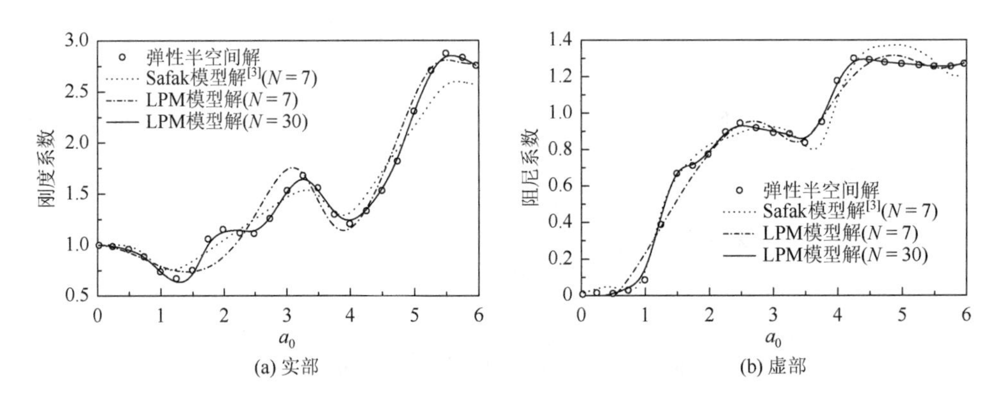

图 8-4　层状弹性半空间上明置圆形基础摇摆阻抗的集总参数模型比较

集总参数模型中力学元件（如弹簧、阻尼器、质量元等）的组合形式是多样的。林皋等[4]提出八参数集总参数模型近似模拟均质弹性半空间上明置圆形基础水平阻抗，Wang 等[5]采用基于两类离散弹簧-阻尼器模型组成的集总参数模型研究了同样的问题。图 8-5 为各模型与弹性半空间精确解的对比，由于本章模型与文献[5]模型均采用切比雪夫复多项式拟合因而曲线重合。表 8-2 为各集总参数模型的物理模型。从图 8-5 和表 8-2 中可以看出，与文献[4]模型相比，本章模型和文献[5]模型不但可以使用更少的参数得到更高的拟合精度，而且模型不含有质量元，因而在结构分析时无须对输入基础的地震波进行修正。但与文献[5]模型不同的是，本章模型避免了在将切比雪夫复多项式目标函数展开成多项分式形的过程中因出现共轭复数而引发数值计算不稳定的情况。本章模型得到的目标函数与物理模型的动柔度函数形式一致且呈递归形式，从而提高了模型的稳定性和通用性。

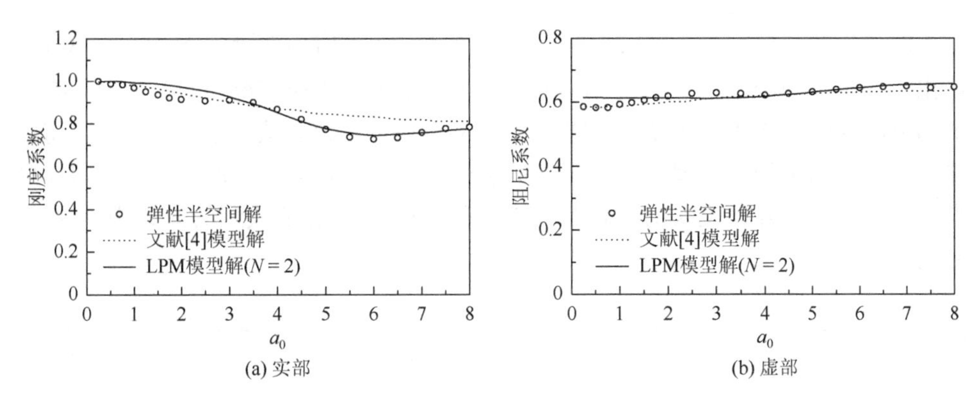

图 8-5　均质弹性半空间上明置圆形基础水平阻抗的集总参数模型比较

表 8-2　不同的集总参数模型及其相应系数比较

文献[4]模型（$N=8$）	文献[5]模型（$N=2$）	本章模型（$N=2$）
$m_1=0.0013$	$\lambda_1=2.4378$	$\lambda_0=1.0000$
$m_2=0.347$	$\lambda_1'=-3.4581$	$\lambda_1=-0.2720$
$k_1=2.085$	$\lambda_1''=1.9122$	$\lambda_2=-0.4123$
$k_2=-0.447$	$\gamma_1=2.0962$	$\gamma_0=5.2$
$k_3=0.761$	$\gamma_1'=3.3597$	$\gamma_1=-0.0104$
$c_1=1.149$	$\gamma_1''=-10.8704$	$\gamma_2=-1.0264$
$c_2=-0.509$	—	—
$c_3=1.194$	—	—

8.4　模型的应用

8.4.1　不规则形状的浅基础

本节利用本章提出的切比雪夫递归集总参数模型建立了描述土与各种不规则基础动力相互作用的等效模型，并将结果与相应的弹性半空间振动阻抗函数的数值解进行了比较。

对于土体泊松比为$\nu_s = 1/3$，尺寸比为 $b/d = 3/8$ 的倒角矩形明置基础，图 8-6 给出了采用不同阶数（$N = 2, 3, 4$）的切比雪夫复多项式计算得到的无量纲频率在 0～4 的递归集总参数模型解与弹性半空间精确解的对比。从图中可以看出，随着多项式阶数的增加，模型的拟合精度不断提高，当 $N = 4$ 时，切比雪夫递归集总参数模型可以很好地反映出基础阻抗随频率的变化，其相应模型的弹簧-阻尼器系数列于表 8-3。

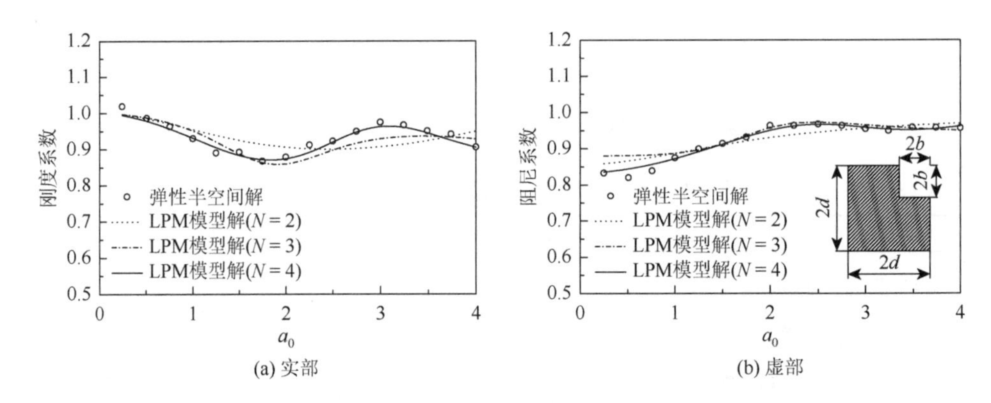

图 8-6 倒角矩形明置基础的规格化垂直振动阻抗（$b/d = 3/8$）

表 8-3 不规则明置基础的递归集总参数模型的弹簧-阻尼器系数

倒角矩形明置基础	开孔矩形明置基础		开孔圆形明置基础	
$b/d = 3/8$	$b/d = 3/4$	$b/d = 1/2$	$b/d = 3/4$	$b/d = 1/2$
$N = 4$	$N = 3$	$N = 4$	$N = 3$	$N = 4$
$\lambda_0 = 1.0000$	$\lambda_0 = 1.0000$	$\lambda_0 = 1.0000$	$\lambda_0 = 1.0000$	$\lambda_0 = 1.0000$
$\lambda_1 = 99.0746$	$\lambda_1 = 8.7495$	$\lambda_1 = -637.3049$	$\lambda_1 = 11.5200$	$\lambda_1 = -0.5378$
$\lambda_2 = 1.1790$	$\lambda_2 = -0.2156$	$\lambda_2 = -0.4495$	$\lambda_2 = -0.05699$	$\lambda_2 = 0.4576$
$\lambda_3 = 1.1054$	$\lambda_3 = 0.2018$	$\lambda_3 = 0.6257$	$\lambda_3 = 0.05547$	$\lambda_3 = -0.3961$
$\lambda_4 = -0.7470$	—	$\lambda_4 = 0.8603$	—	$\lambda_4 = 0.6776$
$\gamma_0 = 0.8000$	$\gamma_0 = 1.2$	$\gamma_0 = 0.8000$	$\gamma_0 = 1.600$	$\gamma_0 = 0.8000$
$\gamma_1 = 0.3026$	$\gamma_1 = 0.3109$	$\gamma_1 = 0.6131$	$\gamma_1 = 0.1007$	$\gamma_1 = 0.08802$
$\gamma_2 = 0.3721$	$\gamma_2 = -0.007179$	$\gamma_2 = -0.05473$	$\gamma_2 = -0.0060484$	$\gamma_2 = -0.6423$
$\gamma_3 = -0.1292$	$\gamma_3 = -2.1394$	$\gamma_3 = 0.2101$	$\gamma_3 = -2.7523$	$\gamma_3 = -0.08021$
$\gamma_4 = -1.0365$	—	$\gamma_4 = -2.1035$	—	$\gamma_4 = 0.8581$

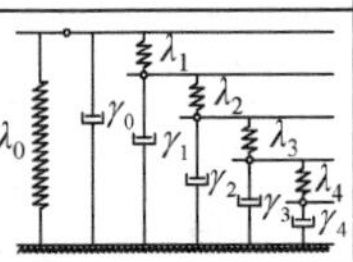

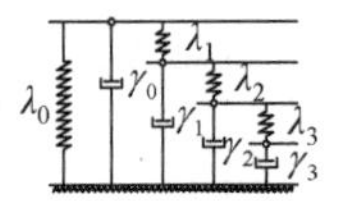

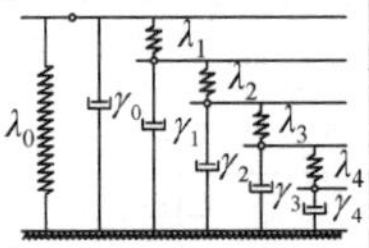

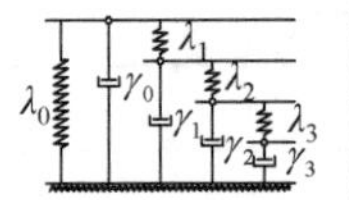

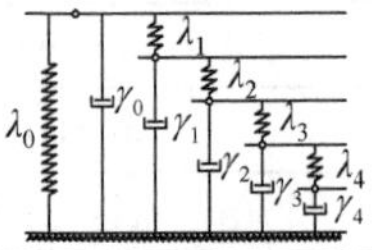

图 8-7 和图 8-8 给出了尺寸比分别为 $b/d = 3/4$ 和 $1/2$ 的开孔矩形明置基础的规格化垂直振动阻抗的集总参数模型解与弹性半空间精确解的对比，其中土体泊松比为 $\nu_s = 1/3$。从图 8-7 中可以看出，当 $N = 1$ 和 2 时，切比雪夫递归集总参数模型的解与弹性半空间解有很大的差别，但当 N 增加到 3 时，该模型与弹性半空间解一致，可以很好地反映出基础阻抗随频率的变化，其相应模型的弹簧-阻尼器系数列于表 8-3。从图 8-8 中可以看出，当 N 增加到 4 时，切比雪夫递归集总参数模型的解与弹性半空间解一致，其相应模型的弹簧-阻尼器系数列于表 8-3。

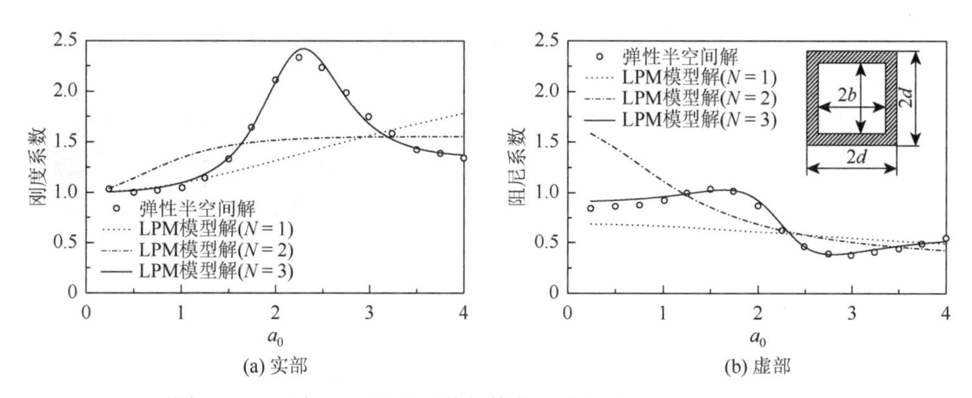

图 8-7　开孔矩形明置基础的规格化垂直振动阻抗（$b/d = 3/4$）

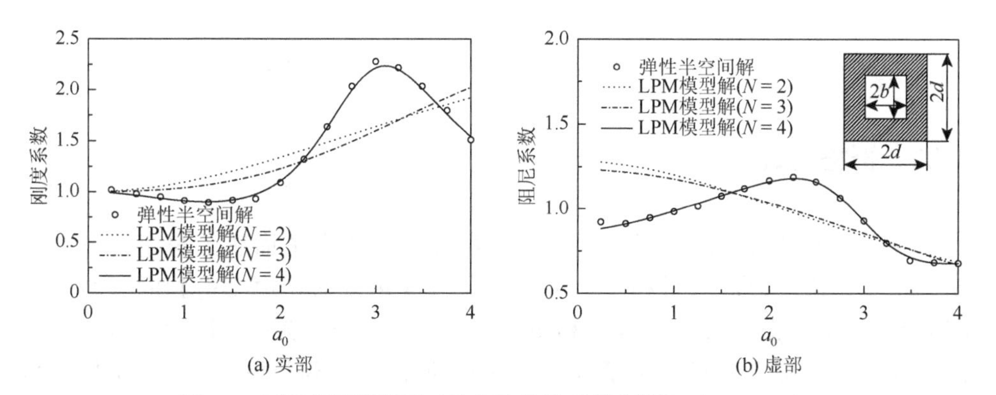

图 8-8　开孔矩形明置基础的规格化垂直振动阻抗（$b/d = 1/2$）

图 8-9 和图 8-10 给出了尺寸比分别为 $b/d = 3/4$ 和 $1/2$ 的开孔圆形明置基础的规格化垂直振动阻抗的集总参数模型解与弹性半空间精确解的对比，其中土体泊松比为 $\nu_s = 1/3$。从两幅图中可以看出，当 N 分别增加到 3 和 4 时，切比雪夫递归集总参数模型的解与弹性半空间解一致，其相应模型的弹簧-阻尼器系数列于表 8-3。

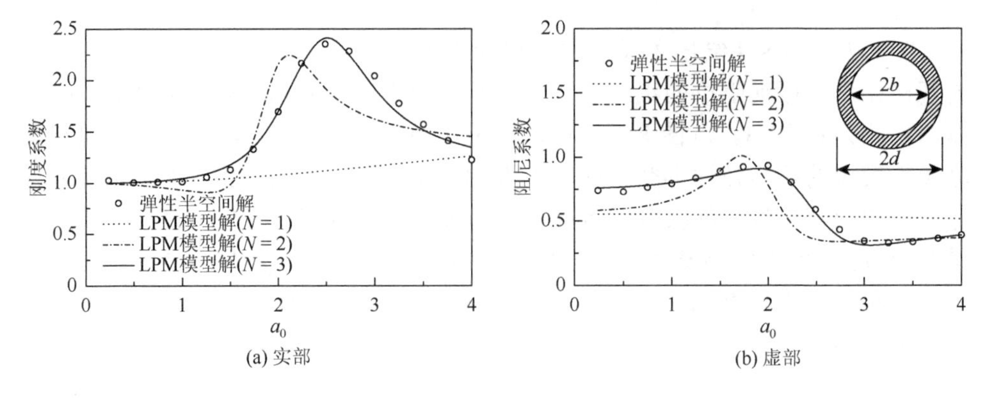

图 8-9　开孔圆形明置基础的规格化垂直振动阻抗（$b/d=3/4$）

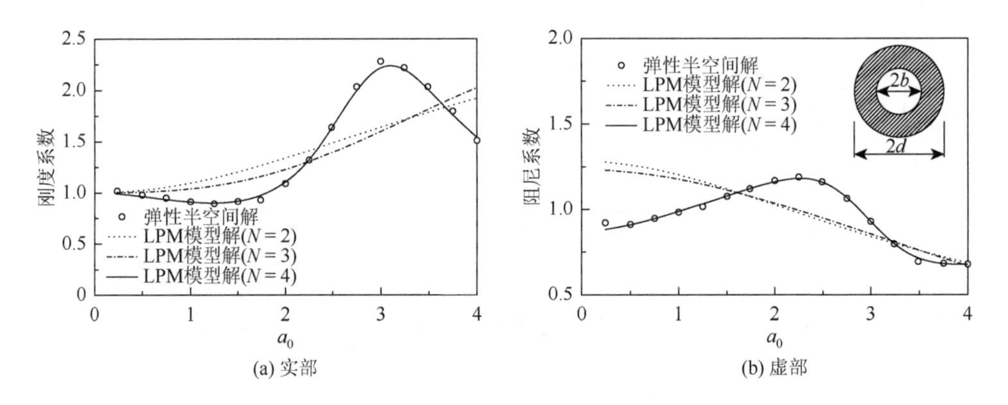

图 8-10　开孔圆形明置基础的规格化垂直振动阻抗（$b/d=1/2$）

8.4.2　群桩基础

本节利用提出的切比雪夫递归集总参数模型建立了描述土与短桩群基础动力相互作用的时域等效模型，并将结果与采用双剪切模型得到的频域解析解进行了比较，图 8-11～图 8-13 和图 8-14～图 8-16 分别为距径比 $s/d=5$，10 的群桩模型对比结果，其相应模型的弹簧-阻尼器系数列于表 8-4。其余桩身和土体的计算参数如下：桩身长径比 $L/d=4$，桩土弹模比 $E_p/E_s=1000$，土体泊松比 $\nu_s=0.4$，桩土密度比 $\rho_p/\rho_s=1.5$，土体耗散阻尼 $\beta_s=5\%$。从图 8-11～图 8-16 中可以看出，随着多项式阶数的增多，模型的拟合精度不断提高。此外，通过图 8-11～图 8-13 和图 8-14～图 8-16 的对比可以看出，随着群桩中单桩个数以及距径比的增加，需要通过增加切比雪夫复多项式的阶数来保证集总参数的拟合精度。

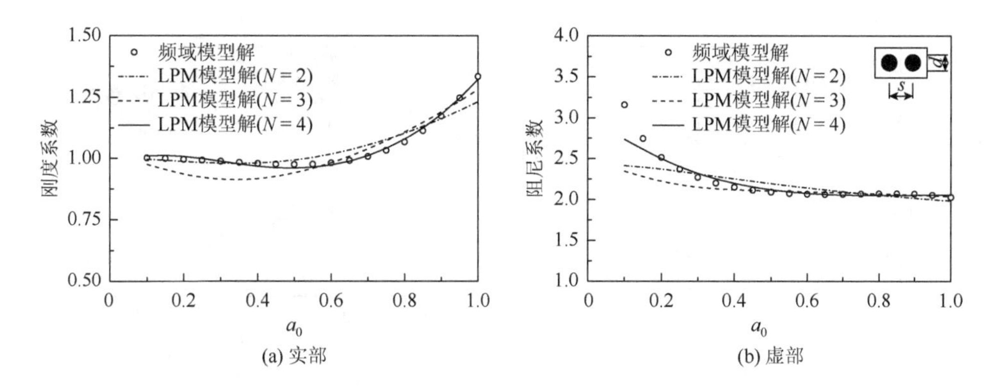

(a) 实部　(b) 虚部

图 8-11　距径比 $s/d = 5$ 下的 1×2 短桩群的水平振动阻抗

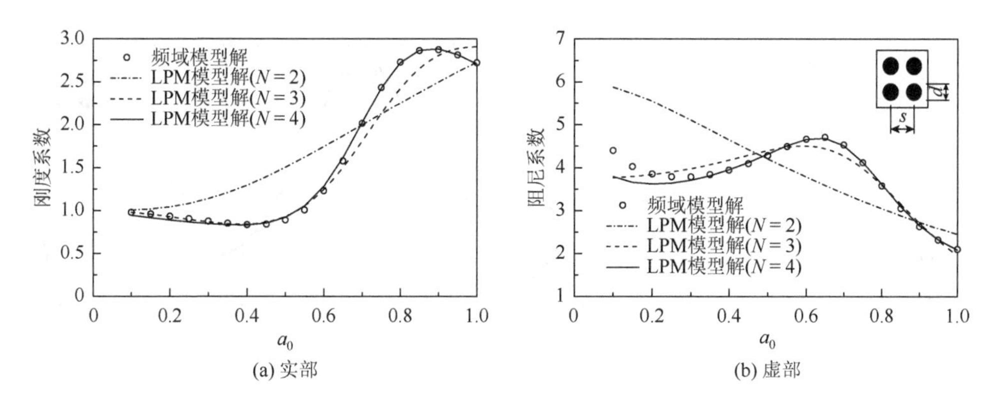

(a) 实部　(b) 虚部

图 8-12　距径比 $s/d = 5$ 下的 2×2 短桩群的水平振动阻抗

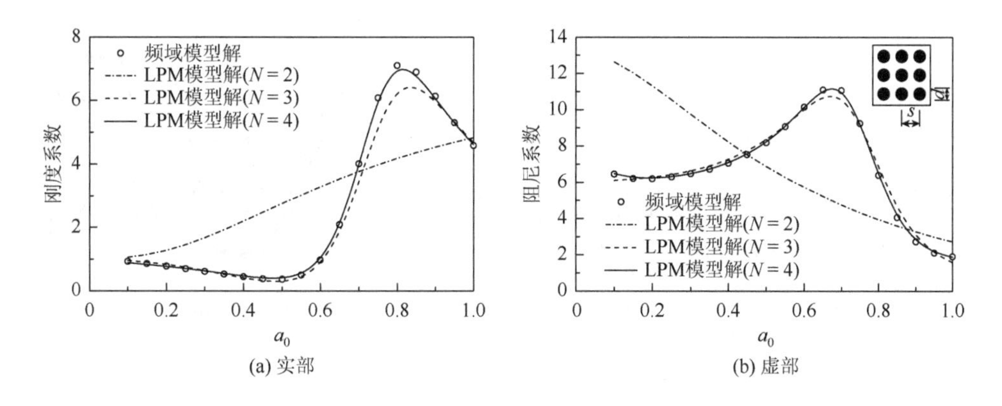

(a) 实部　(b) 虚部

图 8-13　距径比 $s/d = 5$ 下的 3×3 短桩群的水平振动阻抗

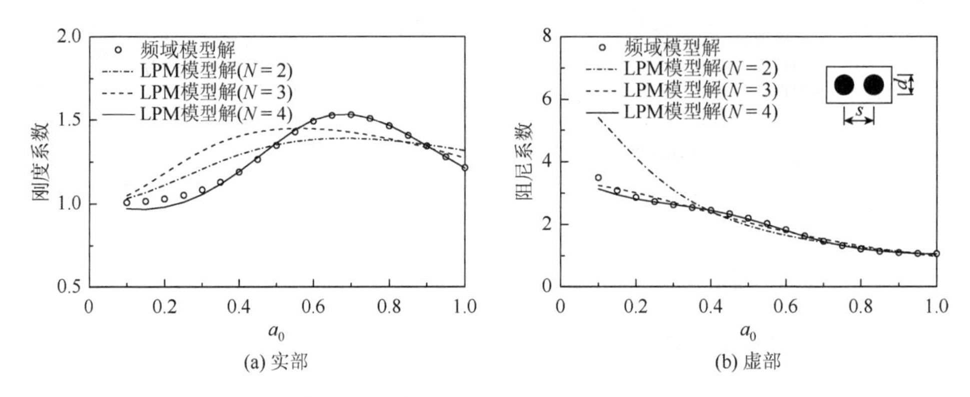

图 8-14　距径比 $s/d = 10$ 下的 1×2 短桩群的水平振动阻抗

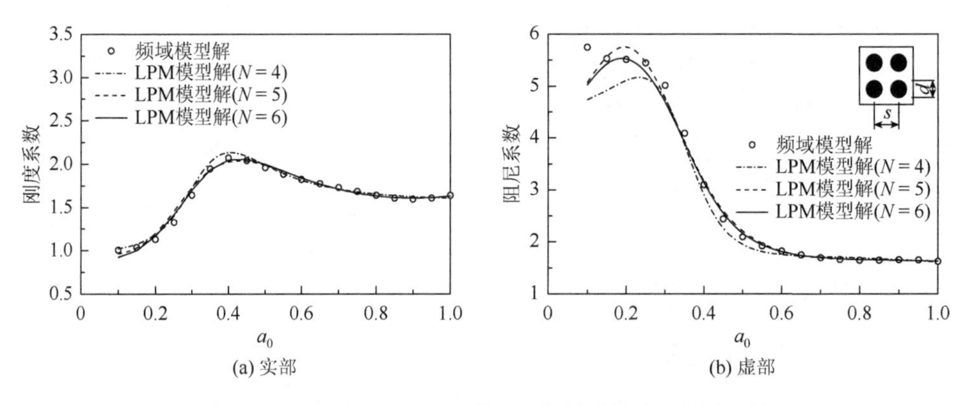

图 8-15　距径比 $s/d = 10$ 下的 2×2 短桩群的水平振动阻抗

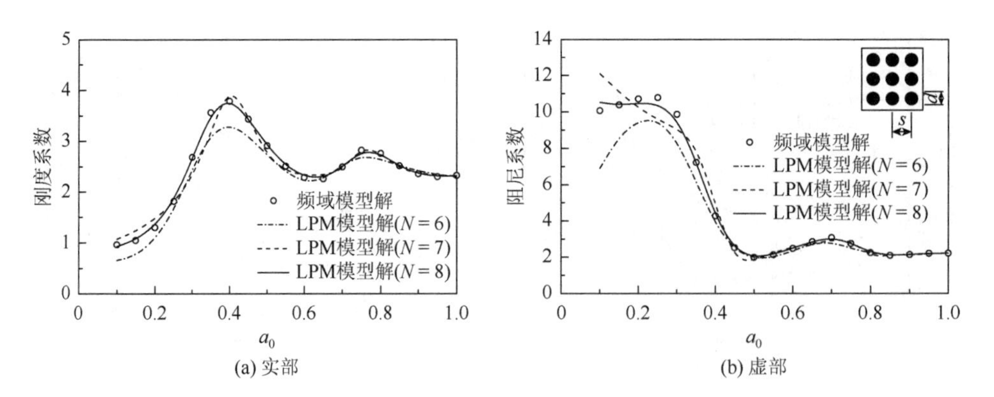

图 8-16　距径比 $s/d = 10$ 下的 3×3 短桩群的规格水平振动阻抗

表 8-4 短桩群基础的递归集总参数模型的弹簧-阻尼器系数

s/d		2桩			4桩			9桩		
		$N=2$	$N=3$	$N=4$	$N=2$	$N=3$	$N=4$	$N=2$	$N=3$	$N=4$
5	λ_0	1	1	1	1	1	1	1	1	1
	λ_1	11.57	11.01	3.395	4.121	−0.07952	−8.234	5.832	−3.735	−12.97
	λ_2	3.624	0.05477	0.9411	41354	−0.1493	0.6506	1120	5.361	1.190
	λ_3	—	−0.05484	−0.0880	—	2.100	−1.193	—	−4.120	−1.759
	λ_4	—	—	0.09726	—	—	4.823	—	—	1.917
	γ_0	0.34	0.34	0.34	0.17	0.17	0.17	0.78	0.78	0.78
	γ_1	4.961	2.245	0.9347	429.5	−0.00752	1.474	−93.63	3.699	3.092
	γ_2	−2.558	−0.00349	1.013	−426.6	1.793	−0.6922	98.30	−3.842	−0.9526
	γ_3	—	−1.530	−0.02604	—	3.625	4.947	—	20.36	5.442
	γ_4	—	—	−0.8893	—	—	−4.662	—	—	−4.833

s/d		2桩			4桩			9桩		
		$N=2$	$N=3$	$N=4$	$N=4$	$N=5$	$N=6$	$N=6$	$N=7$	$N=8$
10	λ_0	1	1	1	1	1	1	1	1	1
	λ_1	−0.4648	−2.120	−13.21	1.415	4.692	−22.05	19.07	−14.41	−20767
	λ_2	−0.4519	0.7579	−0.2674	−0.7584	−1.019	−13.96	0.2030	1.907	5.382
	λ_3	—	48.53	0.2344	0.2956	−2.467	20.11	−0.2277	0.7276	−15.60
	λ_4	—	—	3.491	−0.3104	24.81	−0.08545	−4.598	−0.7485	−0.3047
	λ_5	—	—	—	—	0.8353	2.939	0.2391	1.395	0.2830
	λ_6	—	—	—	—	—	0.08659	−0.2136	15.88	−7.153
	λ_7	—	—	—	—	—	—	—	−1.084	0.3976
	λ_8	—	—	—	—	—	—	—	—	−0.3513
	γ_0	0.4	0.4	0.4	0.3	0.3	0.3	0.21	0.21	0.21
	γ_1	−0.07407	0.6086	1.559	0.1062	1.710	10.13	3.270	1.871	8.094
	γ_2	2.395	10.60	−0.08973	2.381	2.190	3.037	−0.04848	7.763	2.802
	γ_3	—	−10.21	2.399	−0.0625	−4.620	−10.42	3.825	0.2841	−6.167
	γ_4	—	—	−2.922	−3.426	3.770	−0.1564	−5.049	−1.194	−0.1136
	γ_5	—	—	—	—	−3.000	0.1597	0.06671	−5.750	4.173
	γ_6	—	—	—	—	—	−2.525	−1.837	4.279	−5.210
	γ_7	—	—	—	—	—	—	—	−6.070	0.1371
	γ_8	—	—	—	—	—	—	—	—	−4.366

8.4.3　相邻基础

第4章给出了考虑SSSI效应下的相邻明置条形基础水平和摇摆的频域振动阻抗函数。本节则进一步基于泊松比$\nu_s = 1/3$，距宽比$S/L = 0.125$情况下的柔度函数，建立了能描述其阻抗函数随无量纲频率变化的切比雪夫递归集总参数模型，计算结果如图8-17和图8-18所示，其相应模型的弹簧-阻尼器系数列于表8-5。从图8-17和图8-18中可以看出，当$N = 6$时，该模型可以很好地反映出基础水平阻抗随频率的变化，当$N = 5$时，该模型可以很好地反映出基础摇摆阻抗随频率的变化。

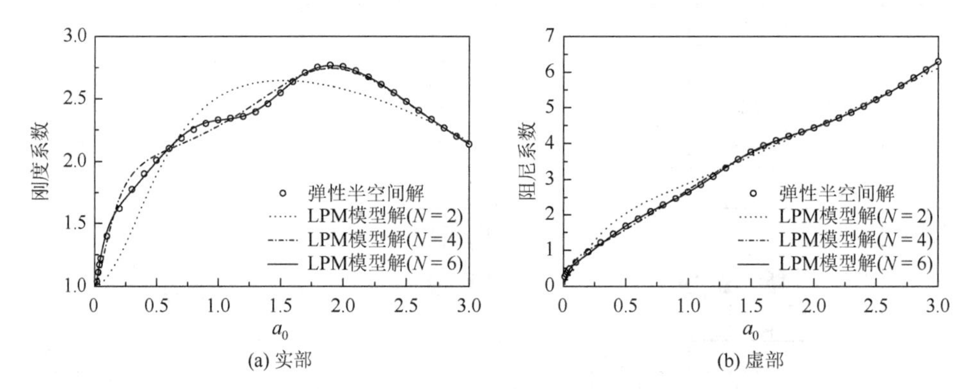

图8-17　考虑SSSI效应的明置条形基础的规格化水平阻抗

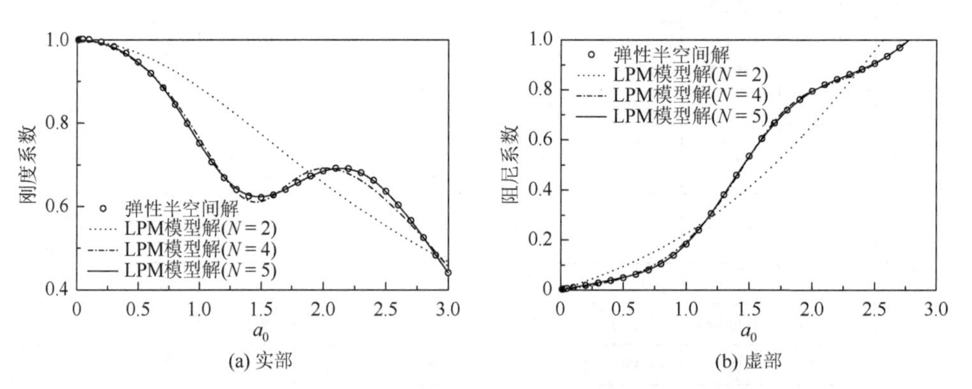

图8-18　考虑SSSI效应的明置条形基础的规格化摇摆阻抗

表8-5　考虑SSSI效应的明置基础的递归集总参数模型的弹簧-阻尼器系数

系数	水平阻抗			摇摆阻抗		
	$N = 2$	$N = 4$	$N = 6$	$N = 2$	$N = 4$	$N = 5$
λ_0	1	1	1	1	1	1
λ_1	−28.88	−218.6	1645	−0.6742	−1.843	1.946

续表

系数	水平阻抗			摇摆阻抗		
	$N=2$	$N=4$	$N=6$	$N=2$	$N=4$	$N=5$
λ_2	1.743	0.4699	−2.379	−0.2705	1.110	−0.5740
λ_3	—	−0.1943	1.334	—	36.18	1.830
λ_4	—	0.3170	−28.59	—	1.071	−3.738
λ_5	—	—	−1.433	—	—	0.3309
λ_6	—	—	2.578	—	—	—
γ_0	0.420	0.420	0.420	2.310	2.310	2.310
γ_1	2.141	1.706	3.685	0.0130	−0.4558	−0.0437
γ_2	1.634	−0.0776	−0.7345	−0.6439	−1.819	−1.150
γ_3	—	0.0209	1.090	—	2.176	−0.2207
γ_4	—	−2.503	−1.104	—	−0.7579	1.077
γ_5	—	—	0.8231	—	—	−0.5006
γ_6	—	—	−3.847	—	—	—

8.5 本章小结

本章利用切比雪夫复多项式在数值拟合中的优越特性以及递归函数理论，提出了可以将频域内的基础振动阻抗函数用于土与基础动力相互作用时域分析的递归集总参数模型。采用基于切比雪夫复多项式的比值分式表示基础动柔度函数，通过定义误差函数和最小二乘法拟合得到了这些多项式的待定系数。然后将该比值分式表示成递归函数的形式，并将其等效为递归形式的弹簧-阻尼器模型。本章算例给出了一些频率依赖性较强的基础（不规则明置基础、群桩基础、考虑相邻基础动力相互作用的明置基础）阻抗函数时域集总参数模型。通过与已有模型计算结果的对比，体现出本章模型具有以下优越性。

（1）本章模型能很好地描述阻抗函数的频率相关性，还能根据拟合精度的要求进行扩展运算，并可以在较宽的频域范围内反映精确解随频率的变化。

（2）对于与频率相关性较弱的基础，本章模型能使用低阶的切比雪夫复多项式（$N=2$）拟合阻抗函数；对于与频率相关性强的基础，本章模型可以通过提高切比雪夫复多项式的阶数来满足拟合精度，在此过程中切比雪夫复多项式可以避免传统集总参数模型采用普通多项式拟合复杂函数时因阶次较高所产生的数值振荡问题。

（3）本章模型的递归函数避免了在将切比雪夫比值分式表示成部分分式时引起的数值不稳定问题。此外，在进行地震作用下土-基础-结构动力相互作用体系的响应分析时，递归模型使得方程和程序具有更好的通用性。

参考文献

[1] Zhou D. Three-dimensional Vibration Analysis of Structural Elements Using Chebyshev-Ritz Method[M]. Beijing: Science Press, 2007.

[2] Wu W, Lee W. Systematic lumped-parameter models for foundations based on polynomial-fraction approximation[J]. Earthquake Engineering & Structural Dynamics, 2002, 31(7): 1383-1412.

[3] Safak E. Time-domain representation of frequency-dependent foundation impedance functions[J]. Soil Dynamics and Earthquake Engineering, 2006, 26(1): 65-70.

[4] 栾茂田，林皋. 地基动力阻抗的双自由度集总参数模型[J]. 大连理工大学学报, 1996, 36(4): 477-482.

[5] Wang H, Liu W, Zhou D, et al. Lumped-parameter model of foundations based on complex Chebyshev polynomial fraction[J]. Soil Dynamics and Earthquake Engineering, 2013, 50: 192-203.

第 9 章　基于子结构法的土与建筑结构动力相互作用时域分析

本章基于考虑相邻基础动力相互作用的基础振动阻抗函数，运用第 8 章的理论建立可以描述阻抗函数频率相关性的切比雪夫递归集总参数模型，将上部结构简化为线性层剪切模型，从而建立土-基础-结构系统的时域运动方程。利用数值逐步积分法求解该运动方程即可得到结构各层的地震时程响应。通过与已有模型计算结果的对比，体现了切比雪夫递归集总参数模型在求解考虑土与结构动力相互作用问题中的有效性以及优越性。

9.1　理 论 推 导

本章以群桩基础为例，求解图 9-1 所示的考虑相邻桩基础动力相互作用的土-群桩基础-结构体系的地震时程响应。图中，上部结构为一具有 N_s 层的剪切型结构，第 i 层的集中质量和质量惯性矩用 m_{si} 和 I_{si} 表示，第 i 层的层剪切刚度和阻尼分别用 k_{si} 和 c_{si} 表示。h_i 为第 i 层楼板到基础的高度。m_0 和 I_0 分别为基础的质量和惯性矩。基础的水平和摇摆阻抗分别采用含有 N_h 和 N_r 个自由度的切比雪夫递归集总参数模型来表示。

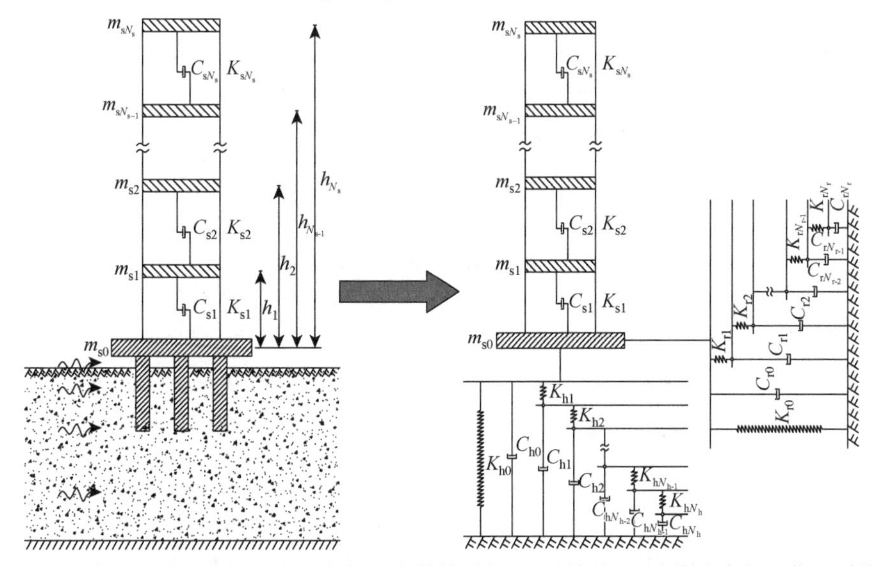

图 9-1　典型的基于切比雪夫递归集总参数模型的土-群桩基础-结构动力相互作用系统

在地震荷载作用下，第 i 层与基础间的水平相对位移用 u_{si} 表示。u_{hi} 和 φ_{ri} 分别表示集总参数模型中第 i 个自由度的绝对水平位移和转角。u_f 和 φ_f 为基础的绝对水平位移和转角。根据达朗贝尔原理可以建立系统在加速度为 $\ddot{u}_g$ 的地震荷载作用下的运动控制方程：

$$\boldsymbol{M}\ddot{\boldsymbol{u}} + \boldsymbol{C}\dot{\boldsymbol{u}} + \boldsymbol{K}\boldsymbol{u} = -\boldsymbol{M}^{*}\ddot{u}_{g} \tag{9-1}$$

式（9-1）为（$N_s + N_h + N_r + 2$）×（$N_s + N_h + N_r + 2$）的方程组。其中，前 N_s 个元素为根据各层楼板的水平运动平衡建立的控制方程；第 $N_s + 1$ 个元素为根据上部结构-群桩系统水平运动平衡建立的控制方程；第 $N_s + 2$～$N_s + N_h + 1$ 个元素为水平方向切比雪夫递归集总参数模型中各自由度的水平运动控制方程；第 $N_s + N_h + 2$ 个元素为上部结构-群桩系统的摇摆平衡运动控制方程；第 $N_s + N_h + 3$～$N_s + N_h + N_r + 2$ 个元素为摇摆方向切比雪夫递归集总参数模型中各自由度的摇摆运动控制方程。

式（9-1）中的质量矩阵 $\boldsymbol{M}$ 表达式如下：

$$\boldsymbol{M} = \left[\begin{array}{c|cc|cc} \boldsymbol{M}_s & m_{siN_s}^{T} & 0_{N_s\times N_h} & m_{si}h_{iN_s}^{T} & 0_{N_s\times N_r} \\ \hline m_{siN_s} & m_f + \sum_{i=1}^{N_s} m_{si} & 0_{N_h} & \sum_{i=1}^{N_s} m_{si}h_i & 0_{N_r} \\ 0_{N_h\times N_s} & 0_{N_h}^{T} & 0_{N_h\times N_h} & 0_{N_h}^{T} & 0_{N_h\times N_r} \\ \hline m_{si}h_{iN_s} & \sum_{i=1}^{N_s} m_{si}h_i & 0_{N_h} & I_f + \sum_{i=1}^{N_s}(m_{si}h_i^2 + I_{si}) & 0_{N_r} \\ 0_{N_r\times N_s} & 0_{N_r}^{T} & 0_{N_r\times N_h} & 0_{N_r}^{T} & 0_{N_r\times N_r} \end{array}\right]_{\substack{(N_s+N_h+N_r+2) \\ \times \\ (N_s+N_h+N_r+2)}} \tag{9-2}$$

式中，子矩阵 $\boldsymbol{M}_s$ 为

$$\boldsymbol{M}_s = \mathrm{diag}(m_{sN_s},\quad m_{s(N_s-1)},\quad \cdots,\quad m_{s1})_{N_s\times N_s} \tag{9-3}$$

式（9-1）中的刚度矩阵 $\boldsymbol{K}$ 表达式如下：

$$\boldsymbol{K} = \begin{bmatrix} \boldsymbol{K}_s & \boldsymbol{0} & \boldsymbol{0} \\ \boldsymbol{0} & \boldsymbol{K}_h & \boldsymbol{0} \\ \boldsymbol{0} & \boldsymbol{0} & \boldsymbol{K}_r \end{bmatrix}_{\substack{(N_s+N_h+N_r+2) \\ \times \\ (N_s+N_h+N_r+2)}} \tag{9-4}$$

式中

$$\boldsymbol{K}_s = \begin{bmatrix} k_{sN_S} & -k_{sN_S} & \cdots & 0 & 0 \\ -k_{sN_S} & k_{sN_S} + k_{s(N_S-1)} & \cdots & 0 & 0 \\ \vdots & \vdots & & 0 & 0 \\ 0 & 0 & 0 & k_{s3} + k_{s2} & -k_{s2} \\ 0 & 0 & 0 & -k_{s2} & k_{s2} + k_{s1} \end{bmatrix}_{N_s\times N_s} \tag{9-5}$$

$$\boldsymbol{K}_{\mathrm{h}}=\begin{bmatrix} k_{\mathrm{h}0}+k_{\mathrm{h}1} & -k_{\mathrm{h}1} & \cdots & 0 & 0 \\ -k_{\mathrm{h}1} & k_{\mathrm{h}1}+k_{\mathrm{h}2} & \cdots & 0 & 0 \\ \vdots & \vdots & & 0 & 0 \\ 0 & 0 & 0 & k_{\mathrm{h}(N_{\mathrm{h}}-1)}+k_{\mathrm{h}N_{\mathrm{h}}} & -k_{\mathrm{h}N_{\mathrm{h}}} \\ 0 & 0 & 0 & -k_{\mathrm{h}N_{\mathrm{h}}} & k_{\mathrm{h}N_{\mathrm{h}}} \end{bmatrix}_{(N_{\mathrm{h}}+1)\times(N_{\mathrm{h}}+1)} \tag{9-6}$$

$$\boldsymbol{K}_{\mathrm{r}}=\begin{bmatrix} k_{\mathrm{r}0}+k_{\mathrm{r}1} & -k_{\mathrm{r}1} & \cdots & 0 & 0 \\ -k_{\mathrm{r}1} & k_{\mathrm{r}1}+k_{\mathrm{r}2} & \cdots & 0 & 0 \\ \vdots & \vdots & & 0 & 0 \\ 0 & 0 & 0 & k_{\mathrm{r}(N_{\mathrm{r}}-1)}+k_{\mathrm{r}N_{\mathrm{r}}} & -k_{\mathrm{r}N_{\mathrm{r}}} \\ 0 & 0 & 0 & -k_{\mathrm{r}N_{\mathrm{r}}} & k_{\mathrm{r}N_{\mathrm{r}}} \end{bmatrix}_{(N_{\mathrm{r}}+1)\times(N_{\mathrm{r}}+1)} \tag{9-7}$$

式（9-1）中的阻尼矩阵 $\boldsymbol{C}$ 表达式如下：

$$\boldsymbol{C}=\begin{bmatrix} \boldsymbol{C}_{\mathrm{s}} & \boldsymbol{0} & \boldsymbol{0} \\ \boldsymbol{0} & \boldsymbol{C}_{\mathrm{h}} & \boldsymbol{0} \\ \boldsymbol{0} & \boldsymbol{0} & \boldsymbol{C}_{\mathrm{r}} \end{bmatrix}_{\substack{(N_{\mathrm{s}}+N_{\mathrm{h}}+N_{\mathrm{r}}+2) \\ \times \\ (N_{\mathrm{s}}+N_{\mathrm{h}}+N_{\mathrm{r}}+2)}} \tag{9-8}$$

式中

$$\boldsymbol{C}_{\mathrm{h}}=\mathrm{diag}(C_{\mathrm{h}0},\quad C_{\mathrm{h}1},\quad \cdots,\quad C_{N_{\mathrm{h}}})_{(N_{\mathrm{h}}+1)\times(N_{\mathrm{h}}+1)} \tag{9-9}$$

$$\boldsymbol{C}_{\mathrm{r}}=\mathrm{diag}(C_{\mathrm{r}0},\quad C_{\mathrm{r}1},\quad \cdots,\quad C_{N_{\mathrm{r}}})_{(N_{\mathrm{r}}+1)\times(N_{\mathrm{r}}+1)} \tag{9-10}$$

结构采用瑞利阻尼：

$$\boldsymbol{C}_{\mathrm{s}}=\alpha\boldsymbol{K}_{\mathrm{s}}+\beta\boldsymbol{M}_{\mathrm{s}} \tag{9-11}$$

式中，α和β为瑞利阻尼系数，由结构前两阶阵型阻尼比决定。

式（9-1）中的系统广义位移向量 $\boldsymbol{u}$ 为

$$\boldsymbol{u}=[u_{\mathrm{s}i},u_{\mathrm{f}},u_{\mathrm{h}i},\varphi_{\mathrm{f}},\varphi_{\mathrm{r}i}]^{\mathrm{T}}_{(N_{\mathrm{s}}+N_{\mathrm{h}}+N_{\mathrm{r}}+2)\times1} \tag{9-12}$$

式（9-1）中列向量 $\boldsymbol{M}^*$的表达式为

$$\boldsymbol{M}^*{}_{(N_{\mathrm{s}}+N_{\mathrm{h}}+N_{\mathrm{r}}+2)\times1}=\left[m_{\mathrm{s}iN_{\mathrm{s}}},\quad m_{\mathrm{f}}+\sum_{i=1}^{N_{\mathrm{s}}}m_{\mathrm{s}i},\quad 0_{N_{\mathrm{h}}},\quad \sum_{i=1}^{N_{\mathrm{s}}}m_{\mathrm{s}i}h_i,\quad 0_{N_{\mathrm{r}}}\right]^{\mathrm{T}} \tag{9-13}$$

与质量矩阵 $\boldsymbol{M}$ 不同，系统刚度矩阵中的子矩阵 $\boldsymbol{K}_{\mathrm{s}}$、$\boldsymbol{K}_{\mathrm{h}}$ 和 $\boldsymbol{K}_{\mathrm{r}}$ 不相耦合，阻尼矩阵中的 $\boldsymbol{C}_{\mathrm{s}}$、$\boldsymbol{C}_{\mathrm{h}}$ 和 $\boldsymbol{C}_{\mathrm{r}}$ 也是如此。这是由于方程中结构各层的位移 $u_{\mathrm{s}i}$ 为基础的相对位移。这样根据上述公式编写的程序更具通用性，给对土、基础以及上部结构的参数分析研究带来了方便。

由于外激振荷载为无法用解析函数表达的地震波，这里采用时域逐步积分法（如 Wilson-θ法、Newmark-β法等）求解式（9-1）即可得到结构的时程响应。此外，由于振动体系中包含了土、基础和上部结构三种介质，因此系统的阻尼矩阵不满足正交条件。为了解决这类体系中的非经典阻尼解耦问题，这里采用复模态分析法即可得到系统的自振频率。

9.2　算 例 验 证

为验证切比雪夫递归集总参数模型的有效性及程序的正确性，本算例对一栋建在矩形筏板基础上的 5 层结构进行了考虑土与结构动力相互作用的时域分析，得到了其在 200gal①的 El-Centro 地震波下的时程响应，并与采用 Wu 等模型[1]计算所得的结果进行了对比。结构、基础和地基土的计算参数如表 9-1 所示。El-Centro 波的加速度时程及其反应谱如图 9-2 所示。Wu 等[1]在水平和摇摆方向上分别采用 6 个和 9 个质量-弹簧-阻尼器元件表征土与基础间的动力相互作用效应。

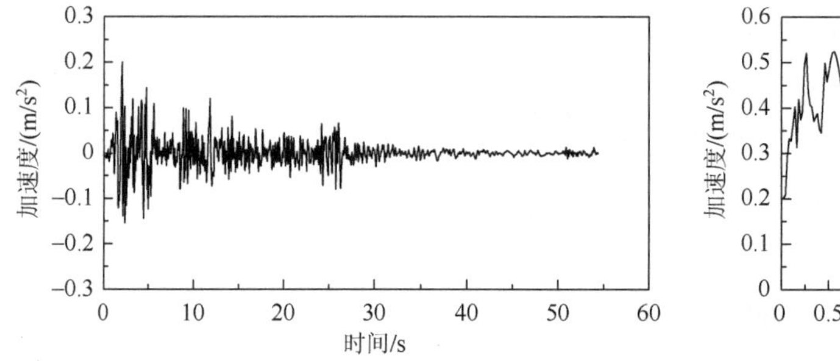

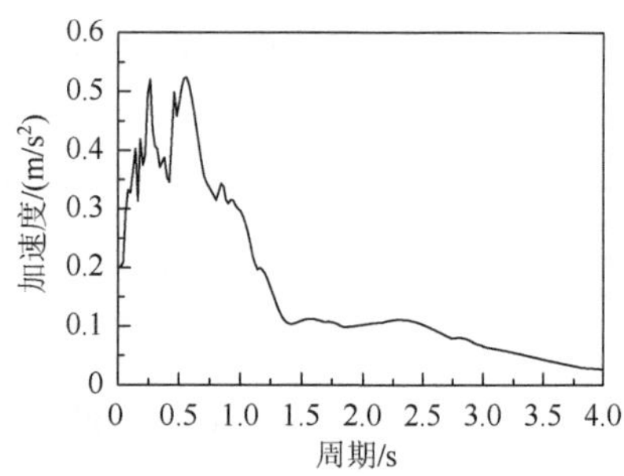

图 9-2　El-Centro 波的加速度时程及其反应谱

表 9-1　土-筏板基础-结构计算参数

模型	参数	符号	数值	单位
上部结构	层质量	m_{si}，$i=1\sim5$	60000	kg
	层刚度	k_{si}，$i=1\sim5$	180000	N/m
	层高	h_{si}，$i=1\sim5$	3.5	m
	质量惯性矩	I_{si}，$i=1\sim5$	245000	kg·m²
基础	宽度	d	3.0	m
	质量	m_f	120000	kg
	质量惯性矩	I_f	490000	kg·m²
地基土	密度	ρ_s	1700	kg/m³
	泊松比	ν_s	1/3	—
	剪切波波速	V_s	150	m/s

图 9-3 为采用切比雪夫复多项式拟合得到的规格化的基础振动阻抗函数与基于弹性半空间理论得到的精确解的对比。通过计算得到相应的水平、摇摆递归集

① 1gal = 1cm/s²。

总参数模型的格式化弹簧-阻尼器的系数列于表 9-2。从图 9-3 中可以看出，当多项式阶数 N 为 1 时，切比雪夫递归集总参数模型即可反映出该矩形基础的水平阻抗函数随频率的变化；而当多项式阶数 N 为 2 时，切比雪夫递归集总参数模型即可反映出该矩形基础的摇摆阻抗函数随频率的变化。

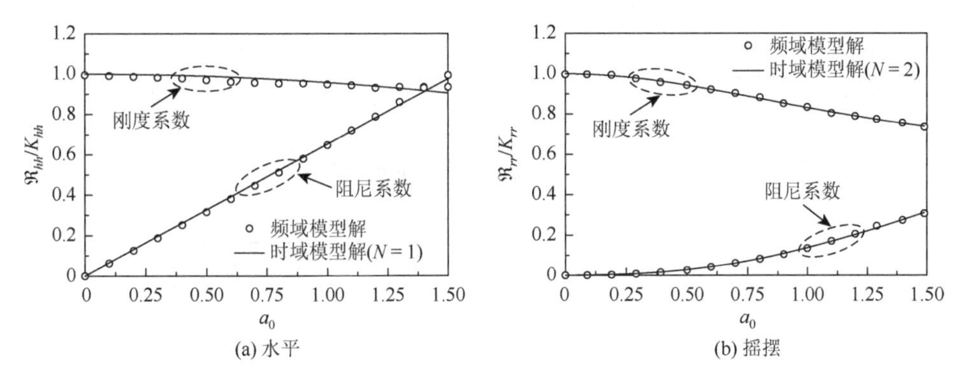

图 9-3　明置矩形基础的频域阻抗函数和时域拟合对比

表 9-2　切比雪夫递归集总参数模型格式化的弹簧-阻尼器系数（一）

系数	λ_0	λ_1	λ_2	γ_0	γ_1	γ_2
水平	1.000	−33.291	—	−0.795	1.184	—
摇摆	1.000	149.490	−3.617	−0.745	1.786	−1.272

图 9-4～图 9-6 分别为采用 Wilson-θ法求解土-基础-结构时域动力平衡方程得到的地震荷载作用下顶层结构相对于矩形基础的加速度、速度和位移时程响应。从图中可以看出，其顶层结构的响应与文献[1]的结果具有很好的一致性。但是，与文献[1]的模型相比，由于本章提出的集总参数模型不含有质量元，无须对输入基础的地震波进行修正，使得该模型在实际工程中的应用更为方便。

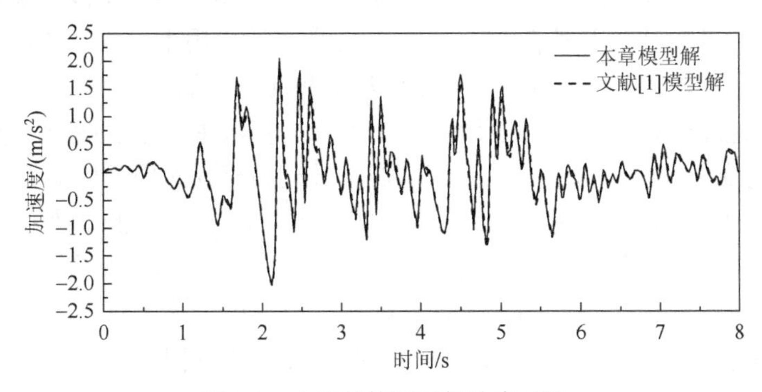

图 9-4　上部结构顶层加速度对比

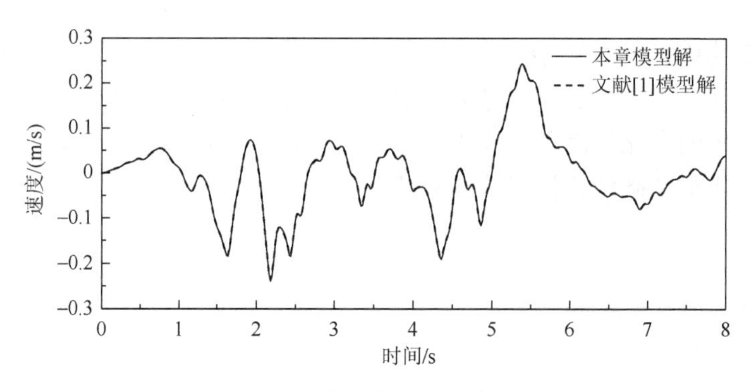

图 9-5 上部结构顶层速度对比

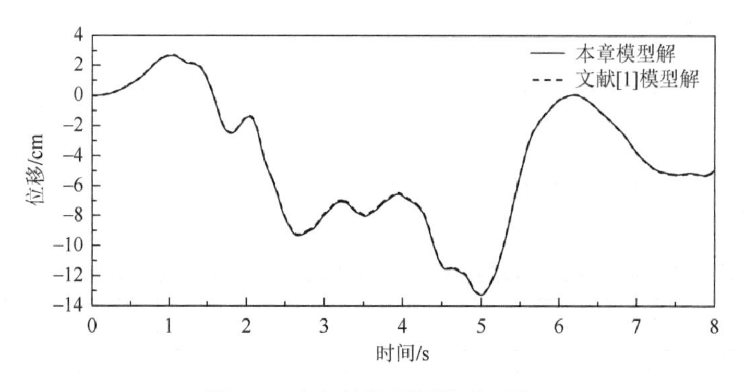

图 9-6 上部结构顶层位移对比

9.3 群桩基础建筑结构的地震响应影响分析

9.3.1 地震作用下土与群桩基础建筑结构的计算参数

本节基于切比雪夫递归集总参数模型计算了一栋由 2×2 短桩群基础支承的 4 层剪切结构的动力特性及其在 200gal 的 Taft 地震波作用下顶层结构的时程响应。结构自身阻尼比取为 5%。结构、短桩群基础和地基土的计算参数如表 9-3 所示。Taft 波的加速度时程及其反应谱如图 9-7 所示。算例中考虑了两种不同条件的地基土，研究了硬土和软土条件下土-短桩群基础动力相互作用效应对系统动力特性及结构响应的影响。为了考虑系统振动过程中桩-土-桩之间的动力相互作用，同时再考虑水平振动过程中土体和桩身的剪切效应以及桩身转动惯量，算例采用双剪切模型求解了短桩群基础的水平振动阻抗。而群桩摇摆阻抗主要由不涉及剪切变形的桩基竖向刚度组成，因此这里采用了 Winkler 地基上的 Euler 梁模型计算了群桩摇摆阻抗。

表 9-3　土-短桩群基础-结构计算参数

模型	参数	符号	数值	单位
上部结构	层质量	m_{s4}	22000	kg
		m_{s3}	23800	kg
		m_{s2}	25700	kg
		m_{s1}	27500	kg
	层刚度	k_{s4}	20000000	N/m
		k_{s3}	30000000	N/m
		k_{s2}	40000000	N/m
		k_{s1}	50000000	N/m
	层高	h_i，$i=1\sim4$	$3+3.5\times(i-1)$	m
	质量惯性矩	I_{si}	$m_{si}\times20$	$kg{\cdot}m^2$
群桩基础	桩径	d	0.5	m
	桩长	L	2	m
	桩距	s	2.5	m
	密度	ρ_p	2350	kg/m^3
	基础质量	m_f	9900	kg
	弹性模量	E_p	38000	MPa
	质量惯性矩	I_f	396000	kg
地基土	泊松比	ν_s	0.4	—
	密度	ρ_s	1667	kg/m^3
	弹性模量	E_s	12.667（软土）	MPa
			380（硬土）	
	阻尼比	β_s	5%	—

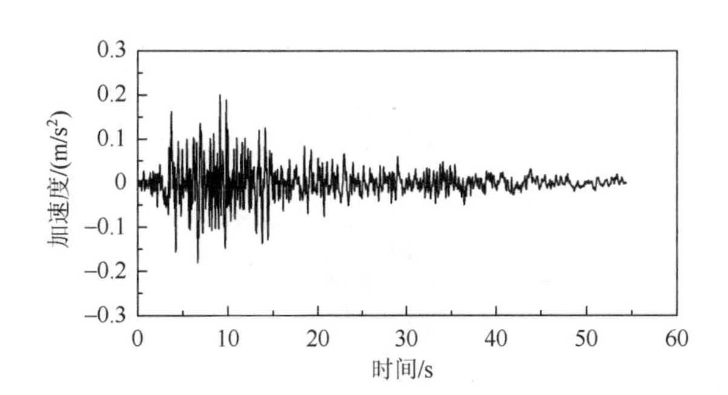

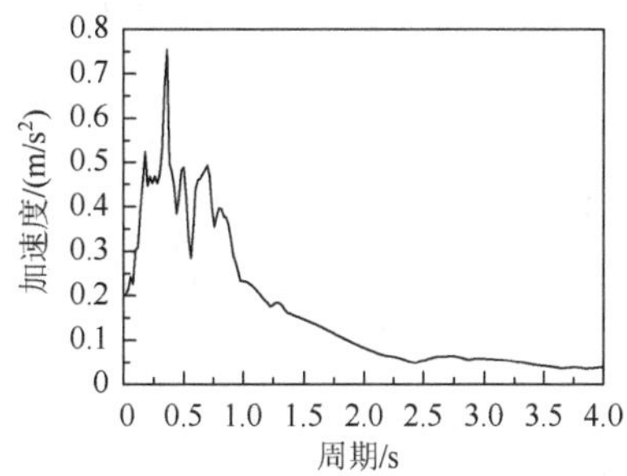

图 9-7　Taft 波的加速度时程及其反应谱

9.3.2　土-群桩基础动力相互作用模拟

为了将上述描述短桩群基础振动位移与外力关系的频域阻抗函数用于时域计算，根据第 6 章的理论，建立切比雪夫递归集总参数模型来模拟短桩群基础与地基土间的动力相互作用的频率依赖性。图 9-8 为硬土中短桩群基础的规格化频域水平、摇摆阻抗函数与时域拟合对比，图 9-9 为软土中短桩群基础的规格化频域水平、摇摆阻抗函数与时域拟合对比。从图 9-8 和图 9-9 中可以看到，当拟合阶数 $N=3$ 时可以很好地反映出硬土中短桩群基础摇摆阻抗函数随频率的变化；当拟合阶数 $N=4$ 时，切比雪夫递归集总参数模型可以很好地反映出软、硬土中短桩群基础水平阻抗函数以及软土中摇摆阻抗函数随频率的变化。切比雪夫递归集总参数模型中相应的弹簧-阻尼器系数见表 9-4。

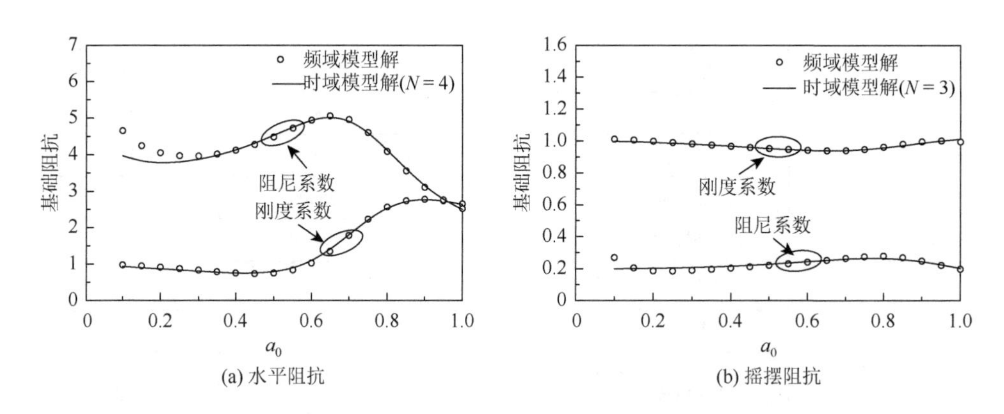

图 9-8　硬土中短桩群基础的规格化频域阻抗函数和时域拟合对比

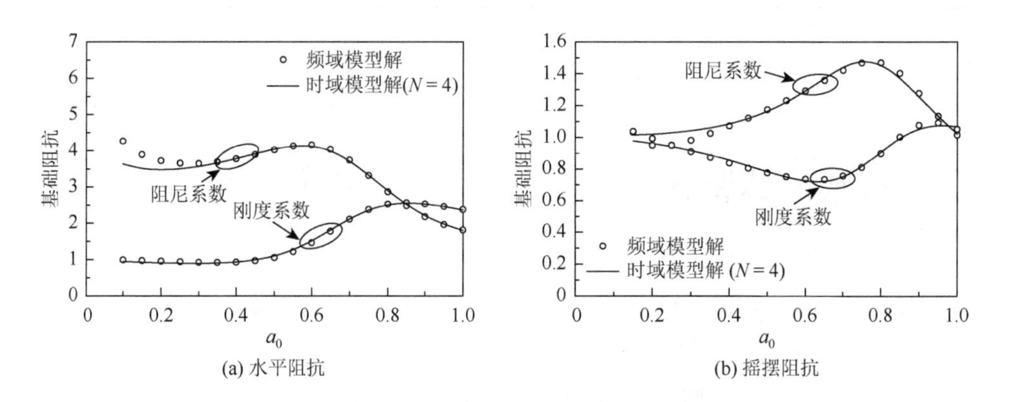

图 9-9　软土中短桩群基础的规格化频域阻抗函数和时域拟合对比

表 9-4　切比雪夫递归集总参数模型格式化的弹簧-阻尼器系数（二）

系数	硬土地基		软土地基	
	水平	摇摆	水平	摇摆
λ_0	1	1	1	1
λ_1	−8.120	−0.4763	−7.554	−3.131
λ_2	0.7821	46.31	0.5417	0.3939
λ_3	−1.667	−2.534	−0.8794	−3.897
λ_4	7.511	—	9.845	5.437
γ_0	−0.18	−0.19	−0.2	−0.48
γ_1	1.689	−5.787	1.402	1.167
γ_2	−1.092	4.192	−0.5035	−2.084
γ_3	6.368	2.099	6.065	4.834
γ_4	−5.960	—	−6.135	−3.345

9.3.3　考虑土与群桩基础动力相互作用的建筑结构动力分析

根据土-短桩群基础-结构的运动控制方程，采用复模态分析法将线性定常动力体系的微分方程经简单变换得到体系状态方程，由此即可得到系统的动力特性。表 9-5 给出了系统在刚性地基、硬土地基和软土地基情况下的前四阶自振周期。从表 9-5 的横向对比可以看出，与刚性地基相比，硬土地基上考虑土与短桩群基础动力相互作用后第一阶自振周期只延长了 4.31%，但是软土地基上考虑土与短桩群基础动力相互作用后第一阶自振周期延长了 26.21%。此外从表 9-5 的纵向对比可以看出，土与短桩群基础动力相互作用效应对后几阶自振周期的影响并不大。

表 9-5　土-短桩群-结构系统的自振周期

模态	土-短桩群-结构系统的自振周期/s		
	刚性地基	硬土地基（$V_s = 294.32$m/s）	软土地基（$V_s = 53.74$m/s）
1	0.4448	0.4640	0.5614
2	0.1812	0.1824	0.2014
3	0.1189	0.1195	0.1259
4	0.0910	0.0913	0.1189

本节算例采用 Wilson-θ法求解了 Taft 波下结构的时程响应。图 9-10～图 9-12

分别为上部结构顶层的加速度、速度和位移时程。从图中可以看出，考虑土与短桩群基础动力相互作用后顶层加速度和速度峰值减小，尤其是软土地基条件下，结构顶层加速度和速度较刚性地基分别减小了 53.14%和 39.12%。但是，考虑土与短桩群基础动力相互作用后顶层的位移峰值有所增加。

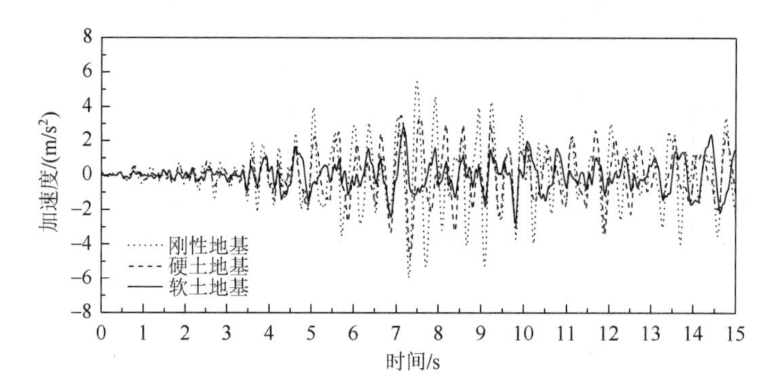

图 9-10　上部结构顶层加速度时程

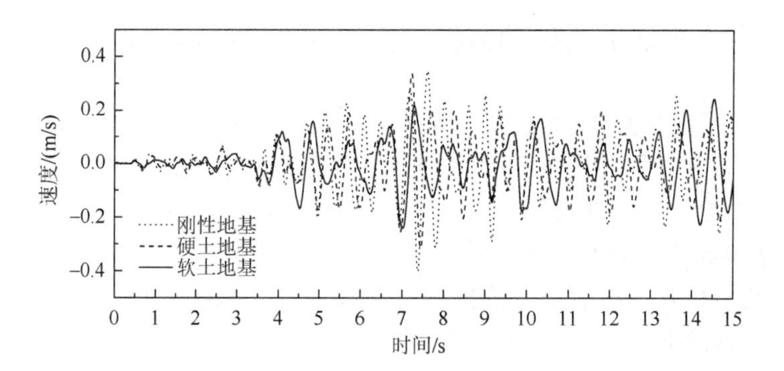

图 9-11　上部结构顶层速度时程

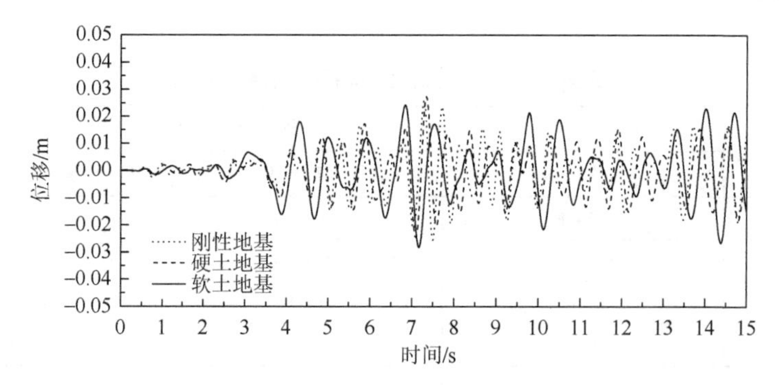

图 9-12　上部结构顶层水平位移时程

9.4 本 章 小 结

本章根据子结构法的概念，通过算例对比验证了切比雪夫递归集总参数模型在求解考虑土与结构动力相互作用问题中的有效性及优越性[2]。切比雪夫递归集总参数模型可以用较少的力学元件计算得到考虑土与基础动力相互作用效应后结构的地震时程响应。同时，由于该模型不含有质量元，无须对输入基础的地震波进行修正，使得该模型在实际工程中的应用更方便。此外，本章将切比雪夫递归集总参数模型应用于短桩群基础支承的多层剪切结构的地震响应问题研究。不同的地基土类型分析表明，与刚性地基相比，考虑土与短桩群基础动力相互作用效应后结构的自振周期延长，并且随着地基土的剪切波波速的减小，其延长效果显著。

参 考 文 献

[1] Wu W, Chen C. Simplified soil-structure interaction analysis using efficient lumped-parameter models for soil[J]. Soils and Foundations, 2002, 42(6): 41-52.

[2] 王珏，周叮. 基于阻抗函数的土-基础-风机支撑结构地震响应建模方法[J]. 应用数学和力学，2018，39(11)：1246-1257.

第 10 章　基于子结构法的土与带隔板矩形渡槽结构动力相互作用时域分析

渡槽往往明置在地势平坦的地区，如农田灌溉中所建的明置水渠。因此，研究明置渡槽的晃动问题具有一定的工程意义。基于刚性地基假定下的水平激励渡槽内流体的晃动响应方程，通过力学模型罐和实际罐的基底剪力与倾覆弯矩相等的等效原则，建立描述连续流体晃动的离散弹簧-质量等效力学模型，模拟槽内流体的摇摆晃动。采用半解析法，建立弹性半空间上的明置刚性条形基础的平动阻抗与转动阻抗，利用复多项式分式对动力柔度函数进行拟合，通过嵌套操作，得到描述基础平动与转动的嵌套集总参数模型。结合子结构法，根据基底剪力与倾覆弯矩的平衡，建立土/基础-渡槽-流体耦合体系计算的简化力学模型及体系运动控制方程，利用Newmark-β法求解耦合体系动力响应。分析土体剪切波波速、隔板长度及高度与储液高宽比等参数对土/基础-渡槽-流体耦合体系的晃动特性与动力响应的影响。

10.1　理 论 推 导

10.1.1　模型介绍

考虑图 10-1（a）所示的土/基础-渡槽-流体耦合体系平面应变模型。渡槽宽度为 B，隔板长度为 a，隔板高度为 h，单位长度的渡槽质量为 M_a，渡槽的形心为 y_c，

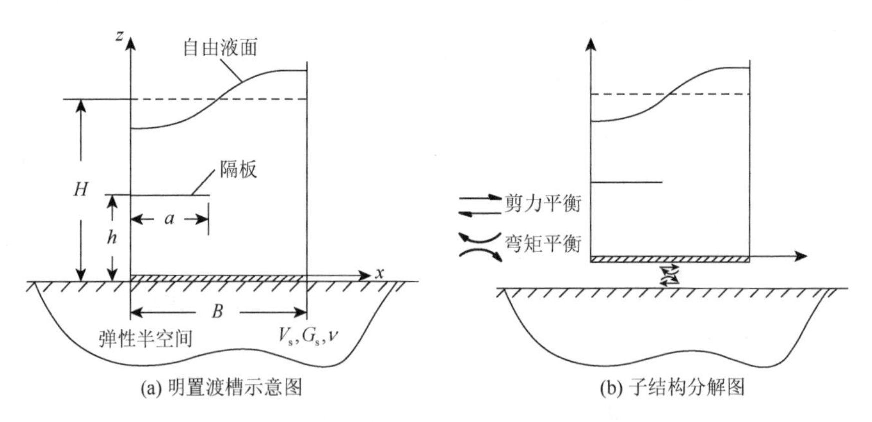

(a) 明置渡槽示意图　　(b) 子结构分解图

图 10-1　考虑 SSI 效应的带隔板明置矩形渡槽示意图

转动惯量为J_c。渡槽与隔板均为刚性。槽内部分充有密度为ρ_f和高度为H的无黏、无旋、不可压缩的理想流体，单位长度的流体质量$M_f=\rho_f BH$。基础为刚性无质量条形薄片。地基土为弹性半空间，土体纵向剪切波波速为V_s，土体剪切模量为G_s，土体泊松比为ν。$\ddot{u}_a(t)$表示渡槽底部的绝对加速度，$\ddot{u}_g(t)$表示地震激励水平加速度。考虑渡槽处于小震状态，自由液面做线性微幅晃动。

10.1.2　水平晃动响应

1. 基本方程

根据势流理论，流体晃动速度势满足拉普拉斯方程：

$$\Delta\phi(x,z,t)=0 \tag{10-1}$$

流体域中任意一点的速度为

$$v_x=\frac{\partial\phi}{\partial x},\quad v_z=\frac{\partial\phi}{\partial z} \tag{10-2}$$

在流体边界面上，流体速度势满足

$$\frac{\partial\phi}{\partial \boldsymbol{n}}=v_{\boldsymbol{n}} \tag{10-3}$$

式中，$\boldsymbol{n}$表示边界面的外法向；$v_{\boldsymbol{n}}$表示边界面的法向速度分量。线性自由液面应满足的运动学边界条件为

$$\frac{\partial\phi}{\partial t}+g\,f\,|=0 \tag{10-4}$$

式中，f表示自由液面晃动的波高函数，且满足如下积分方程：

$$f=\int_0^t\left.\frac{\partial\phi}{\partial z}\right|_{z=H}\mathrm{d}t \tag{10-5}$$

如图10-2所示，根据流体子域法[1]，将流体域Ω划分成四个流体子域Ω_i（$i=1$，2，3，4）。设流体各子域的速度势函数分别为ϕ_i（$i=1$，2，3，4），子域间的人工界面分别为Γ_k（$k=1$，2，3），自由液面分别为S_j（$j=3$，4）。设Ω_i和Ω_j（$i<j$）为相邻的两流体子域，其接触面为Γ_k，由图10-2可以得到三元有序数组（i，j，k）∈{（1，2，1），（2，4，2），（3，4，3）}。流体速度势在相邻流体子域Ω_i和Ω_j的人工界面Γ_k处应满足速度与压力连续条件：

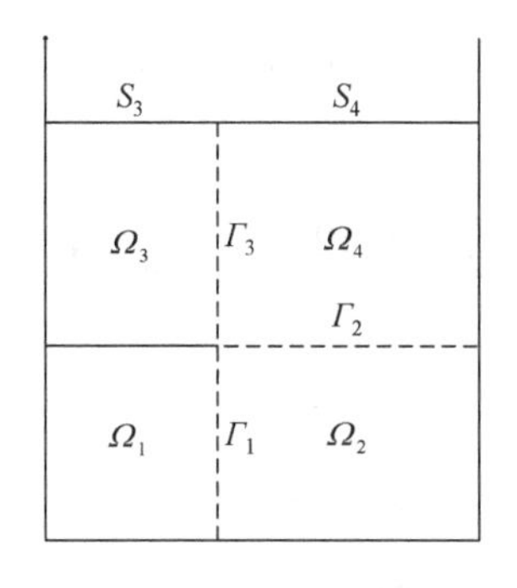

图10-2　流体子域划分及人工界面

$$\frac{\partial \phi_i}{\partial t}=\frac{\partial \phi_j}{\partial t},\quad \frac{\partial \phi_i}{\partial \boldsymbol{n}_k}=\frac{\partial \phi_j}{\partial \boldsymbol{n}_k} \tag{10-6}$$

式中，$\boldsymbol{n}_k$ 表示交界面 Γ_k 的单位法向矢量。

流体速度势主要由脉冲分量及对流分量构成，将流体速度势 $\phi_i(x,z,t)$ 分解成对流速度势 $\phi_{Ci}(x,z,t)$ 与脉冲速度势 $\phi_{Ii}(x,z,t)$，即

$$\phi_i(x,z,t)=\phi_{Ci}(x,z,t)+\phi_{Ii}(x,z,t) \tag{10-7}$$

式中，$\phi_{Ci}(x,z,t)$ 与 $\phi_{Ii}(x,z,t)$ 分别满足拉普拉斯方程：

$$\Delta\phi_{Ci}(x,z,t)=0 \tag{10-8a}$$

$$\Delta\phi_{Ii}(x,z,t)=0 \tag{10-8b}$$

$\phi_{Ci}(x,z,t)$ 与 $\phi_{Ii}(x,z,t)$ 满足的刚性边界条件分别为

$$\begin{aligned}&\left.\frac{\partial \phi_{Ci}}{\partial x}\right|_{x=0}=0,\quad i=1,3,\quad \left.\frac{\partial \phi_{Ci}}{\partial x}\right|_{x=B}=0,\quad i=2,4\\&\left.\frac{\partial \phi_{Ci}}{\partial z}\right|_{z=0}=0,\quad i=1,2,\quad \left.\frac{\partial \phi_{Ci}}{\partial z}\right|_{z=h}=0,\quad i=1,3\end{aligned} \tag{10-9a}$$

$$\begin{aligned}&\left.\frac{\partial \phi_{Ii}}{\partial x}\right|_{x=0}=\dot{u}_{g}(t),\quad i=1,3,\quad \left.\frac{\partial \phi_{Ii}}{\partial x}\right|_{x=B}=\dot{u}_{g}(t),\quad i=2,4\\&\left.\frac{\partial \phi_{Ii}}{\partial z}\right|_{z=0}=0,\quad i=1,2,\quad \left.\frac{\partial \phi_{Ii}}{\partial z}\right|_{z=h}=0,\quad i=1,3\end{aligned} \tag{10-9b}$$

将式（10-7）代入式（10-4）得到自由液面晃动条件为

$$\left.\frac{\partial \phi_{Ci}}{\partial t}\right|_{z=H}+g\left.f_{Ci}\right|_{z=H}=-\left.\frac{\partial \phi_{Ii}}{\partial t}\right|_{z=H}-g\left.f_{Ii}\right|_{z=H},\quad i=3,4 \tag{10-10}$$

式中，f_{Ci} 和 f_{Ii} 分别为对流速度势 $\phi_{Ci}(x,z,t)$ 与脉冲速度势 $\phi_{Ii}(x,z,t)$ 产生的波高函数，满足如下积分方程：

$$f_{Ci}=\int_0^t\left.\frac{\partial \phi_{Ci}}{\partial z}\right|_{z=H}\mathrm{d}t,\quad f_{Ii}=\int_0^t\left.\frac{\partial \phi_{Ii}}{\partial z}\right|_{z=H}\mathrm{d}t,\quad i=3,4 \tag{10-11}$$

根据式（10-8b）和式（10-9b），脉冲速度势 $\phi_{Ii}(x,z,t)$ 可取为

$$\phi_{Ii}(x,z,t)=x\dot{u}_a(t) \tag{10-12}$$

将式（10-12）代入自由液面晃动条件（10-10）得

$$\left.\frac{\partial \phi_{Ci}}{\partial t}\right|_{z=H}+gf_{Ci}=-x\ddot{u}_a(t) \tag{10-13}$$

2. 模态正交性

振型叠加法是求解线性问题的一种行之有效方法。根据对流速度势满足的控制方程（10-8a）及刚性边界条件（10-9a），将 $\phi_{Ci}(x,z,t)$ 按其自由晃动模态进行展

开。引入广义坐标 $q_n(t)$，由水平激励引发的对流速度势可写为

$$\phi_{Ci}=\sum_{n=1}^{\infty}\dot{q}_n(t)\Phi_n^i(x,z),\quad i=1,2,3,4 \tag{10-14}$$

式中，Φ_n^i 为子域 Ω_i 内流体的第 n 阶自由晃动模态。

对流速度势的第 n 阶振型函数 Φ_n^i 应满足如下控制方程、边界条件、自由液面条件及相邻子域协调条件：

$$\Delta\Phi_n^i=0,\quad i=1,2,3,4 \tag{10-15}$$

$$\left.\frac{\partial\Phi_n^i}{\partial x}\right|_{x=0}=0,\quad i=1,3,\quad \left.\frac{\partial\Phi_n^i}{\partial z}\right|_{z=h}=0,\quad i=1,3$$

$$\left.\frac{\partial\Phi_n^i}{\partial x}\right|_{x=B}=0,\quad i=2,4,\quad \left.\frac{\partial\Phi_n^i}{\partial z}\right|_{z=0}=0,\quad i=1,2 \tag{10-16}$$

$$\left.\frac{\partial\Phi_n^i}{\partial z}\right|_{z=H}-\frac{\omega_n^2}{\mathrm{g}}\Phi_n^i\Big|_{z=H}=0,\quad i=3,4 \tag{10-17}$$

$$\Phi_n^i=\Phi_n^j,\quad \frac{\partial\Phi_n^i}{\partial n_k}=\frac{\partial\Phi_n^j}{\partial n_k} \tag{10-18}$$

式中，ω_n 为晃动模态 Φ_n 的对应固有频率。

考虑另一个固有频率 $\omega_m(\omega_m\neq\omega_n)$，其对应的晃动模态为 Φ_m。如图 10-3 所示，考虑单位长度渡槽内流体，与 $\Omega_i(i=1,2,3,4)$对应的空间流体子域记为 V_i，$S_j(j=3,4)$对应的自由表面记为 Σ_j。设空间流体域的第 n 阶振型函数为 $\Phi_{V_n}(x,y,z)$，基于平面应变假定，对任意的 y 值有 $\Phi_{V_n}(x,y,z)=\Phi_n(x,z)$。对于 $\Phi_{V_n}(x,y,z)$，根据高斯公式得

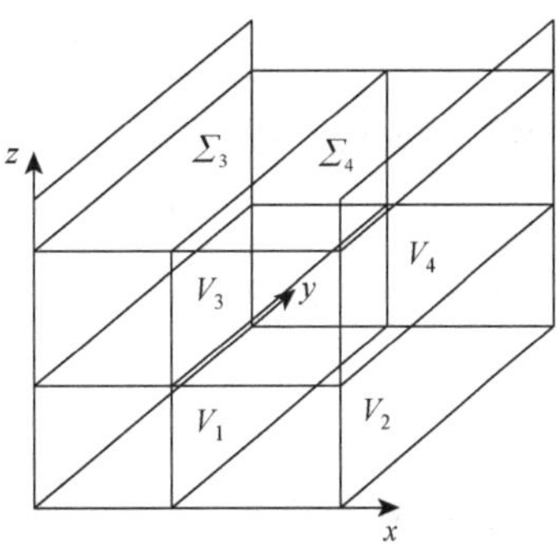

图 10-3　空间流体子域划分

$$\iiint_{V_1}(\Phi_{V_n}^1\nabla^2\Phi_{V_m}^1+\nabla\Phi_{V_n}^1\nabla\Phi_{V_m}^1)\mathrm{d}V=\iint_{\partial V_1}\Phi_{V_n}^1\nabla\Phi_{V_m}^1\,\mathrm{d}\boldsymbol{S} \tag{10-19a}$$

$$\iiint_{V_2}(\Phi_{V_n}^2\nabla^2\Phi_{V_m}^2+\nabla\Phi_{V_n}^2\nabla\Phi_{V_m}^2)\mathrm{d}V=\iint_{\partial V_2}\Phi_{V_n}^2\nabla\Phi_{V_m}^2\,\mathrm{d}\boldsymbol{S} \tag{10-19b}$$

$$\iiint_{V_3}(\Phi_{V_n}^3\nabla^2\Phi_{V_m}^3+\nabla\Phi_{V_n}^3\nabla\Phi_{V_m}^3)\mathrm{d}V=\iint_{\partial V_3}\Phi_{V_n}^3\nabla\Phi_{V_m}^3\,\mathrm{d}\boldsymbol{S} \tag{10-19c}$$

$$\iiint_{V_4}(\Phi_{V_n}^4\nabla^2\Phi_{V_m}^4+\nabla\Phi_{V_n}^4\nabla\Phi_{V_m}^4)\mathrm{d}V=\iint_{\partial V_4}\Phi_{V_n}^4\nabla\Phi_{V_m}^4\,\mathrm{d}\boldsymbol{S} \tag{10-19d}$$

将式（10-19a）～（10-19d）左右相加：

$$\sum_{i=1}^{4}\iiint_{V_i}(\Phi_{V_n}^i\nabla^2\Phi_{V_m}^i+\nabla\Phi_{V_n}^i\nabla\Phi_{V_m}^i)\mathrm{d}V=\iint_{\Sigma_3}\Phi_{V_n}^3\nabla\Phi_{V_m}^3\,\mathrm{d}\boldsymbol{S}+\iint_{\Sigma_4}\Phi_{V_n}^4\nabla\Phi_{V_m}^4\,\mathrm{d}\boldsymbol{S} \tag{10-20}$$

利用等式 $\Phi_{V_n}(x,y,z)=\Phi_n(x,z)$：

$$\sum_{i=1}^{4}\iint_{\Omega_i}(\Phi_n^i\nabla^2\Phi_m^i+\nabla\Phi_n^i\nabla\Phi_m^i)\mathrm{d}S=\int_{S_3}\Phi_n^3\nabla\Phi_m^3\mathrm{d}s+\int_{S_4}\Phi_n^4\nabla\Phi_m^4\mathrm{d}s \tag{10-21}$$

将式（10-1）代入式（10-21）得

$$\sum_{i=1}^{4}\iint_{\Omega_i}\nabla\Phi_n^i\nabla\Phi_m^i\mathrm{d}S=\int_{S_3}\Phi_n^3\nabla\Phi_m^3\mathrm{d}s+\int_{S_4}\Phi_n^4\nabla\Phi_m^4\mathrm{d}s \tag{10-22}$$

类似地，可得另外一个方程：

$$\sum_{i=1}^{4}\iint_{\Omega_i}\nabla\Phi_m^i\nabla\Phi_n^i\mathrm{d}S=\int_{S_3}\Phi_m^3\nabla\Phi_n^3\mathrm{d}s+\int_{S_4}\Phi_m^4\nabla\Phi_n^4\mathrm{d}s \tag{10-23}$$

比较式（10-22）和式（10-23）的两边得

$$\int_{S_3}\Phi_n^3\nabla\Phi_m^3\mathrm{d}s+\int_{S_4}\Phi_n^3\nabla\Phi_m^3\mathrm{d}s=\int_{S_3}\Phi_m^3\nabla\Phi_n^3\mathrm{d}s+\int_{S_4}\Phi_m^3\nabla\Phi_n^3\mathrm{d}s \tag{10-24}$$

将式（10-24）展开成标量形式为

$$\int_{S_3}\Phi_n^3\frac{\partial\Phi_m^3}{\partial z}\mathrm{d}s+\int_{S_4}\Phi_n^4\frac{\partial\Phi_m^4}{\partial z}\mathrm{d}s=\int_{S_3}\Phi_m^3\frac{\partial\Phi_n^3}{\partial z}\mathrm{d}s+\int_{S_4}\Phi_m^4\frac{\partial\Phi_n^4}{\partial z}\mathrm{d}s \tag{10-25}$$

将式（10-17）代入式（10-25）得

$$\omega_m^2\left(\int_{S_3}\Phi_n^3\Phi_m^3\mathrm{d}s+\int_{S_4}\Phi_n^4\Phi_m^4\mathrm{d}s\right)=\omega_n^2\left(\int_{S_3}\Phi_m^3\Phi_n^3\mathrm{d}s+\int_{S_4}\Phi_m^4\Phi_n^4\mathrm{d}s\right) \tag{10-26}$$

因为 $\omega_m\neq\omega_n$，所以有

$$\int_{S_3}\Phi_n^3\Phi_m^3\mathrm{d}s+\int_{S_4}\Phi_n^4\Phi_m^4\mathrm{d}s=0 \tag{10-27}$$

为简化式（10-27）的表达形式，将 Φ_n 作为整个流体域的模态，式（10-27）表示为

$$\int_{S_3+S_4}\Phi_n\Phi_m\mathrm{d}s=0 \tag{10-28}$$

3. *动力响应*

将式（10-14）和式（10-17）代入式（10-13）得

$$B_n^*=B_n/M_n \tag{10-29}$$

式（10-29）两边同乘 $\Phi_n^i(x,z)|_{z=H}$，并对 x 在[0, a]与[a, B]上进行积分，以消除空间坐标 x。利用流体晃动模态的正交性（10-28），得到流体关于广义坐标 $q_n(t)$的动力响应控制方程：

$$M_n\ddot{q}_n+K_nq_n=-\ddot{u}_a(t),\quad n=1,2,3,\cdots \tag{10-30}$$

式中

$$M_n=\frac{\int_0^a(\Phi_n^3(x,z)|_{z=H})^2\mathrm{d}s+\int_a^B(\Phi_n^4(x,z)|_{z=H})^2\mathrm{d}s}{\int_0^a x\Phi_n^3(x,z)|_{z=H}\mathrm{d}s+\int_a^B x\Phi_n^4(x,z)|_{z=H}\mathrm{d}s} \tag{10-31a}$$

$$K_n=\omega_n^2\frac{\int_0^a(\Phi_n^3(x,z)|_{z=H})^2\mathrm{d}s+\int_a^B(\Phi_n^4(x,z)|_{z=H})^2\mathrm{d}s}{\int_0^a x\Phi_n^3(x,z)|_{z=H}\,\mathrm{d}s+\int_a^B x\Phi_n^4(x,z)|_{z=H}\,\mathrm{d}s}\tag{10-31b}$$

根据线性化的伯努利方程 $P=-\rho_{\mathrm{f}}\dfrac{\partial\phi}{\partial t}$，液体晃动产生的液动压力为

$$P_i=-\rho_{\mathrm{f}}\left[\sum_{n=1}^{\infty}\ddot{q}_n(t)\Phi_n^i(x,z)+x\ddot{u}_a(t)\right]\tag{10-32}$$

沿槽壁对动水压力进行积分，得到动水剪力为

$$\begin{aligned}V=&\left[\int_0^h P_2(B,z)\,\mathrm{d}z+\int_h^H P_4(B,z)\,\mathrm{d}z\right]\\&-\left[\int_0^h P_1(0,z)\,\mathrm{d}z+\int_h^H P_3(0,z)\,\mathrm{d}z\right]\end{aligned}\tag{10-33}$$

分别沿侧壁、槽底及隔板对动水压力进行积分，得到作用在槽底中心的动水弯矩为

$$\begin{aligned}M_{\mathrm{wall}}=&\left[\int_0^h P_2(B,z)z\,\mathrm{d}z+\int_h^H P_4(B,z)z\,\mathrm{d}z\right]\\&-\left[\int_0^h P_1(0,z)z\,\mathrm{d}z+\int_h^H P_3(0,z)z\,\mathrm{d}z\right]\end{aligned}\tag{10-34a}$$

$$M_{\mathrm{bottom}}=\int_0^a P_1(x,0)(x-B/2)\,\mathrm{d}x+\int_a^B P_2(x,0)(x-B/2)\,\mathrm{d}x\tag{10-34b}$$

$$M_{\mathrm{baffle}}=\int_0^a P_3(x,h)(x-B/2)\,\mathrm{d}x-\int_0^a P_1(x,h)(x-B/2)\,\mathrm{d}x\tag{10-34c}$$

4. 等效力学模型

整理式（10-33）和式（10-34）得

$$V=-\sum_{n=1}^{\infty}\ddot{q}_n(t)T_n-\rho_{\mathrm{f}}BH\ddot{u}_a(t)\tag{10-35}$$

$$M_{\mathrm{wall}}=-\sum_{n=1}^{\infty}\ddot{q}_n(t)B_n-\frac{1}{2}\rho_{\mathrm{f}}BH^2\ddot{u}_a(t)\tag{10-36a}$$

$$M_{\mathrm{bottom}}=-\sum_{n=1}^{\infty}\ddot{q}_n(t)C_n-\frac{1}{12}\rho_{\mathrm{f}}B^3\ddot{u}_a(t)\tag{10-36b}$$

$$M_{\mathrm{baffle}}=-\sum_{n=1}^{\infty}\ddot{q}_n(t)D_n\tag{10-36c}$$

式中

$$T_n=\rho_{\mathrm{f}}\left[\left(\int_0^h\Phi_n^2(B,z)\,\mathrm{d}z+\int_h^H\Phi_n^4(B,z)\,\mathrm{d}z\right)-\left(\int_0^h\Phi_n^1(0,z)\,\mathrm{d}z+\int_h^H\Phi_n^3(0,z)\,\mathrm{d}z\right)\right]\tag{10-37a}$$

$$B_n = \rho_f\left[\left(\int_0^h \Phi_n^2(B,z)z\,\mathrm{d}z + \int_h^H \Phi_n^4(B,z)z\,\mathrm{d}z\right) - \left(\int_0^h \Phi_n^1(0,z)z\,\mathrm{d}z + \int_h^H \Phi_n^3(0,z)z\,\mathrm{d}z\right)\right] \tag{10-37b}$$

$$C_n = \rho_f\left[\int_0^a \Phi_n^1(x,0)\left(x-\frac{B}{2}\right)\mathrm{d}x + \int_a^B \Phi_n^2(x,0)\left(x-\frac{B}{2}\right)\mathrm{d}x\right] \tag{10-37c}$$

$$D_n = \rho_f\left[\int_0^a \Phi_n^3(x,h)\left(x-\frac{B}{2}\right)\mathrm{d}x - \int_0^a \Phi_n^1(x,h)\left(x-\frac{B}{2}\right)\mathrm{d}x\right] \tag{10-37d}$$

设 $q_n^* = M_n q_n$，$\ddot{q}_n^* = M_n \ddot{q}_n$，式（10-30）可表示为

$$T_n^*\ddot{q}_n^*(t) + T_n^*\omega_n^2 q_n^*(t) = -T_n^*\ddot{u}_a(t) \tag{10-38}$$

式中，$T_n^* = T_n / M_n$ 表示等效力学模型的等效对流质量。

截断式（10-35）和式（10-36）中的级数至第 N 项，整理得

$$V = -\sum_{n=1}^{N}[\ddot{q}_n^*(t) + \ddot{u}_a(t)]T_n^* - \left(\rho_f BH - \sum_{n=1}^{N} T_n^*\right)\ddot{u}_a(t) \tag{10-39a}$$

$$M_{\text{wall}} = -\sum_{n=1}^{N}[\ddot{q}_n^*(t) + \ddot{u}_a(t)]B_n^* - \left(\frac{1}{2}\rho_f BH^2 - \sum_{n=1}^{N} B_n^*\right)\ddot{u}_a(t) \tag{10-39b}$$

$$M_{\text{bottom}} = -\sum_{n=1}^{N}[\ddot{q}_n^*(t) + \ddot{u}_a(t)]C_n^* - \left(\frac{1}{12}\rho_f B^3 - \sum_{n=1}^{N} C_n^*\right)\ddot{u}_a(t) \tag{10-39c}$$

$$M_{\text{baffle}} = -\sum_{n=1}^{N}[\ddot{q}_n^*(t) + \ddot{u}_a(t)]D_n^* - \left(-\sum_{n=1}^{N} D_n^*\right) \tag{10-39d}$$

式中，$B_n^* = B_n / M_n$；$C_n^* = C_n / M_n$；$D_n^* = D_n / M_n$。由式（10-38）和式（10-39）可得，等效力学模型的等效脉冲质量为

$$T_0^* = \rho_f BH - \sum_{n=1}^{N} T_n^* \tag{10-40}$$

考虑作用在槽壁上的动水弯矩，各阶对流等效高度与脉冲等效高度分别为

$$H_n^* = B_n^* / T_n^*,\quad H_0^* = \left(\frac{1}{2}\rho_f BH^2 - \sum_{n=1}^{N} B_n^*\right)\Big/\left(\rho_f BH - \sum_{n=1}^{N} T_n^*\right) \tag{10-41a}$$

考虑作用在侧壁、底板与隔板上的总动水弯矩，对流等效高度与脉冲等效高度分别为

$$H_n^* = \frac{B_n^* + C_n^* + D_n^*}{T_n^*}$$

$$H_0^* = \frac{\left(\frac{1}{2}\rho_f BH^2 - \sum_{n=1}^{N} B_n^*\right) + \left(\frac{1}{2}\rho_f B^3 - \sum_{n=1}^{N} C_n^*\right) + \left(-\sum_{n=1}^{N} D_n^*\right)}{\left(\rho_f BH - \sum_{n=1}^{N} T_n^*\right)} \tag{10-41b}$$

结合式（10-38）、式（10-40）与式（10-41），建立图 10-4 所示的等效弹簧-质量

模型，其中等效弹簧刚度 $k_n^* = \omega_n^2 T_n^*$ 和等效阻尼 $c_n^* = 2\zeta_c T_n^* \omega_n^2$（$\zeta_c$ 表示对流质量的等效阻尼系数）。

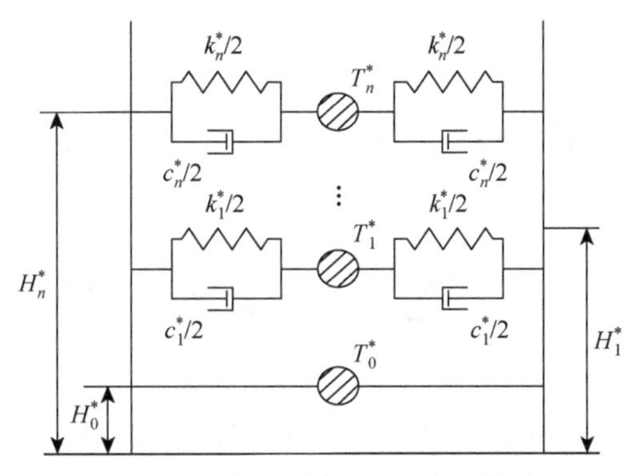

图 10-4　等效弹簧-质量力学模型

10.2　土/基础-渡槽-流体耦合模型

采用 Wu 等[2]提出的地基土嵌套集总参数模型描述明置刚性条形基础的水平和摇摆阻抗，结合 10.1 节提出的流体自由液面晃动的等效力学模型，基于子结构法建立图 10-5 所示的土/基础-渡槽-流体耦合体系的简化力学模型。水平和摇摆集总参数模型的拟合阶数分别为 $s = N_\mathrm{h}$ 和 $s = N_\mathrm{r}$。

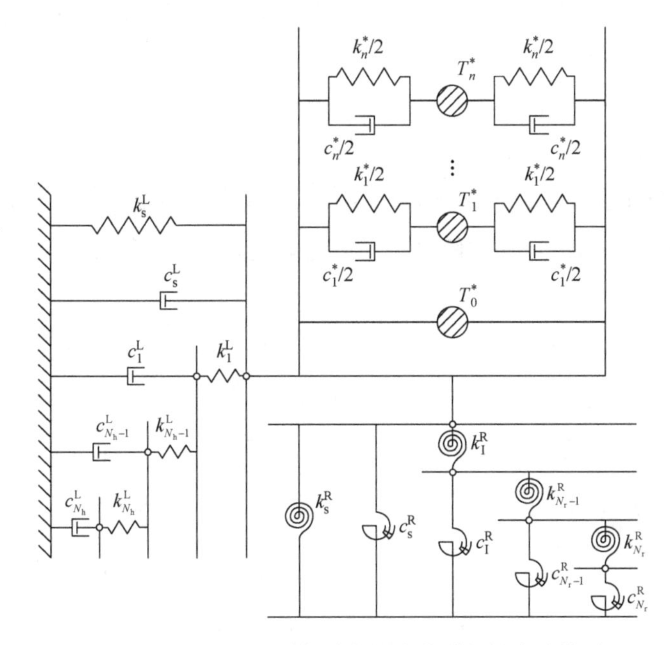

图 10-5　土/基础-渡槽-流体耦合体系简化力学模型

基于 Hamilton 原理，耦合体系的运动控制方程可以表达为

$$\delta\int_{t_1}^{t_2}(T-V)\mathrm{d}t+\int_{t_1}^{t_2}\delta W_c\mathrm{d}t=0 \tag{10-42}$$

整个系统的动能 T 和位能 V 为

$$T=\frac{1}{2}\sum_{n=1}^{N}T_n^*(\dot{q}_n^*+\dot{u}_1+H_n^*\dot{\theta}_1+\dot{u}_{\mathrm{g}})^2+\frac{1}{2}T_0^*(\dot{u}_1+H_0^*\dot{\theta}_1+\dot{u}_{\mathrm{g}})^2+\frac{1}{2}M_{\mathrm{aqu}}(y_a\dot{\theta}_1)^2+\frac{1}{2}J_a(\dot{\theta}_1)^2 \tag{10-43}$$

$$V=\frac{1}{2}\sum_{n=1}^{N}k_1^*(u_n^*)^2+\frac{1}{2}k_{\mathrm{s}}^{\mathrm{L}}(u_1)^2+\frac{1}{2}\sum_{n=1}^{N_{\mathrm{h}}}k_n^{\mathrm{L}}(u_n-u_{n+1})^2+\frac{1}{2}k_{\mathrm{s}}^{\mathrm{R}}(\theta_1)^2+\frac{1}{2}\sum_{n=1}^{N_{\mathrm{r}}}k_n^{\mathrm{R}}(\theta_n-\theta_{n+1})^2 \tag{10-44}$$

式中，M_{aqu}、y_a 和 J_a 分别表示渡槽的质量、形心与转动惯量。

阻尼力所做的功 W_c 的变分为

$$\delta W_c=-2\xi_{\mathrm{f}}\sum_{n=1}^{N}T_n^*\omega_n\dot{q}_n^*\delta q_n^*-c_{\mathrm{s}}^{\mathrm{L}}\dot{u}_1^*\delta u_1^*-\sum_{n=1}^{N_{\mathrm{h}}}c_n^{\mathrm{L}}\dot{u}_{n+1}^*\delta u_{n+1}^*-c_{\mathrm{s}}^{\mathrm{R}}\dot{\theta}_1^*\delta\theta_1^*-\sum_{n=1}^{N_{\mathrm{r}}}c_n^{\mathrm{R}}\dot{\theta}_{n+1}^*\delta\theta_{n+1}^* \tag{10-45}$$

将式（10-43）～式（10-45）代入式（10-42）得到耦合体系的控制运动矩阵方程：

$$\boldsymbol{M}\ddot{\boldsymbol{U}}+\boldsymbol{C}\dot{\boldsymbol{U}}+\boldsymbol{K}\boldsymbol{U}=\boldsymbol{P} \tag{10-46}$$

式中，$\boldsymbol{M}$、$\boldsymbol{C}$ 和 $\boldsymbol{K}$ 分别为耦合体系的质量、阻尼与刚度矩阵；$\boldsymbol{U}=[q_n^*,u_1,\ \ u_{i_1},\theta_1,\theta_{i_2}]^{\mathrm{T}}$ 表示位移向量；$\boldsymbol{P}$ 为地震作用下各自由度上的等效激振力；q_n^* $(n=1,2,\cdots,N)$ 表示对流质量相对于罐壁的晃动位移；u_1 和 θ_1 分别表示脉冲刚性质量相对于基岩的水平位移和转角；$u_{i_1}(i_1=2,\cdots,N_{\mathrm{h}}+1)$ 表示集总参数模型的第 i_1 个自由度相对于基岩的水平位移；$\theta_{i_2}(i_2=2,\cdots,N_{\mathrm{r}}+1)$ 表示集总参数模型的第 i_2 个自由度相对于基岩的转角；采用 Newmark-β 法求解系统的动力响应。$\boldsymbol{M}$、$\boldsymbol{C}$ 和 $\boldsymbol{K}$ 与 $\boldsymbol{P}$ 的具体表达式如下：

$$\boldsymbol{M}=\begin{bmatrix} M_{c\,N\times N}^* & T_{n\ N}^{*\mathrm{T}} & 0_{N\times N_{\mathrm{h}}} & T_n^*H_{nN}^{*\mathrm{T}} & 0_{N\times N_{\mathrm{r}}} \\ T_{n\ N}^* & M_{\mathrm{aqu}}+\sum\limits_{n=0}^{N}T_n^* & 0_{N_{\mathrm{h}}} & M_{\mathrm{aqu}}y_a+\sum\limits_{n=0}^{N}T_n^*H_n^* & 0_{N_{\mathrm{r}}} \\ 0_{N_{\mathrm{h}}\times N} & 0_{N_{\mathrm{h}}}^{\mathrm{T}} & 0_{N_{\mathrm{h}}\times N_{\mathrm{h}}} & 0_{N_{\mathrm{h}}}^{\mathrm{T}} & 0_{N_{\mathrm{h}}\times N_{\mathrm{r}}} \\ T_n^*H_{nN}^* & M_{\mathrm{aqu}}y_a+\sum\limits_{n=0}^{N}T_n^*H_n^* & 0_{N_{\mathrm{h}}} & M_{\mathrm{aqu}}y_a^2+J_a+\sum\limits_{n=0}^{N}T_n^*H_n^{*2} & 0_{N_{\mathrm{r}}} \\ 0_{N_{\mathrm{r}}\times N} & 0_{N_{\mathrm{r}}}^{\mathrm{T}} & 0_{N_{\mathrm{r}}\times N_{\mathrm{h}}} & 0_{N_{\mathrm{r}}}^{\mathrm{T}} & 0_{N_{\mathrm{r}}\times N_{\mathrm{r}}} \end{bmatrix}_{(N+N_{\mathrm{h}}+N_{\mathrm{r}}+2)\times(N+N_{\mathrm{h}}+N_{\mathrm{r}}+2)},$$

$$M_{c\,N\times N}^*=\mathrm{diag}(T_1^*,T_2^*,\cdots,T_N^*)$$

$$\boldsymbol{C}=\begin{bmatrix}\boldsymbol{C}^{\mathrm{f}} & & \boldsymbol{0}\\ & \boldsymbol{C}^{\mathrm{L}} & \\ \boldsymbol{0} & & \boldsymbol{C}^{\mathrm{R}}\end{bmatrix},\quad \boldsymbol{C}^{\mathrm{f}}=2\xi_{\mathrm{f}}\begin{bmatrix}T_1^{*}\omega_1 & & \boldsymbol{0}\\ & \ddots & \\ \boldsymbol{0} & & T_N^{*}\omega_N\end{bmatrix},\quad \boldsymbol{C}^{\mathrm{L}}=\begin{bmatrix}c_{\mathrm{s}}^{\mathrm{L}} & & & \boldsymbol{0}\\ & c_1^{\mathrm{L}} & & \\ & & \ddots & \\ \boldsymbol{0} & & & c_{N_{\mathrm{h}}}^{\mathrm{L}}\end{bmatrix}$$

$$\boldsymbol{C}^{\mathrm{R}}=\begin{bmatrix}c_{\mathrm{s}}^{\mathrm{R}} & & & 0\\ & c_1^{\mathrm{R}} & & \\ & & \ddots & \\ 0 & & & c_{N_{\mathrm{r}}}^{\mathrm{R}}\end{bmatrix},\quad \boldsymbol{K}=\begin{bmatrix}\boldsymbol{K}^{*} & & \boldsymbol{0}\\ & \boldsymbol{K}^{\mathrm{L}} & \\ \boldsymbol{0} & & \boldsymbol{K}^{\mathrm{R}}\end{bmatrix},\quad \boldsymbol{K}^{*}=\begin{bmatrix}k_1^{*} & & \boldsymbol{0}\\ & \ddots & \\ \boldsymbol{0} & & k_N^{*}\end{bmatrix}$$

$$\boldsymbol{K}^{\mathrm{L}}=\begin{bmatrix}k_{\mathrm{s}}^{\mathrm{L}}+k_1^{\mathrm{L}} & -k_1^{\mathrm{L}} & & & \\ -k_1^{\mathrm{L}} & k_1^{\mathrm{L}}+k_2^{\mathrm{L}} & -k_2^{\mathrm{L}} & \boldsymbol{0} & \\ & -k_{i-1}^{\mathrm{L}} & k_{i-1}^{\mathrm{L}}+k_i^{\mathrm{L}} & -k_i^{\mathrm{L}} & \\ & \boldsymbol{0} & -k_{N_{\mathrm{h}}-1}^{\mathrm{L}} & k_{N_{\mathrm{h}}-1}^{\mathrm{L}}+k_{N_h}^{\mathrm{L}} & -k_{N_{\mathrm{h}}}^{\mathrm{L}}\\ & & & -k_{N_{\mathrm{h}}}^{\mathrm{L}} & k_{N_{\mathrm{h}}}^{\mathrm{L}}\end{bmatrix}$$

$$\boldsymbol{K}^{\mathrm{R}}=\begin{bmatrix}k_{\mathrm{s}}^{\mathrm{R}}+k_1^{\mathrm{R}} & -k_1^{\mathrm{R}} & & & \\ -k_1^{\mathrm{R}} & k_1^{\mathrm{R}}+k_2^{\mathrm{R}} & -k_2^{\mathrm{R}} & \boldsymbol{0} & \\ & -k_{i-1}^{\mathrm{R}} & k_{i-1}^{\mathrm{R}}+k_i^{\mathrm{R}} & -k_i^{\mathrm{R}} & \\ & \boldsymbol{0} & -k_{N_{\mathrm{r}}-1}^{\mathrm{R}} & k_{N_{\mathrm{r}}-1}^{\mathrm{R}}+k_{N_{\mathrm{r}}}^{\mathrm{R}} & -k_{N_{\mathrm{r}}}^{\mathrm{R}}\\ & & & -k_{N_{\mathrm{r}}}^{\mathrm{R}} & k_{N_{\mathrm{r}}}^{\mathrm{R}}\end{bmatrix}$$

$$\boldsymbol{P}=-[T_1^{*}\ \cdots\ T_N^{*}\ \ T_{\mathrm{L}}^{*}\ \ 0\ \cdots\ 0\ \ T_{\mathrm{R}}^{*}\ \ 0\ \cdots\ 0]^{\mathrm{T}}\ddot{u}_{\mathrm{g}}(t)$$

$$T_{\mathrm{L}}^{*}=\sum_{n=1}^{N}T_n^{*}+T_0^{*}+M_{\mathrm{aqu}},\qquad T_{\mathrm{R}}^{*}=\sum_{n=1}^{N}T_n^{*}H_n^{*}+T_0^{*}H_0^{*}+M_{\mathrm{aqu}}y_a$$

10.3　模 型 验 证

10.3.1　土-基础集总参数模型

明置刚性条形地基的水平阻抗函数为 $K_{hh}(\omega)=\pi G_{\mathrm{s}}(\mathrm{Re}[R']+\mathrm{Im}[R'])$，摇摆阻抗函数为 $K_{rr}(\omega)=\pi G_{\mathrm{s}}(B/2)^2(\mathrm{Re}[R']+\mathrm{Im}[R'])$。$R'$为无量纲阻抗函数，$G_{\mathrm{s}}$为地基剪切模量。土体泊松比 $\nu=1/4$，土体剪切波波速 $V_{\mathrm{s}}=250\mathrm{m/s}$，土体密度 $\rho_{\mathrm{s}}=2000\mathrm{kg/m^3}$。由于工程中所关心的频率范围为 $a_0=0$～2，故此处仅计算了工程常用频率范围的阻抗值。由图 10-6 和图 10-7 可以看出，当复多项式分式拟合阶数取 $s=3$ 时，嵌套集总参数模型能精确地拟合水平阻抗与摇摆阻抗。表 10-1 给出了多项式拟合阶数 $s=3$ 时嵌套集总参数模型的无量纲刚度系数和阻尼系数以及极点。从表 10-1 中可以看出，嵌套集总参数模型的所有极点的实部都小于零，即 $\mathrm{Re}[S_i^F]<0(i=1,2,3,4)$。根据赵密等[3]和杜修力等[4]提出的集总参数模型稳定条件可知，本章所采用的嵌套集总参数模型满足动力学上的稳定性。

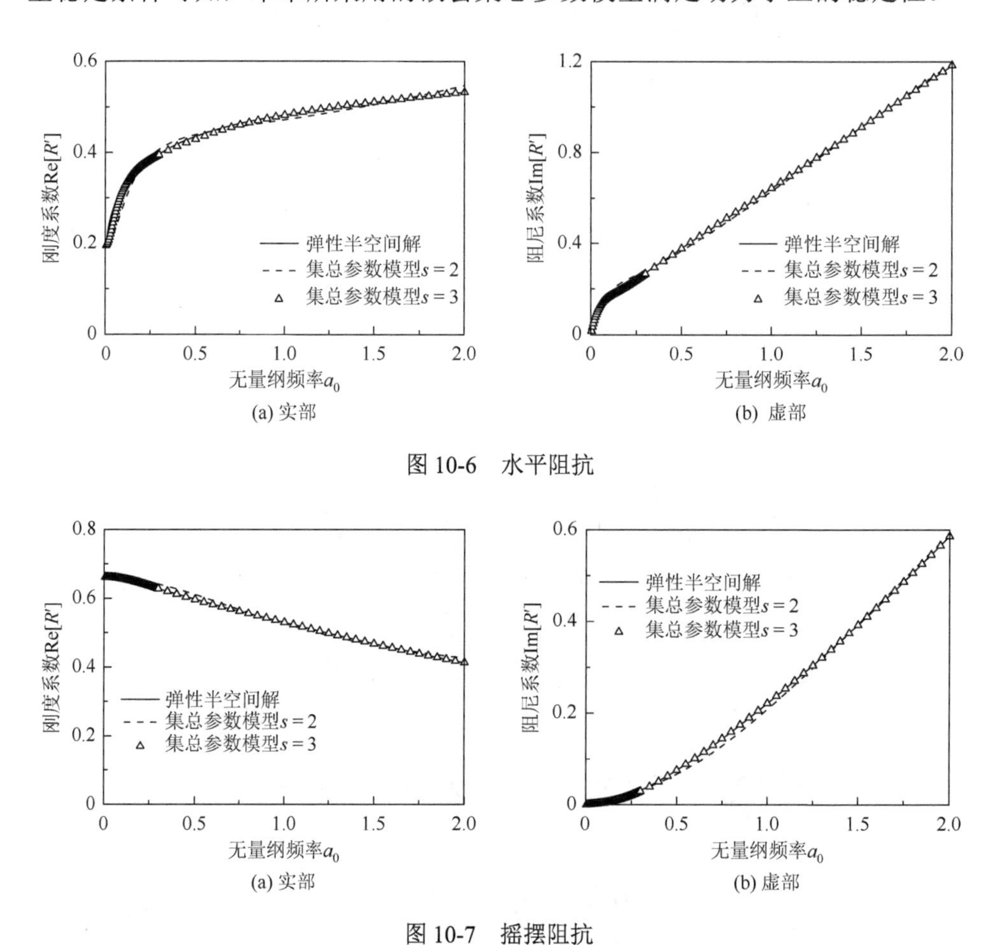

(a) 实部　(b) 虚部

图 10-6　水平阻抗

(a) 实部　(b) 虚部

图 10-7　摇摆阻抗

表 10-1　集总参数模型的无量纲刚度系数和阻尼系数以及极点（$s=3$）

	水平阻抗	摇摆阻抗
λ_1	40.5510	−0.2681
λ_2	1.6876	0.6614
λ_3	1.3557	−0.0903
δ_1	1.3300	0.0477
δ_2	5.2751	−0.3859
δ_3	8.6773	−0.1643

续表

	水平阻抗	摇摆阻抗
S_i^F	−55.1190	−5.4678
	−1.1854	−1.3283±1.2898i
	−0.3893	−0.5122
	−0.0350	—

10.3.2　流体晃动等效力学模型

1. 收敛性研究

渡槽尺寸取为 $B=8\text{m}$，$H=6\text{m}$。隔板长度与渡槽内液体深度的高度比为 $\gamma_1=0.3, 0.5$。隔板高度与渡槽内液体深度比分别为 $\gamma_2=0.6, 0.8$。考察 5 个不同的级数截断项 $N=4$，6，8，10，12，计算前三阶的流体晃动频率。表 10-2 给出了不同的隔板参数组合的无量纲晃动频率 Λ_n^2 的收敛性。可以看出无量纲晃动频率 Λ_n^2 的精度和收敛性均受隔板长度和高度的影响，但是这种影响是很小的。结果表明，当截断项数 $N\geqslant8$ 时，无量纲晃动频率能保证至少三位有效数字。因此，在本章参数分析中截断项数均取 $N=8$。

表 10-2　无量纲晃动频率 Λ_n^2 ($n=1, 2, 3$)随截断项数 N 增加的收敛性

γ_1	n	$\gamma_2=0.6$					$\gamma_2=0.8$				
		$N=4$	$N=6$	$N=8$	$N=10$	$N=12$	$N=4$	$N=6$	$N=8$	$N=10$	$N=12$
0.3	1	1.8344	1.8390	1.8409	1.8417	1.8424	1.6391	1.6431	1.6454	1.6470	1.6480
	2	2.7411	2.7475	2.7498	2.7503	2.7509	2.6590	2.6574	2.6567	2.6563	2.6560
	3	3.3927	3.3940	3.3944	3.3945	3.3946	3.3536	3.3539	3.3541	3.3542	3.3543
0.5	1	1.7370	1.7412	1.7434	1.7443	1.7448	1.4213	1.4230	1.4237	1.4246	1.4250
	2	2.7478	2.7480	2.7481	2.7482	2.7480	2.6100	2.6118	2.6127	2.6133	2.6137
	3	3.3630	3.3802	3.3855	3.3878	3.3890	3.3035	3.3015	3.3005	3.2999	3.2995

2. 比较研究

取三种不同的储液高径比 $H/B=0.5$，1.0，2.0。隔板长度与渡槽内液体深度的高度比为 $\gamma_1=0.4$，0.5。隔板高度与渡槽内液体深度比分别为 $\gamma_2=0.1\sim0.9$。图 10-8 给出了本章等效力学模型的第一阶晃动固有频率与 Hu 等[5]的研究结果的比较。从图中可以看出，本章解与已有文献解具有良好的一致性，表明了带隔板矩形渡槽的流体晃动等效力学模型能够准确地模拟实际流体的晃动分析。

渡槽尺寸为 $B = 1\text{m}$ 和 $H = 1\text{m}$。隔板尺寸参数为 $\gamma_1 = 0.4$ 和 $\gamma_2 = 0.2$。渡槽基底受到水平向简谐正弦波激励：$\ddot{u}_g(t) = -0.002\omega^2\sin(\omega t)$。其中，简谐激励频率 $\omega = 5.29\text{rad/s}$。图 10-9 给出了目前等效力学模型的右侧罐壁的晃动波高 f_{wall} 与 Liu 等[6]的非线性晃动波高的比较。从图中可以看出，对于目前的流体晃动的等效力学模型，前几秒的自由液面波高很小，与文献解[5]吻合较好。但是，随着激励的进行，线性分析和非线性分析之间的差异也相应增加。

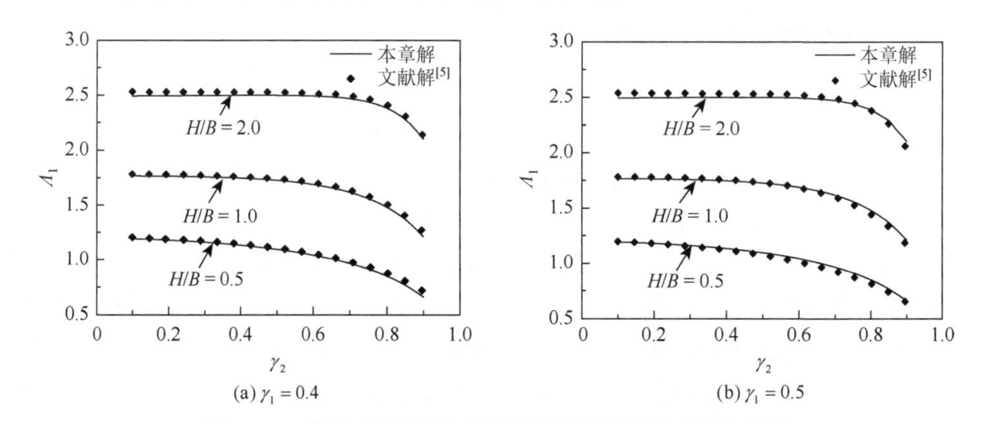

图 10-8　对于不同隔板宽度的无量纲的流体晃动固有频率

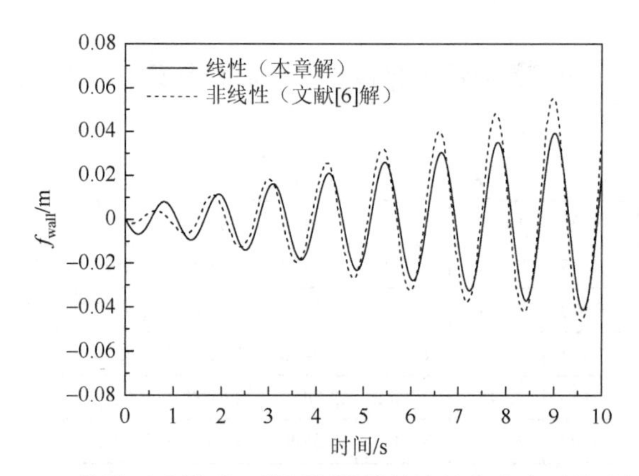

图 10-9　简谐正弦激励下带隔板渡槽的流体自由液面晃动波高

10.3.3　土/基础-结构-流体耦合模型

考虑软土地基（$V_s = 100\text{m/s}$）与坚硬地基（$V_s = 500\text{m/s}$）。渡槽参数：$B = 8\text{m}$，$H = 6\text{m}$，$M_a = 3\times10^4\text{kg}$，$y_a = 0.5\text{m}$，$J_a = 8.1\times10^5\text{kg}\cdot\text{m}^2$。隔板参数：$\gamma_1 = 0.5$，

$\gamma_2 = 0.5$。对不同土体条件下耦合体系的动力响应与刚性地基下体系的动力响应进行比较。

图 10-10（a）和（b）分别给出了 El-Centro 波激励下，刚性至柔性地基对应的槽内动水剪力与倾覆弯矩时程曲线。表 10-3 给出了动水剪力与倾覆弯矩的峰值对比情况，表中相对误差表示与刚性地基的峰值响应相比，软土地基或坚硬地基的峰值响应的变化率。由图 10-10 以及表 10-3 可以看出，土体较柔时，体系动力响应与刚性地基假定下存在明显差异，随着土体刚度的提高，两者动力响应结果逐渐接近。

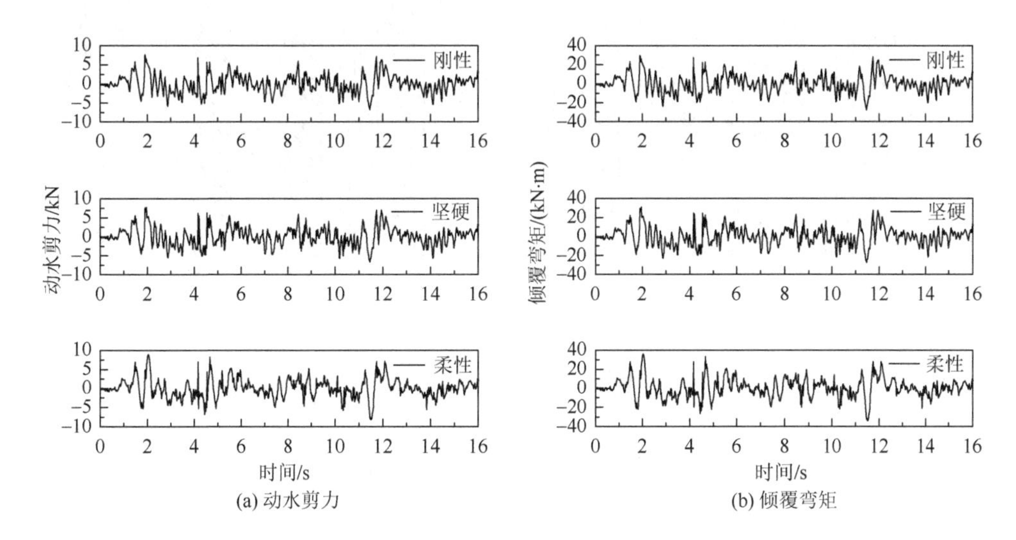

图 10-10　不同地基下动力响应时程曲线

表 10-3　不同地基上渡槽的动力响应

地基类型	动水剪力/kN	相对误差/%	倾覆弯矩/(kN·m)	相对误差/%
柔软地基	8.935	16.84	29.556	21.91
坚硬地基	7.728	1.06	30.970	4.78
刚性地基	7.674	—	36.032	—

Kianoush 等[7]使用调幅后峰值加速度为 0.4g 的南北向 El-Centro 波作为地震激励，研究了考虑 SSI 效应的无隔板高罐中的流体晃动响应。采用与单位长度高罐相同的渡槽参数，隔板参数取 $\gamma_1 = 0.05$，$\gamma_2 = 0.2$，计算不同土体条件（S_1，S_2，S_3，S_4）下的带隔板渡槽倾覆弯矩与晃动波高，与 Kianoush 等解进行退化对比。图 10-11 分别给出了不同土体条件下倾覆弯矩与 $x/B = 1$ 处自由液面波高的本章解与

Kianoush 等解的对比。对于倾覆弯矩，对应不同土壤类型 S_1、S_2、S_3、S_4 的相对误差分别为 6.44%、2.66%、1.69%、8.41%。对于液面波高，相对误差分别为−2.92%、−2.49%、−1.74%、−1.93%。

根据上述的比较分析可知，我们可以得出使用嵌套及总参数模型代表实际土体阻抗时，本章建立的土/基础-渡槽-流体耦合体系简化力学模型能精确地模拟带隔板矩形渡槽内流体的实际晃动。

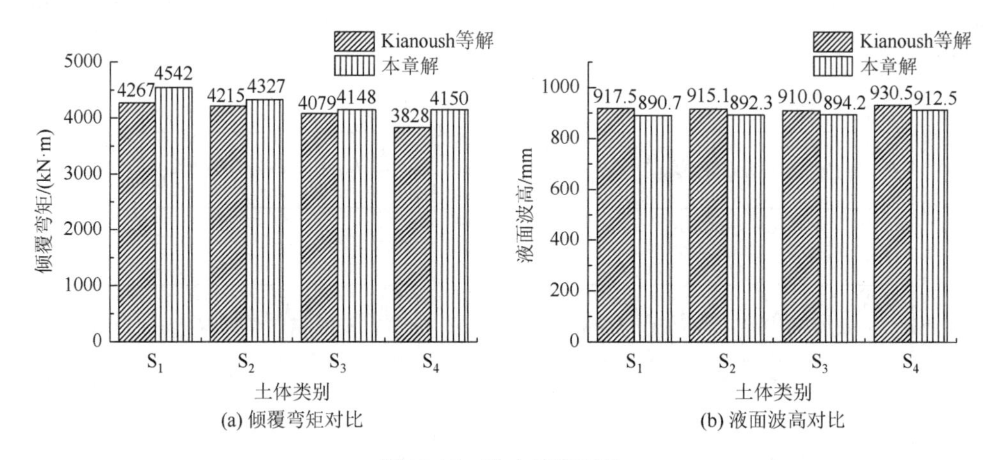

图 10-11　动力响应对比

10.4　参 数 分 析

取渡槽参数：$B=8\text{m}$，$H=6\text{m}$，$M_a=3\times10^4\text{kg}$，$y_a=0.5\text{m}$，$J_a=8.1\times10^5\text{kg}\cdot\text{m}^2$。隔板参数为 $\gamma_1=0.5$，$\gamma_2=0.5$。分别选取三条近断层和远断层地震波，表 10-4 给出了两组地震波记录的属性。地震波记录在基岩处的峰值加速度（PGA）被缩放为 $0.2g$。图 10-12 表示阻尼比为 5%的地震波的能量谱密度。

表 10-4　近断层和远断层地震波的属性

地震波类型	地震记录编号	地震波名称	年份	站台名称	脉冲时间 T_p/s	地震强度 M_w	地震方向	加速度峰值/g
近断层	802	Loma Prieta	1989	Saratoga-Aloha Ave	4.571	6.93	STG-000	0.514
	171	Imperial Valley-06	1979	EC MelolandGeot Array	3.423	6.53	EMO-000	0.317
	1529	Chi-Chi	1999	TCU202	9.632	7.62	TCU102-E	0.304
远断层	132	Friuli	1976	ForgariaCornino	—	5.91	FOC-000	0.261
	154	Coyote Lake	1979	SJB Overpass	—	5.74	SJB-303	0.106
	—	Trinidad	1983	CDMG	—	—	090	0.194

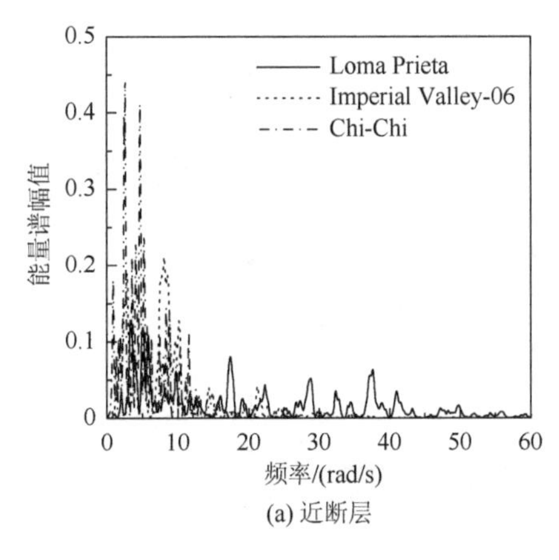

(a) 近断层

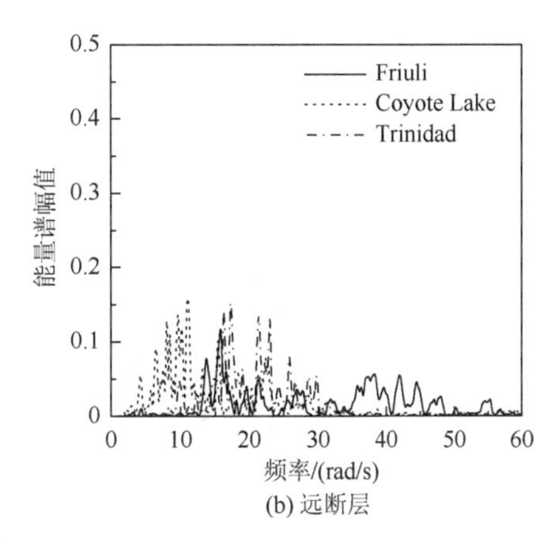

(b) 远断层

图 10-12　地震波记录的能量谱密度

10.4.1　土体对体系自振频率的影响

隔板参数为 $\gamma_1 = 0.5$ 和 $\gamma_2 = 0.5$。ω_{cn}（$n = 1$，2，3，4，5）表示对流质量的第 n 阶晃动频率。f_L 和 f_R 分别表示渡槽的侧向和转动脉冲频率。表 10-5 给出了不同土体剪切波波速下流体晃动频率和渡槽的脉冲频率。从表中可以看出，随着土体变柔，流体晃动频率几乎保持不变，这就表明了柔性地基土上的矩形渡槽内流体对流特性与刚性地基下的特性相类似。然而，土体剪切波波速的变化对渡槽的脉冲频率影响显著。渡槽的脉冲频率随土体剪切波波速的增大而增大。图 10-13 进一步给出了脉冲频率几乎随着土体剪切波波速单调变化。

表 10-5　土体剪切波波速 V_s 对流体晃动频率的影响

V_s/(m/s)	100	250	500	1000	刚性地基
ω_{c1}	1.820	1.823	1.824	1.824	1.824
ω_{c2}	2.764	2.764	2.764	2.764	2.764
ω_{c3}	3.392	3.394	3.394	3.394	3.394
ω_{c4}	3.923	3.923	3.923	3.923	3.923
ω_{c5}	4.381	4.381	4.382	4.382	4.382
f_L	13.087	32.630	65.237	130.463	—
f_R	27.477	68.690	137.379	274.759	—

定义 F_n 为自由液面波的晃动振型。隔板参数取 $\gamma_1 = 0.3$，0.5，0.7，0.9 和 $\gamma_2 = 0.5$，0.7，0.9。图 10-14 给出了前三阶自由液面波高振型 F_n（$n = 1$，2，3）。从图中可以看出，当隔板位置越接近流体自由液面处时，隔板宽度对流体晃动模态的影响越显著。

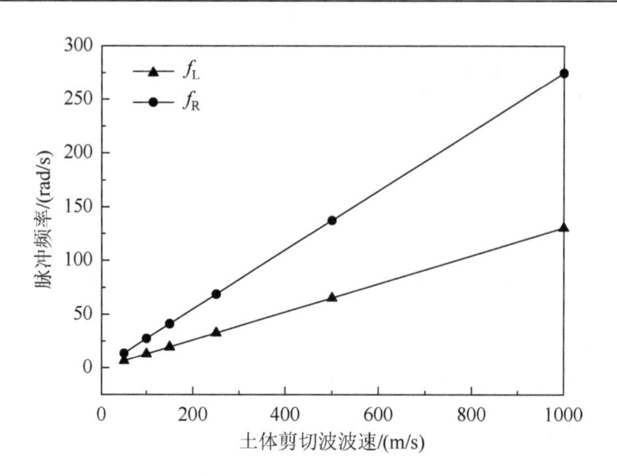

图 10-13　土体剪切波波速对脉冲频率的影响

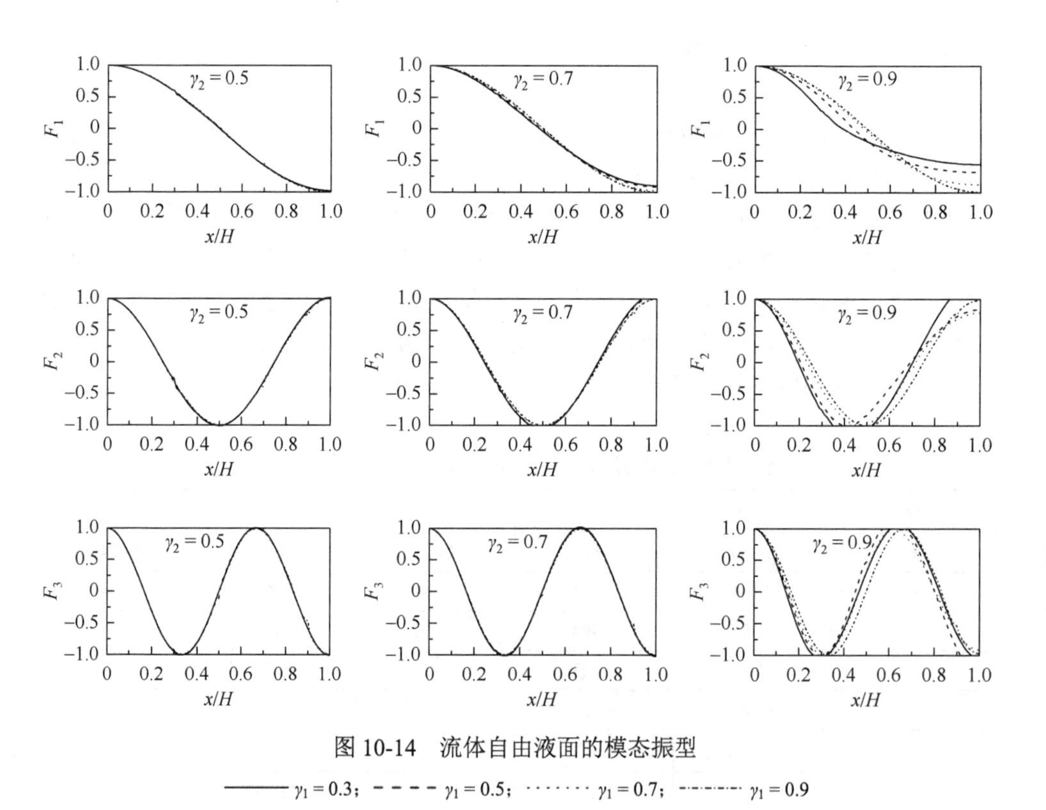

图 10-14　流体自由液面的模态振型

10.4.2　隔板对体系自振频率的影响

土体剪切波波速取 $V_s = 100\text{m/s}$。图 10-15（a）和（b）给出了在不同隔板宽度和高度下流体的一阶对流晃动频率。从图中可以看出，随着隔板宽度或长度的增大，对流晃动频率减小。图 10-15（c）和（d）给出了在不同隔板参数下渡槽的侧向脉冲频率。隔板宽度越大，隔板位置越高，侧向脉冲频率 f_L 越低。如表 10-6 所示，渡槽的转动脉冲频率 f_R 的最大值和最小值分别为 28.631rad/s 和 28.358rad/s，这就表明隔板对渡槽转动脉冲频率影响很小。

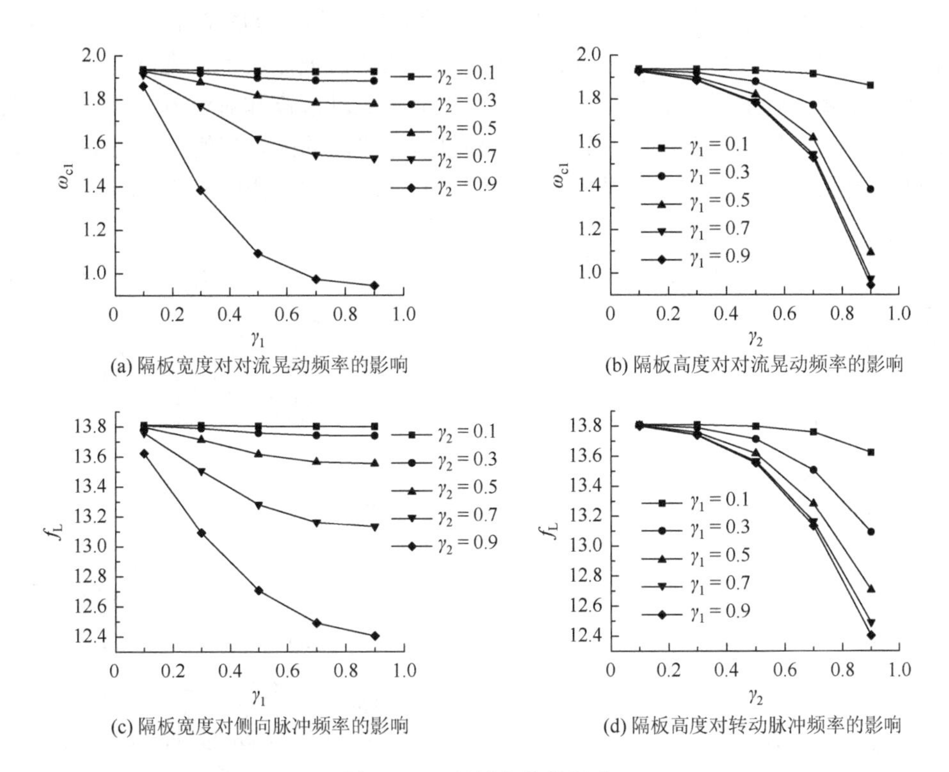

图 10-15　隔板参数的影响

表 10-6　隔板对渡槽转动频率 f_R 的影响　　单位：rad/s

γ_2	γ_1				
	0.1	0.3	0.5	0.7	0.9
0.1	28.544	28.549	28.557	28.563	28.565
0.3	28.548	28.568	28.590	28.605	28.610
0.5	28.551	28.582	28.609	28.626	28.631
0.7	28.548	28.560	28.567	28.571	28.574
0.9	28.514	28.442	28.398	28.372	28.358

10.4.3　隔板对结构响应的影响

土体剪切波波速取为 $V_s = 100\text{m/s}$。图 10-16 和图 10-17 给出了在近断层和远断层地震波激励下隔板宽度和高度对结构的峰值响应的影响。从两幅图中可以看出，左侧罐壁处的晃动波高和对流剪力随着隔板宽度和高度的增加而减小。而且，由于隔板的存在，与远断层地震波相比，近断层地震波激励下，流体晃动响应的减小更显著。对于近断层和远断层地震波，流体晃动波高和对流剪力分别存在明显的差异。这是由于近断层地震波在低频段富含更高的能量幅值，如 Chi-Chi 地震波。因此，工程设计中应更多地关注活动断层附近的渡槽内流体晃动响应。

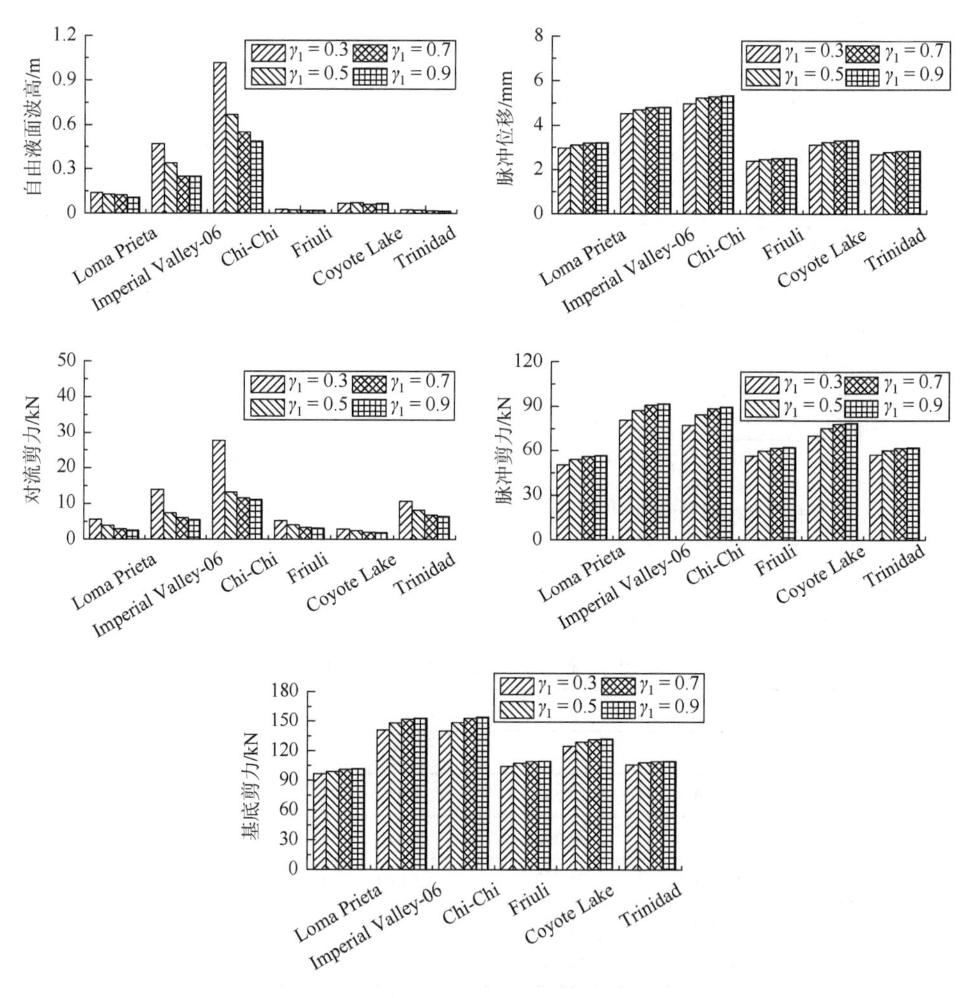

图 10-16　隔板宽度对峰值结构响应的影响（$\gamma_2 = 0.8$）

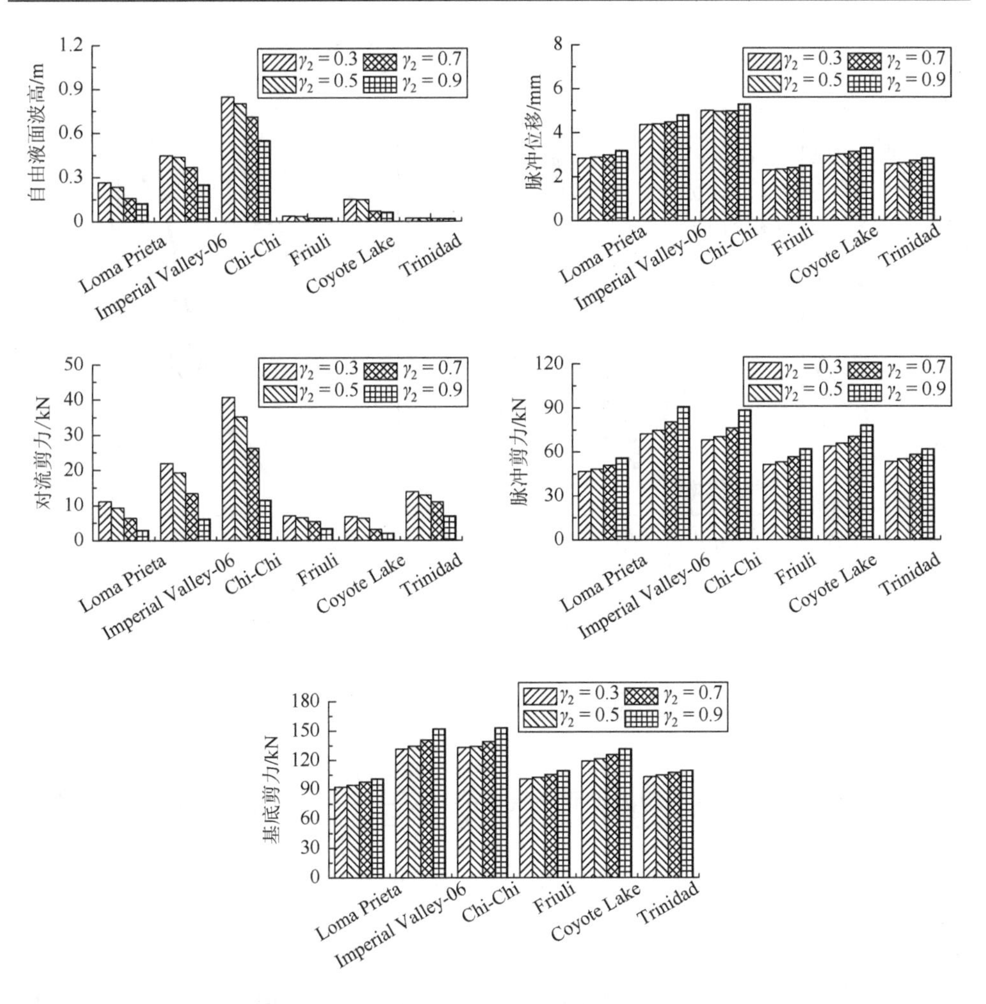

图 10-17　隔板高度对峰值结构响应的影响（$\gamma_1 = 0.7$）

从图 10-16 和图 10-17 中还可以看出，随着隔板宽度和高度的增大，脉冲位移和脉冲剪力也增大。这是因为隔板宽度/高度的增加导致参与脉冲响应的流体质量增加。在近断层和远断层地震波之间，脉冲响应并没有显著的差异，因为在脉冲项频率范围内两组地震波具有相似的能量谱幅值。基底剪力随着隔板参数的增加而被放大，由于高频脉冲项的贡献，两组地震波作用下基底剪力的变化趋势是一样的。

图 10-18 给出了 Imperial Valley-06 和 Friuli 地震波作用下隔板高度对峰值倾覆弯矩的影响。从图中可以看出，当隔板高度 $\gamma_2 < 0.3$ 时，随着隔板高度的增加，倾覆弯矩缓慢减小。然而，超过这一点后，倾覆弯矩反之单调增加。

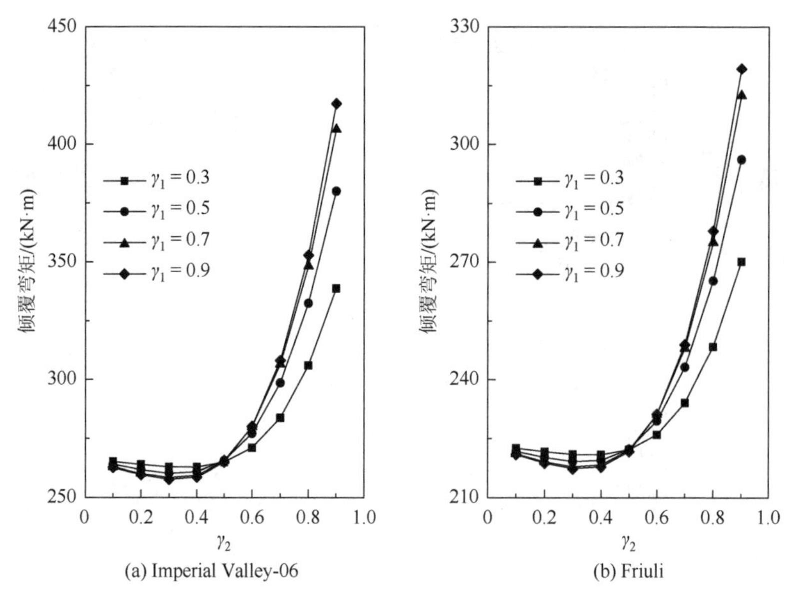

(a) Imperial Valley-06　　(b) Friuli

图 10-18　隔板高度对峰值倾覆弯矩的影响

10.4.4　土体对结构响应的影响

定义归一化的土体剪切波波速为 $\kappa=\dfrac{V_s}{B}\sqrt{\dfrac{K_s+k_1^L}{T_0^*+M_{aqu}}}$。考虑三种不同的隔板参数组合：$\gamma_1=0.3$，$\gamma_2=0.4$；$\gamma_1=0.5$，$\gamma_2=0.6$；$\gamma_1=0.7$，$\gamma_2=0.8$。使用刚性地基下结构的峰值基底剪力（$V_{rigid}$）和倾覆弯矩（$M_{rigid}$）对柔性地基下结构的峰值基底剪力（$V_{SSI}$）和倾覆弯矩（$M_{SSI}$）进行归一化处理。图 10-19 给出了所选地震波激励下无量纲土体剪切波波速对结构响应最大值的影响。从图中可以看到，在两组地震波作用下，土-结构相互作用效应并没有影响流体晃动波高。无量纲土体刚度的增加导致脉冲位移的

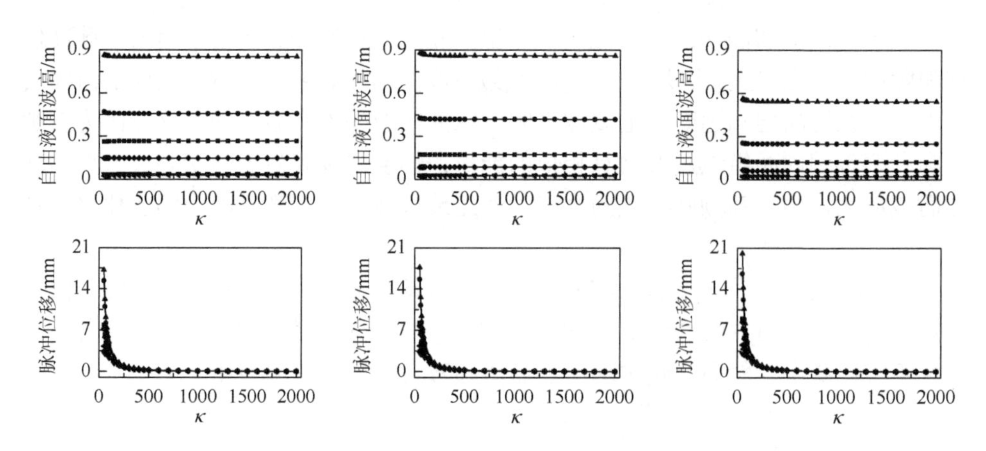

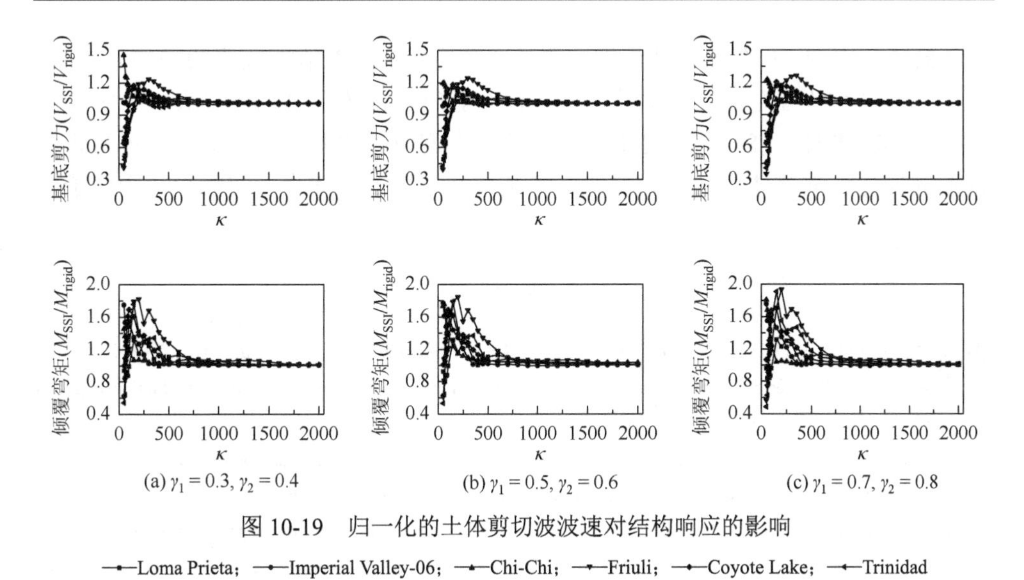

(a) $\gamma_1=0.3, \gamma_2=0.4$　(b) $\gamma_1=0.5, \gamma_2=0.6$　(c) $\gamma_1=0.7, \gamma_2=0.8$

图 10-19　归一化的土体剪切波波速对结构响应的影响

—•—Loma Prieta；—•—Imperial Valley-06；—▲—Chi-Chi；—▼—Friuli；—◆—Coyote Lake；—◀—Trinidad

快速减小。但是当 $\kappa>2.67\times10^2$ 时，脉冲位移基本没有变化。

无量纲土体剪切波波速较低时，土体变柔使得归一化的基底剪力和倾覆弯矩减小或增加，变化范围为 40%～200%。然而，当土体刚度变大时，柔性地基和刚性地基下渡槽基底动力响应的比值达到 1。在这种情况下，土-结构相互作用效应对渡槽地震响应的影响就消失了。

10.5　本 章 小 结

本章提出了带隔板矩形截面渡槽内流体晃动的等效力学模型。基于流体晃动的弹簧-质量等效模型与地基土的嵌套集总参数模型，利用子结构法建立土/基础-渡槽-流体耦合体系简化力学模型，运用 Hamilton 原理获得耦合体系的控制运动矩阵方程，分析了土体剪切波波速、隔板参数对体系晃动特性与地震响应的影响，得到如下结论。

（1）SSI 效应对体系对流晃动频率的影响几乎可以忽略，对脉冲晃动频率影响很大。侧向和转动脉冲频率随土体剪切波波速近似呈线性增长，这说明土体较柔时，上部结构的转动效应更加明显。

（2）隔板宽度越大，所处位置越高，流体晃动频率和侧向脉冲频率越小。

（3）隔板的存在可以有效抑制对流晃动响应。隔板宽度越长，所处位置越高，抑制对流晃动作用越明显；但在近断层和远断层地震波作用下，相应的脉冲响应和基底剪力也会变大。

（4）随着隔板高度增加，倾覆弯矩并不是单调地变化。当隔板高度 $\gamma_2<0.3$

时，倾覆弯矩减小，然而，超过这一点后，倾覆弯矩随着隔板位置的增加而增加。

（5）SSI 效应对流体晃动波高几乎没有影响。土体刚度的增加会放大脉冲位移。土体较柔时，SSI 效应对耦合体系的动力响应影响明显，但随着土体剪切波波速的变化，耦合体系的动力响应并不是单调地增大或减小，实际设计中应予以考虑。

参考文献

[1] 房忠洁, 周叮, 王佳栋, 等. 带隔板的矩形截面渡槽内液体的晃动特性[J]. 振动与冲击, 2016, 35（3）：169-175.

[2] Wu W, Lee W. Nested lumped-parameter models for foundation vibrations[J]. Earthquake Engineering and Structural Dynamics, 2004, 33(9)：1051-1058.

[3] Zhao M, Du X L, Zhao J F. Stability and identification for continuous-time rational approximation of foundation frequency response[C].14th World Confereace on Earthquake Engineering, Beijing, 2008.

[4] Du X L, Zhao M, Jiang L P. Stability and identification for discrete-time rational approximation of foundation frequency response[C].14th World Confereace on Earthquake Engineering, Beijing, 2008.

[5] Hu Z, Zhang X Y, Li X W, et al. On natural frequencies of liquid sloshing in 2-D tanks using Boundary element method[J]. Ocean Engineering, 2018, 153：88-103.

[6] Liu D, Lin P. Three-dimensional liquid sloshing in a tank with baffles[J]. Ocean Engineering, 2009, 36(2)：202-212.

[7] Kianoush M R, Ghaemmaghami A R. The effect of earthquake frequency content on the seismic behavior of concrete rectangular liquid tanks using the finite element method incorporating soil-structure interaction[J]. Engineering Structures, 2011, 33(7)：2186-2200.

第 11 章　基于子结构法的土与圆柱形储液罐结构相互作用的时域分析

储罐在战略上是一个非常重要的结构，因为它们在工业、核电厂以及与公共生活相关的其他活动中具有重要用途。我国石油战略储备就是采用的大型立式圆柱形储罐，石油储备基地多选址于沿海地区，而沿海地区的土质基本为软土地基，在储罐受到地震波激励时，土体的柔性会显著改变储罐的基本力学特性，从而导致储罐的自振特性及受到动力荷载作用时的响应发生变化，所以考虑土-罐动力相互作用有一定的工程意义。

分析土/基础-储罐-流体的动力相互作用时会涉及流-固耦合问题与土-结构相互作用问题，求解整个耦合体系的解析解十分困难与复杂。由于地基对基础与上部结构的动力阻抗是依赖于外激励频率的，时域上使用依赖于频率的动力阻抗使得计算也变得相当困难。另外，使用有限元软件建立精细的近场土体、储罐与储液模型，然后用人工边界代替远场土体，将地震波等效成节点荷载施加在每个边界节点上。有限元法虽然能得到比较精确的解，但是由于划分的单元数量太大，且非线性计算非常复杂，这种方法的计算时间太长，不利于储罐实际的工程设计。因此，本章首先推导得到罐内流体运动等效的弹簧-质量模型，采用系统化集总参数模型模拟地基土的动阻抗函数，得到土/基础-储罐-流体相互作用系统的耦合力学模型。考虑水平向地震波的激励，研究考虑土-结构相互作用效应下耦合体系的自振特性与动力响应的变化，分析了土体刚度、储液高度与储罐尺寸对整个耦合系统的地震响应的影响。

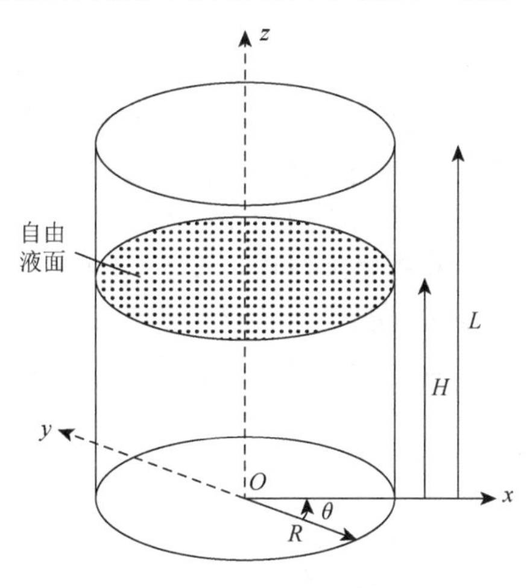

图 11-1　圆柱形储罐及柱坐标系

11.1　理 论 推 导

11.1.1　模型介绍

考虑图 11-1 所示的圆柱形储液罐，储罐底板视为刚性，罐底相对于地面无滑动，基底锚固，假设罐内储液为无旋、无黏、不可压缩的理想流体，在微幅晃动下不会溢出。由于自由液面晃动与液固耦联的相互作用较弱，本章将液固耦合与自由液面的晃动分开考虑。分别采用 Haroun 等[1]提出的忽略自由液面晃动的弹性储液罐的等效弹簧–质量模型和 Haroun[2]给出的刚性罐的对流晃动分量。依据图 11-1 建立储液罐的柱坐标系 $OR\theta z$，坐标原点设在罐底中心处。圆柱形储罐半径 R，高度 L，罐壁厚度 h_s，罐壁材料的弹性模量 E_s，材料密度 ρ_t，液体高度 H，液体密度 ρ_1，储罐高径比 $S=H/R$。$x(t)$ 表示罐底部水平运动，$\alpha(t)$ 表示罐底部转角，$w(z,t)$ 表示弹性罐壁的挠度。

11.1.2　动力响应

考虑储罐在 x 方向上做速度为 $\dot{x}(t)$ 的水平运动，圆柱形储液罐内理想流体的速度势函数 $\phi(r,\theta,z,t)$ 应满足柱坐标系下的拉普拉斯方程[1]：

$$\Delta\phi=\frac{\partial^2\phi}{\partial r^2}+\frac{1}{r}\frac{\partial\phi}{\partial r}+\frac{1}{r^2}\frac{\partial^2\phi}{\partial\theta^2}+\frac{\partial^2\phi}{\partial z^2}=0 \tag{11-1}$$

流体域内任一点的流体速度为

$$\{v_r,v_\theta,v_z\}=\left\{\frac{\partial\phi}{\partial r},\frac{1}{r}\frac{\partial\phi}{\partial\theta},\frac{\partial\phi}{\partial z}\right\} \tag{11-2}$$

速度势 ϕ 应满足下列边界条件：

$$\frac{\partial\phi(r,\theta,0,t)}{\partial z}=-r\dot{\alpha}(t)\cos\theta \tag{11-3}$$

$$\frac{\partial\phi(R,\theta,z,t)}{\partial r}=[\dot{x}(t)+\dot{w}(z,t)+z\dot{\alpha}(t)]\cos\theta \tag{11-4}$$

$$\frac{\partial\phi(r,\theta,H,t)}{\partial t}=0 \tag{11-5}$$

$$|\phi(0,\theta,z,t)|<\infty \tag{11-6}$$

显然，式（11-3）表示罐底处流体的垂直速度等于基础的垂直速度，式（11-4）表示罐壁处流体的径向速度等于罐壁的绝对径向速度，式（11-5）表示在流体的自由液面处压力为零，式（11-6）表示流体速度势 ϕ 在 $r=0$ 处应为有限值。

根据叠加原理，设 $\phi=\phi_1+\phi_2+\phi_3$，$\phi_1$ 表示刚性罐水平运动而产生的速度势，ϕ_2 表示罐壁变形而产生的速度势，ϕ_3 表示刚性罐随基础转动时产生的速度势。其中，$\phi_i\,(i=1, 2, 3)$应满足拉普拉斯方程：

$$\Delta\phi_i=\frac{\partial^2\phi_i}{\partial r^2}+\frac{1}{r}\frac{\partial\phi_i}{\partial r}+\frac{1}{r^2}\frac{\partial^2\phi_i}{\partial\theta^2}+\frac{\partial^2\phi_i}{\partial z^2}=0 \tag{11-7}$$

以及下列的边界条件。

（1）$\phi_1(r,\theta,z,t)$ 应满足的边界条件：

$$\frac{\partial \phi_1(r,\theta,0,t)}{\partial z}=0 \tag{11-8a}$$

$$\frac{\partial \phi_1(R,\theta,z,t)}{\partial r}=\dot{x}(t)\cos\theta \tag{11-8b}$$

$$\frac{\partial \phi_1(r,\theta,H,t)}{\partial t}=0 \tag{11-8c}$$

$$|\phi_1(0,\theta,z,t)|<\infty \tag{11-8d}$$

（2） $\phi_2(r,\theta,z,t)$ 应满足的边界条件：

$$\frac{\partial \phi_2(r,\theta,0,t)}{\partial z}=0 \tag{11-9a}$$

$$\frac{\partial \phi_2(R,\theta,z,t)}{\partial r}=\dot{w}(z,t)\cos\theta \tag{11-9b}$$

$$\frac{\partial \phi_2(r,\theta,H,t)}{\partial t}=0 \tag{11-9c}$$

$$|\phi_2(0,\theta,z,t)|<\infty \tag{11-9d}$$

（3） $\phi_3(r,\theta,z,t)$ 应满足的边界条件：

$$\frac{\partial \phi_3(r,\theta,0,t)}{\partial z}=-r\dot{\alpha}(t)\cos\theta \tag{11-10a}$$

$$\frac{\partial \phi_3(R,\theta,z,t)}{\partial r}=z\dot{\alpha}(t)\cos\theta \tag{11-10b}$$

$$\frac{\partial \phi_3(r,\theta,H,t)}{\partial t}=0 \tag{11-10c}$$

$$|\phi_3(0,\theta,z,t)|<\infty \tag{11-10d}$$

根据上述边界条件，采用分离变量法可解得

$$\phi_1(r,\theta,z,t)=[\dot{x}(t)+z\dot{\alpha}(t)]r\cos\theta \tag{11-11a}$$

$$\phi_2(r,\theta,z,t)=\left\{\sum_{i=1}^{\infty}\left[A_i(t)\cosh\left(\frac{\varepsilon_i z}{R}\right)+B_i(t)\sinh\left(\frac{\varepsilon_i(z-H)}{R}\right)\right]J_1\left(\frac{\varepsilon_i r}{R}\right)\right\}\cos\theta \tag{11-11b}$$

$$\phi_3(r,\theta,z,t)=\sum_{i=1}^{\infty}C_i(t)I_1(\beta_i r)\cos(\beta_i z)\cos\theta \tag{11-11c}$$

式中， J_1、I_1 分别为第一类一阶 Bessel 函数和第一类一阶修正 Bessel 函数； ε_i 为 $J_1'(\varepsilon_i)=0$ 的根； $\beta_i=\dfrac{(2i-1)\pi}{2H}$； $A_i(t)$ 和 $B_i(t)$ 根据边界条件（11-9a）～（11-9d）并考虑与刚体运动有关的速度势 ϕ_1 确定； $C_i(t)$ 为 ϕ_3 根据边界条件（11-10b），对 ϕ_3 在$[0, H]$上进行积分并利用正交性得到：

$$A_i(t)=-\frac{2R[\dot{x}(t)+H\dot{\alpha}(t)]}{(\varepsilon_i^2-1)J_1(\varepsilon_i)\cosh(\varepsilon_i S)}$$

$$B_i(t) = -\frac{4R^2\dot{\alpha}(t)}{\varepsilon_i(\varepsilon_i^2 - 1)J_1(\varepsilon_i)\cosh(\varepsilon_i S)}$$

$$C_i(t) = \frac{2}{\beta_i I_1'(\beta_i R)H}\int_0^H W(z,t)\cos(\beta_i z)\mathrm{d}z$$

根据线性化的伯努利方程可得储液罐中液动压力为

$$P_\mathrm{d}(r,\theta,z,t) = -\rho_1\frac{\partial\phi(r,\theta,z,t)}{\partial t} \tag{11-12}$$

因此，罐壁任意一点处的液动压力为

$$\begin{aligned} f(z,t) &= \int_0^{2\pi} P_\mathrm{d}(R,\theta,z,t)R\cos\theta\mathrm{d}\theta = \int_0^{2\pi} -\rho_1\frac{\partial\phi(R,\theta,z,t)}{\partial t}R\cos\theta\mathrm{d}\theta \\ &= -\int_0^{2\pi}\rho_1\frac{\partial\phi_1(R,\theta,z,t)}{\partial t}R\cos\theta\mathrm{d}\theta - \int_0^{2\pi}\rho_1\frac{\partial\phi_2(R,\theta,z,t)}{\partial t}R\cos\theta\mathrm{d}\theta \\ &\quad -\int_0^{2\pi}\rho_1\frac{\partial\phi_3(R,\theta,z,t)}{\partial t}R\cos\theta\mathrm{d}\theta \end{aligned} \tag{11-13}$$

分别对式（11-13）各项进行积分可得

$$\begin{aligned} f(z,t) &= -D_1[\ddot{x}(t) + z\ddot{\alpha}(t)] + \sum_{i=1}^{\infty} D_{2i}[\ddot{x}(t) + H\ddot{\alpha}(t)]\cosh\left(\frac{\varepsilon_i z}{R}\right) \\ &\quad + \sum_{i=1}^{\infty} D_{3i}\ddot{\alpha}(t)\sinh\left(\frac{\varepsilon_i(z-H)}{R}\right) - \sum_{i=1}^{\infty} D_{4i}\cosh(\beta_i z)\int_0^H W(\eta,t)\cos(\beta_i\eta)\mathrm{d}\eta \end{aligned} \tag{11-14}$$

式中

$$D_1 = \pi\rho_1 R^2,\qquad D_{2i} = \frac{2\pi\rho_1 R^2}{(\varepsilon_i^2 - 1)\cosh(\varepsilon_i S)}$$

$$D_{3i} = \frac{4\pi\rho_1 R^3}{\varepsilon_i(\varepsilon_i^2 - 1)\cosh(\varepsilon_i S)},\qquad D_{4i} = \frac{2\pi\rho_1 R I_1(\beta_i R)}{\beta_i I_1'(\beta_i R)H}$$

由储罐底部的液动压力所产生的倾覆弯矩为

$$M_\mathrm{b}(t) = \int_0^R\int_0^{2\pi} P_\mathrm{d}(r,\theta,0,t)r^2\cos\theta\mathrm{d}\theta\mathrm{d}r \tag{11-15}$$

利用下面的积分关系：

$$\int_0^R r^2 J_1\left(\frac{\varepsilon_i r}{R}\right)\mathrm{d}r = \frac{R^3}{\varepsilon_i^2}J_1(\varepsilon_i),\qquad \int_0^R r^2 I_1(\beta_i r)\mathrm{d}r = \frac{R^2}{\beta_i}I_1(\beta_i R) \tag{11-16}$$

对式（11-15）进行积分并整理后可得

$$M_{\mathrm{b}}(t)=-E_1\ddot{x}(t)+\sum_{i=1}^{\infty}E_{2i}[\ddot{x}(t)+H\ddot{\alpha}(t)] \\ -\sum_{i=1}^{\infty}E_{3i}\ddot{\alpha}(t)-\sum_{i=1}^{\infty}E_{4i}\int_0^H W(\eta,t)\cos(\beta_i\eta)\mathrm{d}\eta \tag{11-17}$$

式中

$$E_1=\frac{\pi\rho_1 R^4}{4},\quad E_{2i}=\frac{2\pi\rho_1 R^4}{\varepsilon_i^2(\varepsilon_i^2-1)\cosh(\varepsilon_i S)},\quad E_{3i}=\frac{4\pi\rho_1 R^5}{\varepsilon_i^3(\varepsilon_i^2-1)}\tanh\left(\frac{\varepsilon_i}{S}\right)$$

$$E_{4i}=\frac{2\pi\rho_1 R^2 I_2(\beta_i R)}{\beta_i^2 H I_1'(\beta_i R)}$$

液动压力产生的基底剪力与倾覆弯矩为

$$Q(t)=\int_0^H f(z,t)\mathrm{d}z+\int_0^L m_{\mathrm{s}}[\ddot{x}(t)+z\ddot{\alpha}(t)+\ddot{W}(z,t)]\mathrm{d}z \tag{11-18a}$$

$$M(t)=\int_0^H f(z,t)z\mathrm{d}z+M_{\mathrm{b}}(t)+\int_0^L m_{\mathrm{s}}[\ddot{x}(t)+z\ddot{\alpha}(t)+\ddot{W}(z,t)]z\mathrm{d}z \tag{11-18b}$$

式中，m_{s} 为单位长度罐壁质量。这里只考虑弹性罐壁的一阶振型，即 $W(z,t)=w(t)\psi(z)$。其中，$\psi(z)$ 为弹性罐壁振动的一阶振型，$w(t)$ 为罐壁弹性振动的时间响应坐标。

对式（11-18）进行积分并整理可得

$$Q(t)=[\gamma_1\ddot{w}(t)+\gamma_2\ddot{x}(t)+\gamma_3\ddot{\alpha}(t)]m \tag{11-19a}$$

$$M(t)=[\gamma_4\ddot{w}(t)+\gamma_5\ddot{x}(t)+\gamma_6\ddot{\alpha}(t)]mH \tag{11-19b}$$

式中，$m=\pi R^2\rho_1 H$ 为储罐内流体总质量；系数 $\gamma_i\ (i=1,2,3,4,5,6)$ 的表达式为

$$\gamma_1=\frac{1}{H}\left[\int_0^H\varphi(z)\mathrm{d}z-\sum_{i=1}^{\infty}\frac{1}{(\varepsilon_i-1)\cosh(\varepsilon_i S)}\int_0^H\varphi(z)\cosh\left(\frac{\varepsilon_i z}{R}\right)\mathrm{d}z\right]+\frac{1}{\pi R^2 H\rho_1} \tag{11-20a}$$

$$\gamma_2=1-\sum_{i=1}^{\infty}\frac{2\tanh(\varepsilon_i S)}{(\varepsilon_i-1)\cosh(\varepsilon_i S)}+\frac{\rho_{\mathrm{t}}L^2 h_{\mathrm{s}}}{\rho_1 H^2 R} \tag{11-20b}$$

$$\gamma_3=H\left[\frac{1}{2}-\sum_{i=1}^{\infty}\frac{2\tanh(\varepsilon_i S)}{(\varepsilon_i-1)\cosh(\varepsilon_i S)}+\sum_{i=1}^{\infty}\frac{4(\tanh(\varepsilon_i S)-1)}{(\varepsilon_i^2-1)(\varepsilon_i S)^2\cosh(\varepsilon_i S)}\right]+\frac{2\rho_{\mathrm{t}}Lh_{\mathrm{s}}}{\rho_1 HR} \tag{11-20c}$$

$$\gamma_4=\frac{1}{H}\int_0^H\varphi(z)\mathrm{d}z-\sum_{i=1}^{\infty}\frac{2}{(\varepsilon_i^2-1)\cosh(\varepsilon_i S)}\int_0^H\varphi(z)\cosh\left(\frac{\varepsilon_i z}{R}\right)\mathrm{d}z \\ -\sum_{0}^{\infty}\frac{2}{\varepsilon_i(\varepsilon_i^2-1)\cosh(\varepsilon_i S)}\int_0^H\varphi(z)\sinh\left(\frac{\varepsilon_i}{R}(z-H)\right)\mathrm{d}z+\frac{m_{\mathrm{s}}}{\pi R^2 H\rho_1}\int_0^L z\varphi(z)\mathrm{d}z \tag{11-20d}$$

$$\gamma_5=\gamma_3/H \tag{11-20e}$$

$$\gamma_6 = H\left[\frac{1}{3} - \sum_{i=1}^{\infty}\frac{2\tanh(\varepsilon_i S)}{(\varepsilon_i - 1)(\varepsilon_i S)} + \sum_{i=1}^{\infty}\frac{8\tanh(\varepsilon_i S)}{(\varepsilon_i - 1)(\varepsilon_i S)^3} - \sum_{i=1}^{\infty}\frac{2(4-\tanh(\varepsilon_i S))}{(\varepsilon_i^2 - 1)(\varepsilon_i S)^2\cosh(\varepsilon_i S)}\right] + \frac{\rho_t L^3 h_s}{3\rho_l H^3 R} \tag{11-20f}$$

11.1.3 两质点模型

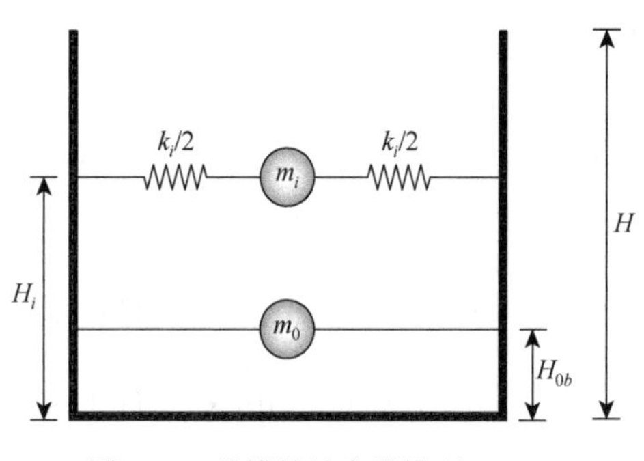

图 11-2 储罐等效力学模型（一）

如图 11-2 所示，考虑储罐基础平动与转动的圆柱形柔性罐的等效力学模型[1]。m_f 和 H_{fb} 分别为罐内液体与储罐罐壁相互耦联振动作用的柔性脉冲质量和相对应的柔性脉冲质量的高度，m_0 和 H_{0b} 分别为储罐内与刚性罐壁一起运动的刚性脉冲质量和相对应的刚性脉冲质量的高度。下标 b 表示等效高度中考虑了罐底动水压力变化的影响。与质量 m_f 和 m_0 对应的位移为 $y(t)$、$x(t)$，罐底转角为 $\alpha(t)$。因此储罐总的基底剪力和倾覆弯矩的表达式为

$$Q(t) = m_f\ddot{y}(t) + m_r\ddot{x}(t) + m_0 H_r\ddot{\alpha}(t) \tag{11-21a}$$

$$M(t) = m_f H_{fb}\ddot{y}(t) + m_0 H_{0b}\ddot{x}(t) + (m_0 H_{0b}^2 + J_0)\ddot{\alpha}(t) \tag{11-21b}$$

式中，J_0 为刚性脉冲质量 m_0 的转动惯量。

为了能够用 $w(t)$ 来表示 $y(t)$，原型罐与等效力学模型的流体动能必须相等，即

$$m_f\dot{y}^2(t) = \gamma_7\dot{w}^2(y) \tag{11-22}$$

式中，$\gamma_7 = \sum_{i=1}^{\infty} -\left(\frac{I_1(\beta_i R)}{R\beta_i I_1'(\beta_i R)H^2}\right)\left(\int_0^H \psi(\eta)\cos(\beta_i\eta)\mathrm{d}\eta\right)^2$。

由式（11-22）得到 $y(t)$ 与 $w(t)$ 的关系为

$$\ddot{w}(t) = (\gamma_1/\gamma_7)\ddot{y}(t) \tag{11-23}$$

将式（11-23）代入式（11-21）可得

$$Q(t) = m\left(\frac{\gamma_1^2}{\gamma_7}\right)\ddot{y}(t) + m\gamma_2\ddot{x}(t) + m\gamma_3\ddot{\alpha}(t) \tag{11-24a}$$

$$M(t)=mH\left(\frac{\gamma_1\gamma_4}{\gamma_7}\right)\ddot{y}(t)+mH\gamma_5\ddot{x}(t)+mH\gamma_6\ddot{\alpha}(t) \tag{11-24b}$$

根据原型罐和等效力学模型基底剪力和倾覆弯矩相等原则，比较式（11-19）与式（11-24）的对应项，可以得到等效力学模型中各个物理参数的具体表达式：

$$H_{fb}=(\gamma_4/\gamma_1)H,\quad m_f=(\gamma_1^2/\gamma_7)m \tag{11-25a}$$

$$m_0=\gamma_2 m,\quad H_{0b}=\gamma_3/\gamma_2 \tag{11-25b}$$

$$m_0H_{0b}^2+J_0=\gamma_6 mH \tag{11-25c}$$

通常 m_f 为参与弹性罐壁振动的 m_0 的一部分，远小于 m_0 且正比于相对加速度。因此，可以将 m_f 从 m_0 中解耦出来得到图 11-2 所示的等效力学模型，相应的变换如下：

$$m_i=m_f,\quad m_r=m_0-m_i,\quad H_i=H_{fb} \tag{11-26a}$$

$$m_0H_{0b}=m_iH_i+m_rH_r,\quad m_0H_{0b}^2+J_0=m_iH_i^2+m_rH_r^2+J_r \tag{11-26b}$$

悬臂剪切梁或悬臂弯曲梁用于计算高罐与矮罐所对应的柔性脉冲质量 m_i 的基本固有频率。对于高罐而言，这种方法能够获得比较合理的基本固有频率，但会使矮罐的基本固有频率偏高。这是因为引起圆截面变形的壳体的径向变形决定了矮罐的基本振型。因此，固有频率的计算必须基于壳体理论。Haroun 等[3]给出了与柔性脉冲质量 m_i 相连的弹簧常数 k_i 的拟合公式为

$$k_i=\left(\frac{4\pi^5E_{st}h_{st}m_i}{m}\right)(0.000335S^3-0.000021S^2-0.016361S+0.065598)^2 \tag{11-27}$$

则集中质量 m_i 与罐壁相连接的阻尼系数为

$$c_i=2\zeta_i\sqrt{k_im_i} \tag{11-28}$$

式中，$\zeta_i=0.02$ 表示柔性脉冲质量的阻尼比。

11.1.4　三质点模型

圆柱形储液罐的修正力学模型如图 11-3 所示。11.1.2 节理论推导中认为自由液面晃动与液固耦合系统相互作用较弱，忽略了流体自由液面晃动。本节考虑流体对流晃动的影响，按照 Haroun 等[3]的刚性罐对流系统分析，一阶对流晃动模态对应的对流分量的等效质量 m_c、距储罐底板高度 H_c、晃动基本频率 ω_c、与罐壁相连接的弹簧刚度 k_c 和阻尼系数 c_c 为

$$\begin{cases} m_{\mathrm{c}} = 0.455\pi\rho_1 R^3 \tanh(1.84S) \\ H_{\mathrm{c}} = \left[1 - \dfrac{1}{1.84S}\tanh(0.92S)\right]H \\ \omega_{\mathrm{c}}^2 = \dfrac{1.84g}{R}\tanh(1.84S) \\ k_{\mathrm{c}} = m_{\mathrm{c}}\omega_{\mathrm{c}}^2 \\ c_{\mathrm{c}} = 2\zeta_{\mathrm{c}} m_{\mathrm{c}}\omega_{\mathrm{c}}^2 \end{cases} \tag{11-29}$$

式中，ζ_{c}=0.005 表示对流质量的等效阻尼比。

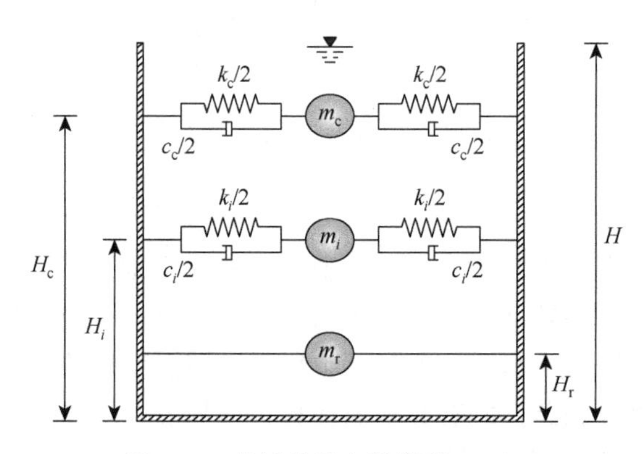

图 11-3　储罐等效力学模型（二）

11.2　土/基础-储罐-流体耦合模型

地基阻抗是依赖于外荷载激励频率的，无法直接在传统的动力分析中以及非线性分析中使用。将与频率相关的地基阻抗转换为与频率无关的集总参数模型，可以直接在传统的动力分析中以及非线性分析中使用。如图 11-4 所示，基于子结构法概念，采用 Wu 等[4]提出的系统集总参数模型描述明置刚性圆形基础的水平和摇摆阻抗，结合 11.1.4 节的储罐等效力学模型，建立土/基础-储罐-流体耦合体系的简化力学模型。假定基础的水平和摇摆阻抗分别采用具有 N_{h} 和 N_{r} 自由度的系统集总参数模型来表示，其中水平和摇摆集总参数模型分别有 Q 和 P 个第二类离散单元模型。

根据 Hamilton 原理，耦合体系的运动控制方程可以表达为

$$\delta\int_{t_1}^{t_2}(T-V)\mathrm{d}t + \int_{t_1}^{t_2}\delta W_{\mathrm{c}}\mathrm{d}t = 0 \tag{11-30}$$

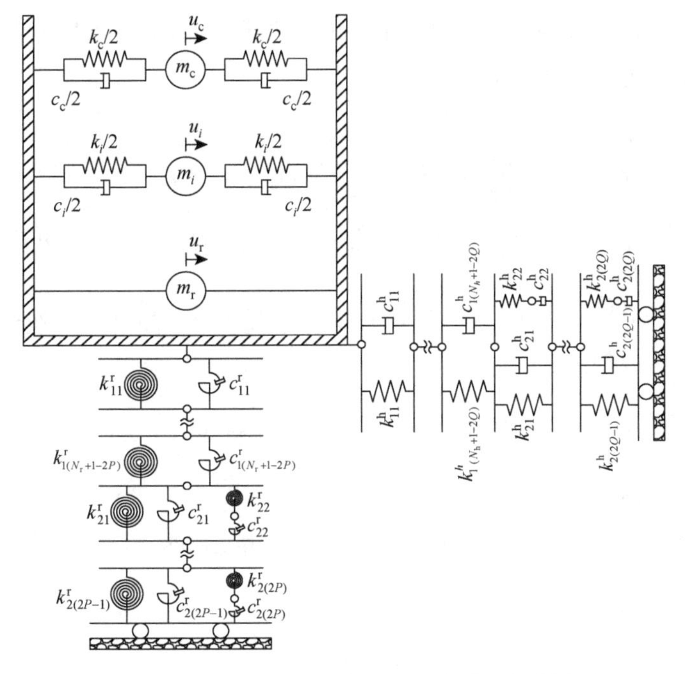

图 11-4　土/基础-储罐-流体耦合体系的力学模型

整个系统的动能 T 和位能 V 为

$$
\begin{aligned}
T=&\frac{1}{2}m_{\mathrm{c}}(\dot{x}_{\mathrm{c}}+\dot{x}_{\mathrm{b}}+H_{\mathrm{c}}\dot{\varphi}_{11}^{r}+\dot{u}_{\mathrm{g}})^2+\frac{1}{2}m_i(\dot{x}_i+\dot{x}_b+H_i\dot{\varphi}_{11}^{r}+\dot{u}_{\mathrm{g}})^2\\
&+\frac{1}{2}(m_{\mathrm{r}}+m_b)(\dot{x}_b+H_r\dot{\varphi}_{11}^{r}+\dot{u}_{\mathrm{g}})^2+\frac{1}{2}(J_{\mathrm{r}}+J_b)(\dot{\varphi}_{11}^{r})^2
\end{aligned}
\tag{11-31}
$$

$$
\begin{aligned}
V=&\frac{1}{2}k_{\mathrm{c}}(x_{\mathrm{c}})^2+\frac{1}{2}k_i(x_i)^2+\frac{1}{2}\sum_{l=1}^{N_{\mathrm{h}}-2Q}k_{1l}^{\mathrm{h}}(x_{1l}^{\mathrm{h}}-x_{1(l+1)}^{\mathrm{h}})^2+\frac{1}{2}k_{1(N_{\mathrm{h}}+1-2Q)}^{\mathrm{h}}(x_{1(N_{\mathrm{h}}+1-2Q)}^{\mathrm{h}}-x_{21}^{\mathrm{h}})^2\\
&+\frac{1}{2}\sum_{l=1,3,\cdots,2Q-3}[k_{2l}^{\mathrm{h}}(x_{2l}^{\mathrm{h}}-x_{2(l+2)}^{\mathrm{h}})^2+k_{2(l+1)}^{\mathrm{h}}(x_{2l}^{\mathrm{h}}-x_{2(l+1)}^{\mathrm{h}})^2]\\
&+\frac{1}{2}k_{2(2Q-1)}^{\mathrm{h}}(x_{2(2Q-1)}^{\mathrm{h}})^2+\frac{1}{2}k_{2(2Q)}^{\mathrm{h}}(x_{2(2Q-1)}^{\mathrm{h}}-x_{2(2Q)}^{\mathrm{h}})^2\\
&+\frac{1}{2}\sum_{n=1}^{N_{\mathrm{r}}-2P}k_{1n}^{\mathrm{r}}(\varphi_{1n}^{\mathrm{r}}-\varphi_{1(n+1)}^{\mathrm{r}})^2+\frac{1}{2}k_{1(N_{\mathrm{r}}+1-2P)}^{\mathrm{r}}(\varphi_{1(N_{\mathrm{r}}+1-2P)}^{\mathrm{r}}-\varphi_{21}^{\mathrm{r}})^2\\
&+\frac{1}{2}\sum_{n=1,3,\cdots,2P-3}[k_{2n}^{\mathrm{r}}(\varphi_{2n}^{\mathrm{r}}-\varphi_{2(n+2)}^{\mathrm{r}})^2+k_{2(n+1)}^{\mathrm{r}}(\varphi_{2n}^{\mathrm{r}}-\varphi_{2(n+1)}^{\mathrm{r}})^2]\\
&+\frac{1}{2}k_{2(2P-1)}^{\mathrm{r}}(\varphi_{2(2P-1)}^{\mathrm{r}})^2+\frac{1}{2}k_{2(2P)}^{\mathrm{r}}(\varphi_{2(2P-1)}^{\mathrm{r}}-\varphi_{2(2P)}^{\mathrm{r}})^2
\end{aligned}
\tag{11-32}
$$

式中，$J_b = m_{b1}(3R^2 + h_{cr})/12$ 为储罐基础的转动惯量，m_{b1} 为基础质量并假定为液体总质量的 5%，h_{cr} 为基础厚度。

阻尼力所做的功 W_c 的变分为

$$\begin{aligned}
\delta W = & -c_c\dot{x}_c\delta x_c - c_i\dot{x}_i\delta x_i - \sum_{l=1}^{N_h-2Q}[c_{1l}^h(\dot{x}_{1l}^h - \dot{x}_{1(l+1)}^h)\delta(x_{1l}^h - x_{1(l+1)}^h)] \\
& - \sum_{l=1,3,\cdots,2Q-3}[c_{2l}^h(\dot{x}_{2l}^h - \dot{x}_{2(l+2)}^h)\delta(x_{2l}^h - x_{2(l+2)}^h) + c_{2(l+1)}^h(\dot{x}_{2(l+1)}^h - \dot{x}_{2(l+2)}^h)\delta(x_{2(l+1)}^h - x_{2(l+2)}^h)] \\
& - c_{1(N_h+1-2Q)}^h(\dot{x}_{1(N_h+1-2Q)}^h - \dot{x}_{21}^h)\delta(x_{1(N_h+1-2Q)}^h - x_{21}^h) - c_{2(2Q-1)}^h\dot{x}_{2(2Q-1)}^h\delta x_{2(2Q-1)}^h \\
& - c_{2(2Q)}^h\dot{x}_{2(2Q)}^h\delta x_{2(2Q)}^h \\
& - \sum_{n=1}^{N_r-2P}[c_{1n}^r(\dot{\varphi}_{1n}^r - \dot{\varphi}_{1(n+1)}^r)\delta(\varphi_{1n}^r - \varphi_{1(n+1)}^r)] - c_{1(N_r+1-2P)}^r(\dot{\varphi}_{1(N_r+1-2P)}^r - \dot{\varphi}_{21}^r) \\
& \cdot\delta(\varphi_{1(N_r+1-2P)}^r - \varphi_{21}^r) \\
& - \sum_{n=1,3,\cdots,2P-3}[c_{2n}^r(\dot{\varphi}_{2n}^r - \dot{\varphi}_{2(n+2)}^r)\delta(\varphi_{2n}^r - \varphi_{2(n+2)}^r) + c_{2(n+1)}^r(\dot{\varphi}_{2(n+1)}^r - \dot{\varphi}_{2(n+2)}^r) \\
& \cdot\delta(\varphi_{2(n+1)}^r - \varphi_{2(n+2)}^r)] \\
& - c_{2(2P-1)}^r\dot{\varphi}_{2(2P-1)}^r\delta\varphi_{2(2P-1)}^r - c_{2(2P)}^r\dot{\varphi}_{2(2P)}^r\delta\varphi_{2(2P)}^r
\end{aligned} \tag{11-33}$$

将式（11-31）～式（11-33）代入式（11-30）得到耦合系统在水平向地震波加速度为 $\ddot{u}_g$ 激励下的控制运动矩阵方程：

$$\boldsymbol{M}\ddot{\boldsymbol{x}} + \boldsymbol{C}\dot{\boldsymbol{x}} + \boldsymbol{K}\boldsymbol{x} = -\boldsymbol{M}r\ddot{u}_g \tag{11-34}$$

式中，$\boldsymbol{M}$、$\boldsymbol{C}$、$\boldsymbol{K}$ 分别为土/基础-储罐-流体耦合系统的质量、阻尼和刚度矩阵；$\boldsymbol{x} = [u_c, u_i, u_r, u_{11}^h, \cdots, u_{1(N_h-2Q)}^h, u_{21}^h, \cdots, u_{2(2Q)}^h, u_{11}^r, \cdots, u_{1(N_r+1-2P)}^r, \cdots, u_{21}^r, \cdots, u_{2(2P)}^r]$ 为系统的广义位移向量；r 为地震影响系数。$\boldsymbol{M}$、$\boldsymbol{C}$、$\boldsymbol{K}$ 的具体表达式如下：

$$\boldsymbol{M} = \begin{bmatrix}
m_c & 0 & m_c & 0_{(N_h-1)} & m_c H_c & 0_{(N_r-1)} \\
0 & m_i & m_i & 0_{(N_h-1)} & m_i H_i & 0_{(N_r-1)} \\
m_c & m_i & \begin{matrix} m_c + m_i \\ +m_r + m_{b1} \end{matrix} & \{0\}_{(N_h-1)} & \begin{matrix} m_c H_c + m_i H_i \\ +(m_r + m_{b1})H_r \end{matrix} & 0_{(N_r-1)} \\
0_{(N_h-1)}^T & 0_{(N_h-1)}^T & 0_{(N_h-1)}^T & 0_{(N_h-1)\times(N_h-1)} & 0_{(N_h-1)}^T & 0_{(N_h-1)\times(N_r-1)} \\
m_c H_c & m_i H_i & \begin{matrix} m_c H_c + m_i H_i \\ +(m_r + m_{b1})H_r \end{matrix} & 0_{(N_h-1)} & \begin{matrix} m_c H_c + m_i H_i + \\ (m_r + m_{b1})H_r + J_r + J_b \end{matrix} & 0_{(N_r-1)} \\
0_{(N_r-1)}^T & 0_{(N_r-1)}^T & 0_{(N_r-1)}^T & 0_{(N_r-1)\times(N_h-1)} & 0_{(N_r-1)}^T & 0_{(N_r-1)\times(N_r-1)}
\end{bmatrix}$$

$$\boldsymbol{C} = \begin{bmatrix} \boldsymbol{C}_f & & \boldsymbol{0} \\ & \boldsymbol{C}_s^h & \\ \boldsymbol{0} & & \boldsymbol{C}_s^r \end{bmatrix}, \quad \boldsymbol{K} = \begin{bmatrix} \boldsymbol{K}_f & & \boldsymbol{0} \\ & \boldsymbol{K}_s^h & \\ \boldsymbol{0} & & \boldsymbol{K}_s^r \end{bmatrix}, \quad \boldsymbol{K}_f = \begin{bmatrix} k_c & \\ & k_i \end{bmatrix}, \quad \boldsymbol{C}_f = \begin{bmatrix} c_c & \\ & c_i \end{bmatrix}$$

$$
\boldsymbol{C}_{\mathrm{s}}^{\mathrm{h}}=\begin{bmatrix}
c_{11}^{\mathrm{h}} & -c_{11}^{\mathrm{h}} & & & & & & & \\
-c_{11}^{\mathrm{h}} & c_{11}^{\mathrm{h}}+c_{12}^{\mathrm{h}} & -c_{12}^{\mathrm{h}} & & & & & & \\
 & -c_{12}^{\mathrm{h}} & \ddots & -c_{1(N_{\mathrm{h}}+1-2Q)}^{\mathrm{h}} & & & \mathbf{0} & & \\
 & & -c_{1(N_{\mathrm{h}}+1-2Q)}^{\mathrm{h}} & c_{(N_{\mathrm{h}}+1-2Q)}^{\mathrm{h}}+c_{21}^{\mathrm{h}} & & -c_{21}^{\mathrm{h}} & & & \\
 & & & & c_{22}^{\mathrm{h}} & -c_{22}^{\mathrm{h}} & & & \\
 & & & -c_{21}^{\mathrm{h}} & -c_{22}^{\mathrm{h}} & \sum\limits_{i=1,2,3} c_{2i}^{\mathrm{h}} & & -c_{2(2Q-3)}^{\mathrm{h}} & \\
 & & \mathbf{0} & & & & \ddots & -c_{2(2Q-2)}^{\mathrm{h}} & \\
 & & & & & -c_{2(2Q-3)}^{\mathrm{h}} & -c_{2(2Q-2)}^{\mathrm{h}} & \sum\limits_{i=1,2,3} c_{2(2Q-i)}^{\mathrm{h}} & \\
 & & & & & & & & c_{2(2Q)}^{\mathrm{h}}
\end{bmatrix}
$$

$$
\boldsymbol{C}_{\mathrm{s}}^{\mathrm{r}}=\begin{bmatrix}
c_{11}^{\mathrm{r}} & -c_{11}^{\mathrm{r}} & & & & & & & \\
-c_{11}^{\mathrm{r}} & c_{11}^{\mathrm{r}}+c_{12}^{\mathrm{r}} & -c_{12}^{\mathrm{r}} & & & & & & \\
 & -c_{12}^{\mathrm{r}} & \ddots & -c_{1(N_{\mathrm{r}}+1-2P)}^{\mathrm{r}} & & & \mathbf{0} & & \\
 & & -c_{1(N_{\mathrm{r}}+1-2P)}^{\mathrm{r}} & c_{(N_{\mathrm{r}}+1-2P)}^{\mathrm{r}}+c_{21}^{\mathrm{r}} & & -c_{21}^{\mathrm{r}} & & & \\
 & & & & c_{22}^{\mathrm{r}} & -c_{22}^{\mathrm{r}} & & & \\
 & & & -c_{21}^{\mathrm{r}} & -c_{22}^{\mathrm{r}} & \sum\limits_{i=1,2,3} c_{2i}^{\mathrm{r}} & & -c_{2(2P-3)}^{\mathrm{r}} & \\
 & & \mathbf{0} & & & & \ddots & -c_{2(2P-2)}^{\mathrm{r}} & \\
 & & & & & -c_{2(2P-3)}^{\mathrm{r}} & -c_{2(2P-2)}^{\mathrm{r}} & \sum\limits_{i=1,2,3} c_{2(2P-i)}^{\mathrm{r}} & \\
 & & & & & & & & c_{2(2P)}^{\mathrm{r}}
\end{bmatrix}
$$

$$
\boldsymbol{K}_{\mathrm{s}}^{\mathrm{h}}=\begin{bmatrix}
k_{11}^{\mathrm{h}} & -k_{11}^{\mathrm{h}} & & & & & & \\
-k_{11}^{\mathrm{h}} & k_{11}^{\mathrm{h}}+k_{12}^{\mathrm{h}} & -k_{12}^{\mathrm{h}} & & & \mathbf{0} & & \\
 & -k_{12}^{\mathrm{h}} & \ddots & -k_{1(N_{\mathrm{h}}+1-2Q)}^{\mathrm{h}} & & & & \\
 & & -k_{1(N_{\mathrm{h}}+1-2Q)}^{\mathrm{h}} & k_{(N_{\mathrm{h}}+1-2Q)}^{h}+k_{21}^{\mathrm{h}}+k_{22}^{\mathrm{h}} & -k_{22}^{\mathrm{h}} & -k_{21}^{\mathrm{h}} & & \\
 & & & -k_{22}^{\mathrm{h}} & k_{22}^{\mathrm{h}} & & & \\
 & & & -k_{21}^{\mathrm{h}} & & \ddots & & \\
 & & \mathbf{0} & & & & \sum\limits_{i=0,1,3} k_{2(2Q-i)}^{\mathrm{h}} & -k_{2(2Q)}^{\mathrm{h}} \\
 & & & & & & -k_{2(2Q)}^{\mathrm{h}} & k_{2(2Q)}^{\mathrm{h}}
\end{bmatrix}
$$

$$
\boldsymbol{K}_{\mathrm{s}}^{\mathrm{r}}=\begin{bmatrix}
k_{11}^{\mathrm{r}} & -k_{11}^{\mathrm{r}} & & & & & & \\
-k_{11}^{\mathrm{r}} & k_{11}^{\mathrm{r}}+k_{12}^{\mathrm{r}} & -k_{12}^{\mathrm{r}} & & & \mathbf{0} & & \\
 & -k_{12}^{\mathrm{r}} & \ddots & -k_{1(N_{\mathrm{r}}+1-2P)}^{\mathrm{r}} & & & & \\
 & & -k_{1(N_{\mathrm{r}}+1-2P)}^{\mathrm{r}} & k_{(N_{\mathrm{r}}+1-2P)}^{\mathrm{r}}+k_{21}^{\mathrm{r}}+k_{22}^{\mathrm{r}} & -k_{22}^{\mathrm{r}} & -k_{21}^{\mathrm{r}} & & \\
 & & & -k_{22}^{\mathrm{r}} & k_{22}^{\mathrm{r}} & & & \\
 & & & -k_{21}^{\mathrm{r}} & & \ddots & & \\
 & & \mathbf{0} & & & & \sum\limits_{i=0,1,3} k_{2(2P-i)}^{\mathrm{r}} & -k_{2(2P)}^{\mathrm{r}} \\
 & & & & & & -k_{2(2P)}^{\mathrm{r}} & k_{2(2P)}^{\mathrm{r}}
\end{bmatrix}
$$

考虑到式（11-34）中三个集中质量的位移是相对于罐壁的位移，阻尼矩阵中的子矩阵 $\boldsymbol{C}_{\mathrm{f}}$ 与 $\boldsymbol{C}_{\mathrm{s}}^{\mathrm{h}}$、$\boldsymbol{C}_{\mathrm{s}}^{\mathrm{r}}$ 之间互不耦合，以及刚度矩阵中的子矩阵 $\boldsymbol{K}_{\mathrm{f}}$ 与 $\boldsymbol{K}_{\mathrm{s}}^{\mathrm{h}}$、$\boldsymbol{K}_{\mathrm{s}}^{\mathrm{r}}$ 之间互不耦合，基于 MATLAB 编程语言，采用 Newmark-β 逐步积分法可以方便快速地求解式（11-34），获得结构的时程响应。当储罐受到地震激励时，流体动水压力作用于罐壁和罐底将产生基底剪力和倾覆弯矩，自由液面波动会产生晃动波高。这三个响应量是储罐抗震设计的重要控制指标。如图 11-4 所示的等效力学模型，储罐结构的对流晃动高度 D_x、基底剪力 F_b 和倾覆弯矩 M_b 分别表达为

$$D_x = -0.841R(\ddot{u}_{\mathrm{c}} + \ddot{u}_{\mathrm{r}} + H_{\mathrm{c}}\ddot{u}_{11}^{r} + \ddot{u}_{\mathrm{g}}) / g \tag{11-35a}$$

$$F_{\mathrm{b}} = m_{\mathrm{c}}(\ddot{u}_{\mathrm{c}} + \ddot{u}_{\mathrm{r}} + H_{\mathrm{c}}\ddot{u}_{11}^{r} + \ddot{u}_{\mathrm{g}}) + m_i(\ddot{u}_i + \ddot{u}_{\mathrm{r}} + H_i\ddot{u}_{11}^{r} + \ddot{u}_{\mathrm{g}}) + m_{\mathrm{r}}(\ddot{u}_{\mathrm{r}} + H_{\mathrm{r}}\ddot{u}_{11}^{r} + \ddot{u}_{\mathrm{g}}) \tag{11-35b}$$

$$\begin{aligned} M_b = {} & m_{\mathrm{c}}H_{\mathrm{c}}(\ddot{u}_{\mathrm{c}} + \ddot{u}_{\mathrm{r}} + H_{\mathrm{c}}\ddot{u}_{11}^{r} + \ddot{u}_{\mathrm{g}}) + m_iH_i(\ddot{u}_i + \ddot{u}_{\mathrm{r}} + H_i\ddot{u}_{11}^{r} + \ddot{u}_{\mathrm{g}}) \\ & + m_{\mathrm{r}}H_{\mathrm{r}}(\ddot{u}_{\mathrm{r}} + H_{\mathrm{r}}\ddot{u}_{11}^{r} + \ddot{u}_{\mathrm{g}}) + (J_{\mathrm{r}} + J_b)\ddot{u}_{11}^{r} \end{aligned} \tag{11-35c}$$

11.3 模 型 验 证

11.3.1 集总参数模型验证

假设土体泊松比 $\nu = 1/3$，采用系统化集总参数模型分析基于弹性半空间地基上的明置刚性圆形基础的动力阻抗函数。这里高频极限值 δ 基于 Gazetas[5]计算结果。图 11-5 和图 11-6 所示为采用 Luco 等[6]给出的圆形基础阻抗函数的弹性半空间精确解与系统化集总参数模型拟合结果的对比。从图 11-5 和图 11-6 中可以看出，当复多项式的拟合阶数为 $N = 2$ 时，集总参数模型能较好地模拟弹性半空间精确解的变化。

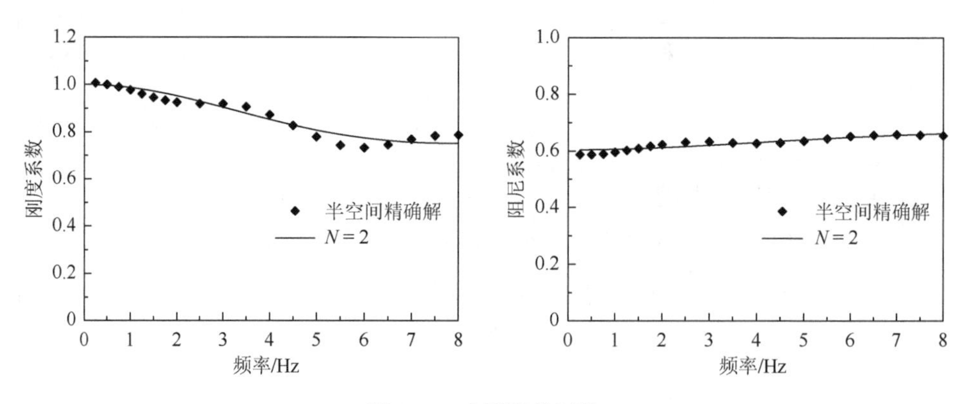

图 11-5 水平阻抗函数

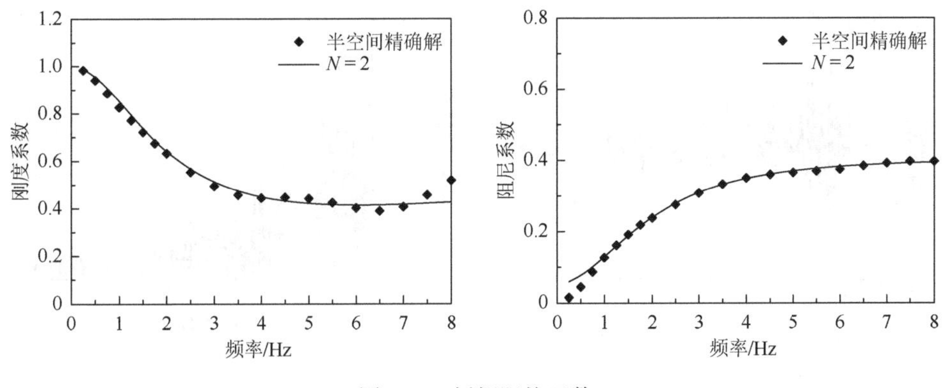

图 11-6　摇摆阻抗函数

11.3.2　土/基础-储罐-流体耦合体系模型验证

为验证土/基础-储罐-流体耦合体系的结构模型的有效性及程序的正确性，通过两个算例对明置圆形基础上的储罐进行考虑土-结构相互作用的自振特性分析及响应分析，并将本章结果与已有文献解进行对比验证。算例一：基于刚性基岩上（$V_s = 5000$m/s）的储液罐的流体晃动响应分析；算例二：基于弹性半空间地基上的储液罐自由振动分析。储液罐的几何尺寸和材料属性如表 11-1 所示。

表 11-1　储罐几何尺寸和材料属性

储罐类别	R/m	L/m	S（H/R）	t_s/cm	E_s/GPa	ρ_s /(kg/m^3)	ρ_1 /(kg/m^3)
高罐	18.3	12.2	0.667	2.54	210	7840	1000
矮灌	7.32	21.96	2.0	2.54（1.46）	210	7840	1000

1. 刚性基岩上的柔性储液罐

分析不同地震波激励下耦合结构模型的自由液面晃动响应。所取地震波分别为 1940 年的 N-S 方向的 El-Centro 波、1952 年的 N21E 方向的 Taft 波和 1994 年 E-W 方向的 Northridge 波。三个地震波的加速度时程曲线如图 11-7 所示。表 11-2 给出了不同地震波激励下储液罐的晃动波高峰值。表中误差项为本章解与 Kim 等解[7]的比较。从表中可以看出本章解与文献解误差很小，验证了本章方法的正确性与有效性。图 11-8 为受到 El-Centro 地震荷载作用的自由液面晃动响应时程曲线。计算得到的波高响应在时间上与 Kim 等解吻合较好。但是波高峰值误差较大，这是由于 Kim 等考虑了前 20 阶对流晃动分量。

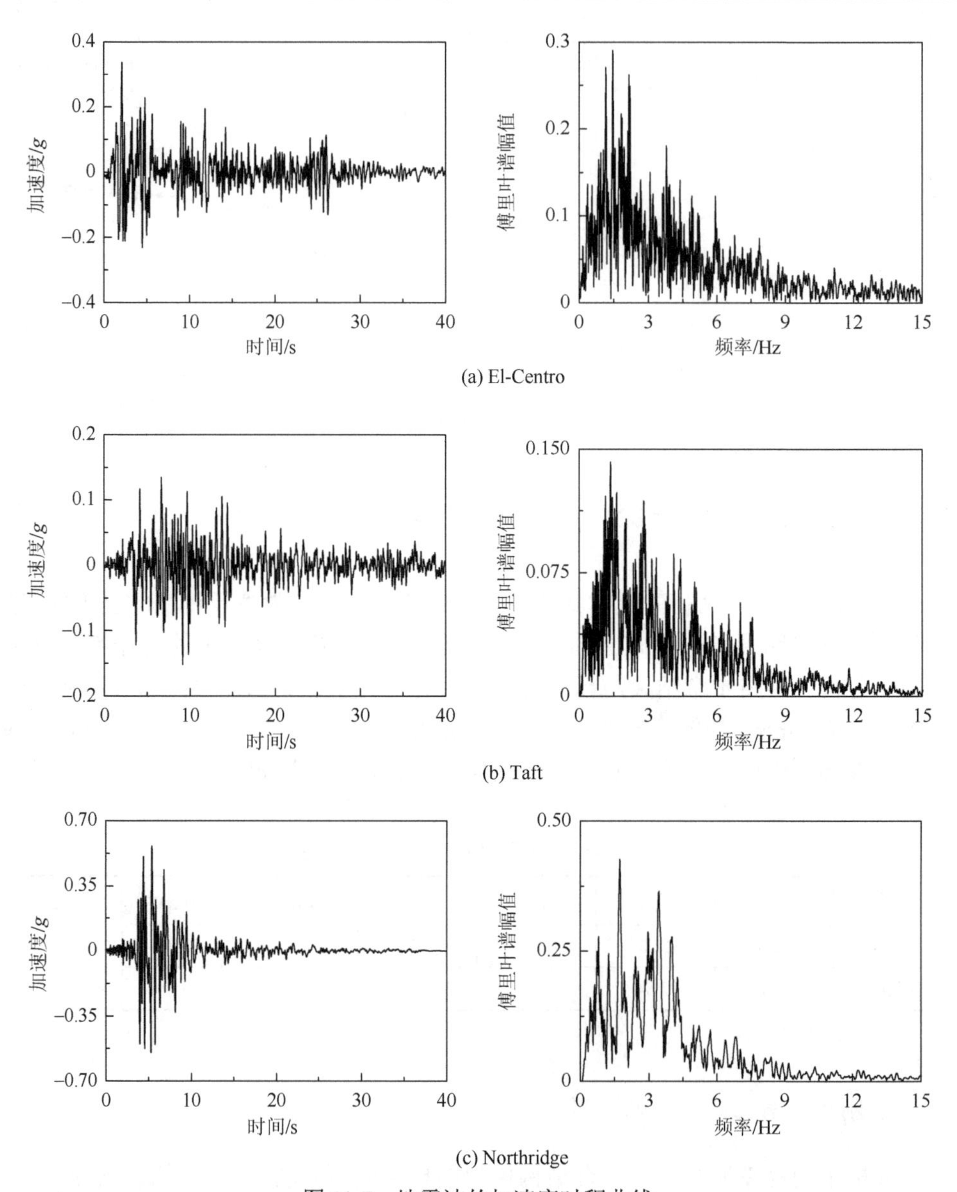

(a) El-Centro

(b) Taft

(c) Northridge

图 11-7　地震波的加速度时程曲线

表 11-2　不同地震波作用下储罐晃动波高的峰值　　单位：cm

地震波	矮灌				高罐			
	Haroun 等[3]	Kim 等[7]	本章解	误差	Haroun 等[3]	Kim 等[7]	本章解	误差
El-Centro	35.2	35.6	35.7	0.28%	37.9	38.2	38.2	0.00%
Taft	42.6	41.9	42.0	0.24%	38.3	38.4	38.0	1.04%
Northridge	43.3	43.6	43.8	0.46%	68.7	69.8	68.9	1.29%

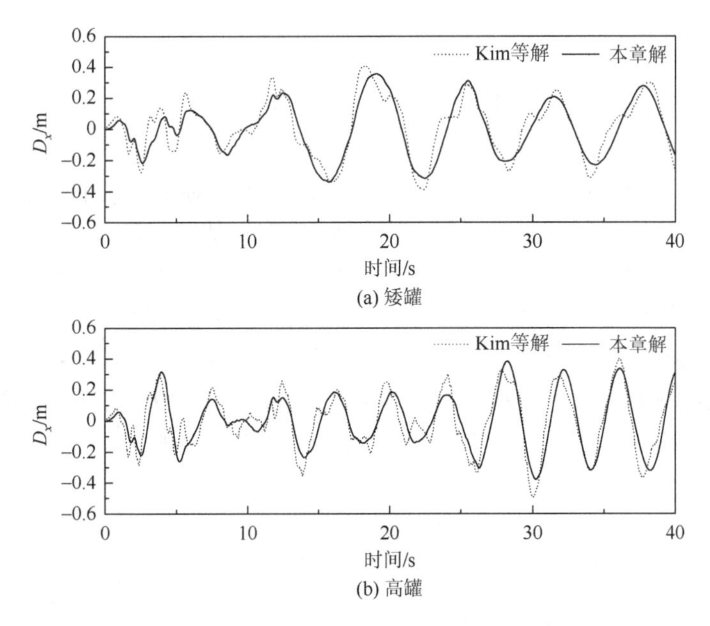

图 11-8　高罐与矮罐自由液面晃动高度的时程曲线

2. 弹性地基上的柔性储液罐

考虑土体泊松比$\nu = 1/3$，分析基于弹性半空间地基上的高罐的自振特性。储罐高径比 H/R 分别取 1.0、2.0 和 3.0；土体剪切波波速 V_s 分别取 305m/s、457m/s 和 914m/s。对于不同的充液深度和土体剪切波波速，通过基于坚硬基岩上的储罐固有频率对弹性半空间地基上的储罐固有频率进行归一化，并与 Veletsos 等[8]、Kim 等[7]的计算结果进行对比，如表 11-3 所示。从表中可以看出本章解与文献解具有较好的一致性，验证了本章考虑土/基础-储罐-流体耦合相互作用的计算方法的正确性与有效性。

表 11-3　不同 H/R 和 V_s 下储罐的归一化固有频率

V_s /(m/s)	高径比 H/R								
	Veletsos 等[8]			Kim 等[7]			本章解		
	1.0	2.0	3.0	1.0	2.0	3.0	1.0	2.0	3.0
914	0.928	0.930	0.936	0.931	0.931	0.930	0.939	0.930	0.940
457	0.751	0.776	0.795	0.788	0.782	0.791	0.785	0.782	0.796
305	0.584	0.629	0.656	0.643	0.638	0.646	0.624	0.641	0.662

注：固有频率比表示置于软土地基与刚性基岩上的储罐固有频率的比值。

11.4　数 值 分 析

取表 11-1 所给出的两种圆柱形柔性储罐为研究对象，其中高罐的罐壁厚度 $h_s = 2.54\text{cm}$，罐壁材料的弹性模量 $E_s = 206.8\text{GPa}$。基础质量取液体总质量 m 的 1/10。取六种地基土土质和三个地震波来研究柔性土体对储罐自振特性及地震响应的影响，六种地基土类别分别为地震荷载作用下易塌陷的土质、软黏土、硬土、土壤密集的软岩石、岩石、坚硬岩石。土体泊松比 $\nu = 1/3$。六类土体的属性如表 11-4 所示。所取地震波分别为 1940 年的 El-Centro 波、1952 年的 Taft 波、1994 年的 Northridge 波。三个地震波的加速度时程曲线如图 11-7 所示。

表 11-4　土体属性

土体类别	剪切波波速/(m/s)	密度/(kg/m^3)	剪切模量/(kN/m^2)
S_1	1149.1	2000	2692310
S_2	614.25	2000	769230
S_3	309.22	1900	192310
S_4	169.36	1900	57690
S_5	120.82	1800	26790
S_6	82.54	1800	12500

11.4.1　自振特性分析

1. 土体刚度对自振特性的影响

本节分析了土体刚度对高罐（$S = 3.0$）与矮罐（$S = 0.667$）自振频率的影响。表 11-5 给出了两种储罐在六种不同土体条件下自振频率与储罐在刚性地基下的结果对比。

表 11-5　不同土体条件下储罐的自振频率　　　　单位：Hz

储罐	阶数	频率	S_6	S_5	S_4	S_3	S_2	S_1	刚性地基
高罐	1	对流频率	0.246	0.248	0.249	0.250	0.250	0.250	0.250
	2	脉冲频率	0.929	1.328	1.849	2.985	4.320	4.971	5.324
	3	侧向频率	4.031	5.870	8.375	14.810	28.469	51.350	—
	4	转动频率	34.353	40.194	41.850	48.757	72.750	122.623	—

续表

储罐	阶数	频率	S_6	S_5	S_4	S_3	S_2	S_1	刚性地基
矮罐	1	对流频率	0.145	0.145	0.145	0.145	0.145	0.145	0.145
	2	脉冲频率	1.499	2.145	2.957	4.504	5.681	6.025	6.166
	3	侧向频率	5.452	7.266	8.934	11.956	19.961	35.459	—
	4	转动频率	13.969	15.669	19.159	31.313	61.749	114.699	—

从表 11-5 中可以看出，对于高罐与矮罐，土体刚度对脉冲频率、储罐侧向频率与储罐转动频率的影响较大，随着土体刚度的变大，脉冲频率、储罐侧向频率与储罐转动频率也相应地变大。与刚性地基相比，除了储罐的对流频率，在软土地基下的高罐与矮罐的自振频率大幅减小，这表明土体柔性会延长土/基础-储罐-流体耦合体系的自振周期，这就会导致整个耦合体系地震响应的减小，如罐底的加速度、基底剪力与倾覆力矩。然而，对于自由液面对流分量的晃动频率，不同土体条件下储罐内液体的自由晃动频率变化很小，这表明土体刚度对储罐内流体自由晃动的对流频率几乎没有影响，在实际储罐的工程设计中可以忽略储罐内液体对流分量的影响。

2. 高径比对自振特性的影响

为了分析储罐尺寸参数对储罐自振的影响，考虑不同的储罐高径比（$S = H/R$），分别在六种土体条件下对矮罐（$S = 0.667$）进行自振频率分析。图 11-9 给出了储罐的自振频率随液体深度的变化情况。

从图 11-9 中可以得出如下结论：①随着储液高径比的增加，储罐内自由液面的对流晃动运动加剧。②不同土体条件下，当储液高径比接近于 0 时，流体脉冲频率、储罐侧向频率与储罐转动频率比较大，而当储液高径比达到 0.2 甚至更大时，流体脉冲频率、储罐侧向频率与储罐转动频率显著减小。这说明罐内流体的储量能够有效降低储罐结构频率。对于储罐侧向频率，这是由于储罐内流体的刚性脉冲分量产生并作用于储罐罐壁处的动水压力，该压力与罐体一起随地面同步运动，相当于在罐体上施加一个附加质量，从而导致储罐结构周期的延长。对于储罐转动频率，这是由于考虑了土-结构相互作用效应，上部结构不再是一个封闭系统，它与地基之间通过基础进行能量交换，这种能量交换显著改变了上部结构的动力特性，所以罐底基础的转动效应会引起储罐的转动运动，从而产生主要受地基土条件影响的储罐转动频率。③地基刚度越大，储罐结构频率越大，土体 S_6 上的储罐结构频率数值接近于刚性地基假定的计算结果。由此可以看出，土-结构相互作用效应对罐内流体晃动几乎没有影响，对储罐结构及罐内流体的脉冲分量的影响较明显，柔性土体能够显著减小储罐结构的频率响应。

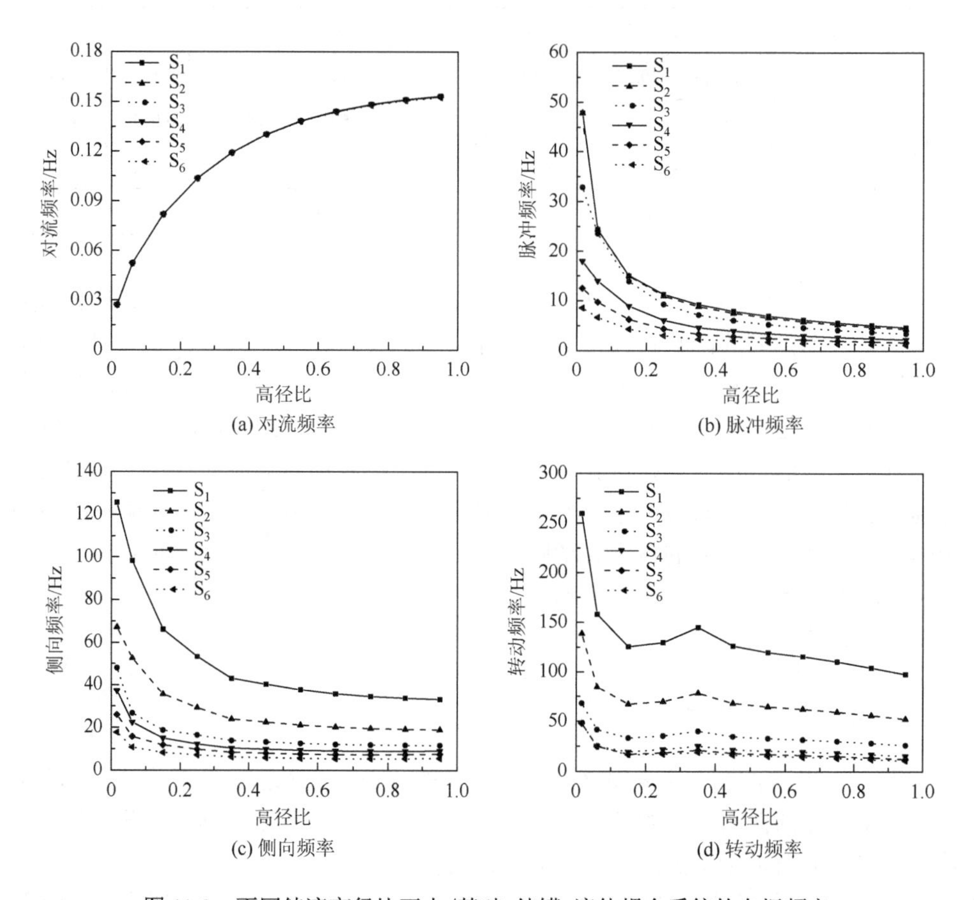

(a) 对流频率　(b) 脉冲频率

(c) 侧向频率　(d) 转动频率

图 11-9　不同储液高径比下土/基础-储罐-流体耦合系统的自振频率

11.4.2　地震响应分析

1. 土体刚度对流体晃动高度的影响

为了分析土体刚度对储罐内自由液面晃动波高的影响，对矮罐（$S=0.667$）分别在六种土体条件下进行了晃动波高的地震响应计算。三种地震波激励下储罐的对流晃动高度峰值如图 11-10 所示。从图中可以看出，对于土体 S_1～S_6，每个地震波作用引起的罐内流体晃动高度之间的偏差很小，说明土体刚度的变化对罐内流体晃动高度几乎没有影响。所以，在储罐的抗震设计中可以不考虑罐内流体的晃动情况。

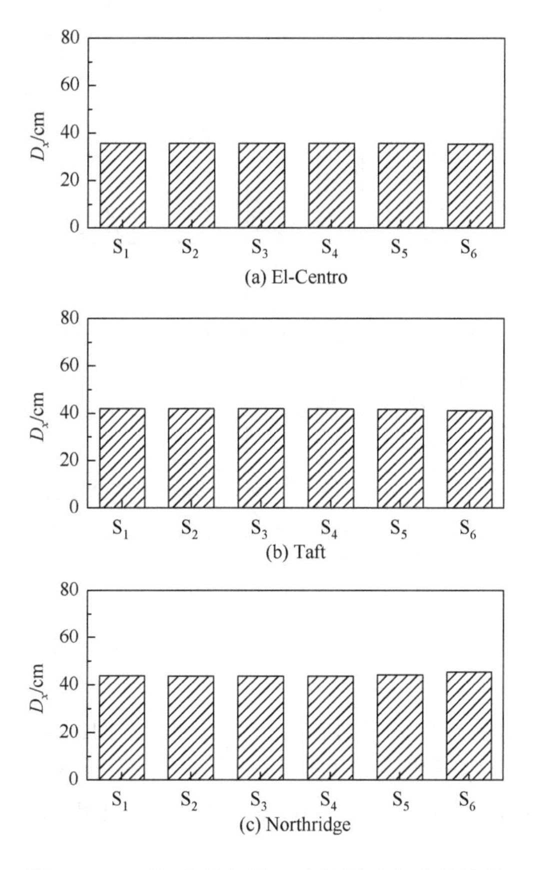

图 11-10　不同土体条件下流体晃动高度的峰值

2. 土体刚度对脉冲质量位移的影响

取矮罐（$S = 0.667$）为研究对象，分析土体刚度对储罐脉冲质量位移的影响。图 11-11 给出了不同土体条件下储罐脉冲质量位移的峰值。从图 11-11 中可以看出，

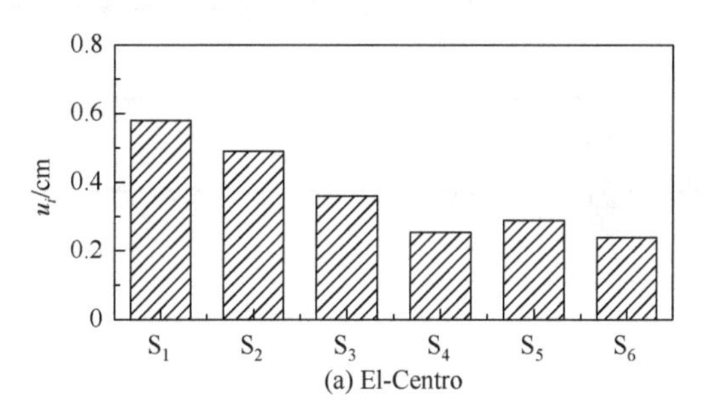

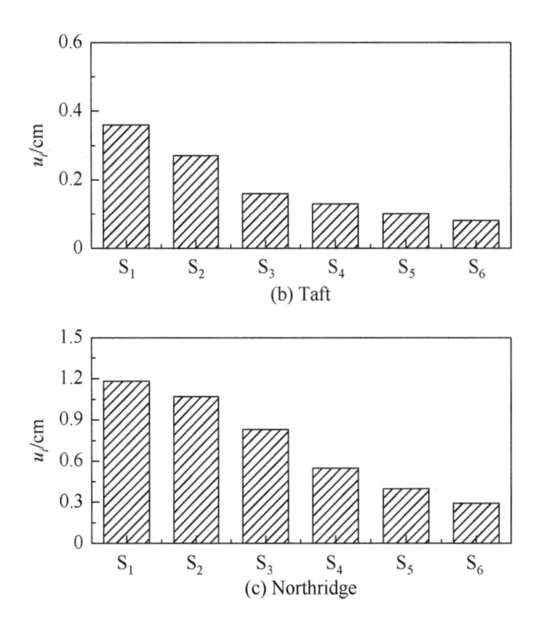

(b) Taft

(c) Northridge

图 11-11　不同土体条件下最大脉冲质量位移

储罐脉冲质量位移峰值随着土体刚度增加而增加。然而，与土体 S_4 和 S_6 相比，土体 S_5 引起了罐内流体脉冲响应的放大。另外，在土体 S_1、S_3 和 S_6 下，罐内流体脉冲质量的位移与加速度地震响应的偏差如图 11-12 所示。由图 11-12 可知，脉冲质量的地震响应随土体刚度的减小而减小。

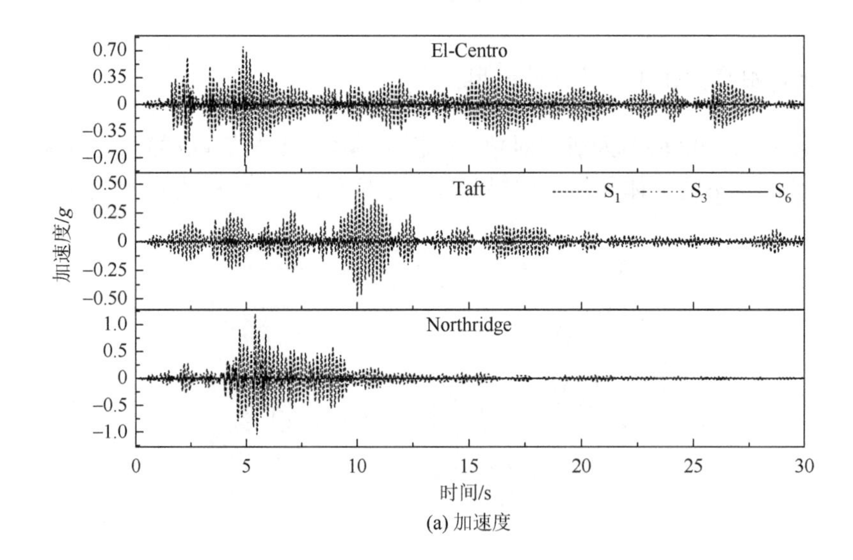

(a) 加速度

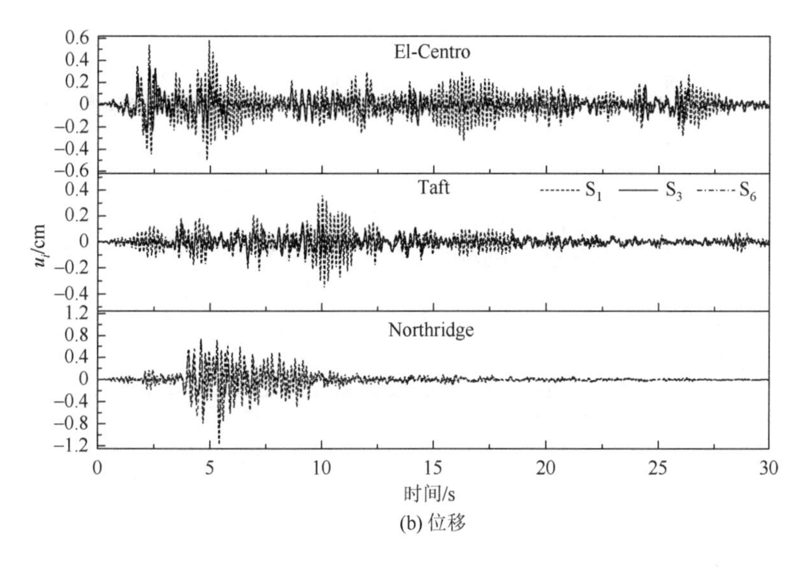

(b) 位移

图 11-12　置于土体 S_1、S_3 和 S_6 上的储罐受三个地震作用的脉冲质量的响应

3. 土体刚度对基底响应的影响

分析六种土体条件下满液储罐在三种地震波作用下的地震响应，El-Centro 波、Taft 波与 Northridge 波激励下储罐的基底剪力与倾覆弯矩峰值如表 11-6 所示。图 11-13 给出了在土体 S_1、S_3 和 S_6 下储罐结构的基底剪力（F_b）和倾覆弯矩（M_b）时程响应曲线。为了表达方便，用 W 和 $WH/2$（$W=mg$）分别对基底剪力 F_b 和倾覆弯矩 M_b 进行归一化。

表 11-6　基底剪力与倾覆弯矩峰值

地震波	响应	土体类别					
		S_1	S_2	S_3	S_4	S_5	S_6
El-Centro	$F_b/(W)$	0.3466	0.3115	0.2449	0.2049	0.2365	0.1923
	$M_b/(WH/2)$	0.7020	0.6645	0.5538	0.4655	0.5548	0.4499
Taft	$F_b/(W)$	0.2250	0.1699	0.1120	0.0967	0.0713	0.0629
	$M_b/(WH/2)$	0.4578	0.3563	0.2550	0.2271	0.1683	0.1489
Northridge	$F_b/(W)$	0.7665	0.7181	0.6053	0.4337	0.3197	0.2283
	$M_b/(WH/2)$	1.6101	1.5517	1.3881	1.0687	0.8037	0.5774

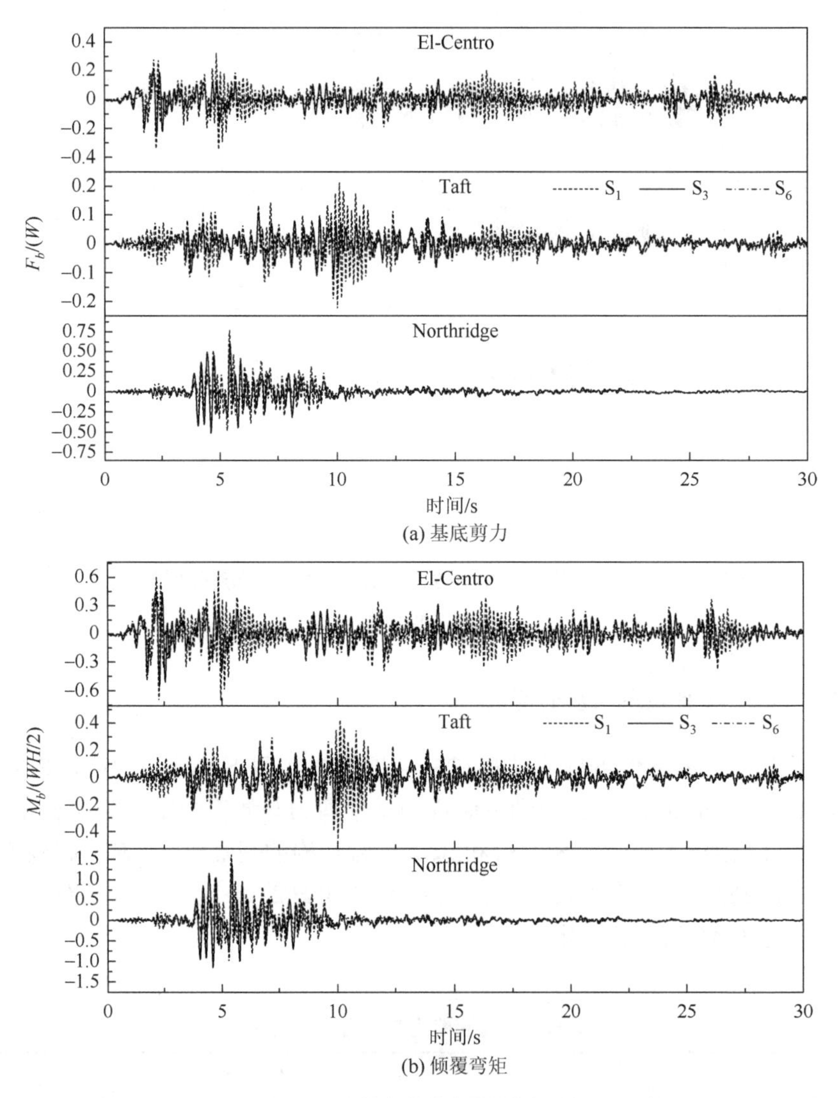

图 11-13　归一化的基底剪力与倾覆弯矩的时程响应

在储罐抗震的工程设计中，储罐基底剪力与倾覆弯矩往往是抗震设计中主要的参考指标。从表 11-6 中可以看出，与土体 S_1 相比，在土体 S_6 下储罐基底剪力与倾覆弯矩峰值有显著的减小。在 El-Centro、Taft 和 Northridge 波激励下，基底剪力分别减小了 45%、72%和 70%，倾覆弯矩分别减小了 36%、67%和 64%。但是，与土体 S_4 及 S_6 相比，土体 S_5 在 El-Centro 波激励下，储罐的基底剪力与倾覆弯矩有明显增加，这是因为 El-Centro 波的能量谱密度函数的质量中心与置于土体 S_5 下储罐结构基频相接近，所以土体 S_5 下储罐结构动力响应会有所放大。

11.5 本 章 小 结

本章研究了考虑土-结构相互作用效应对圆柱形柔性储罐自振特性及地震响应的影响。置于弹性半空间上的充液圆柱形储罐受到水平向地震荷载作用时的地震响应的分析程序被提出。假定储罐初位移与初速度为零，通过原型罐与力学模型罐的基底剪力与倾覆弯矩相等原则，将储罐内流体运动等效为三质点的弹簧-质量模型；通过混合边值法求解出基础的动力阻抗函数，将其等效为系统化集总参数模型，利用子结构法将土/基础-储罐-流体耦合体系转化为多自由度动力学问题。本章数值结果与已有文献解的对比研究，验证了本章所用数值计算程序的正确性和有效性。参数化分析了土体刚度对储罐的自振频率、脉冲质量位移、基底剪力与倾覆弯矩的影响，以及高径比对储罐自振频率的影响，所得结论如下。

（1）土-结构相互作用效应导致脉冲频率、储罐侧向频率和储罐转动频率减小，这有助于降低储罐的动力响应。

（2）土体刚度对罐内液体的对流分量没有显著影响，在储罐的抗震设计中可以忽略软土地基对对流分量的影响。

（3）脉冲质量位移的峰值随着土体刚度的减小而减小。

（4）随着土体刚度的降低，基底剪力和倾覆弯矩的峰值随之减小。因此，在储罐的抗震设计中应该充分考虑土-结构相互作用效应。

参 考 文 献

[1] Haroun M A, Ellaithy H M. Model for flexible tanks undergoing rocking[J]. Journal of Engineering Mechanics, 1985, 111(2):143-157.

[2] Haroun M A. Vibration studies and tests of liquid storage tanks[J]. Earthquake Engineering and Structural Dynamics, 1983, 11(2):179-206.

[3] Haroun M A, Abou-Izzeddine W. Parametric study of seismic soil-tank interaction[J]. I：Horizontal Excitation. Journal of Structural Engineering, 1992, 118(3):783-797.

[4] Wu W H, Lee W H. Systematic lumped-parameter models for foundations based on polynomial - fraction approximation[J]. Earthquake Engineering and Structural Dynamics, 2002, 31(7)： 1383-1412.

[5] Gazetas G. Formulas and charts for impedances ofsurface and embedded foundations[J]. Journal of Geotechnical Engineering, ASCE, 1991, 117(6):1363-1381.

[6] Luco J E, Mita A. Response of a circular foundation on auniform half-space to elastic waves[J]. Earthquake Engineering and Structural Dynamics, 1987, 15(1):105-118.

[7] Kim J M, Chang S H, Yun C B. Fluid-structure-soil interaction analysis of cylindrical liquid storage tanks subjected to horizontal earthquake loading[J]. Structural Engineering and Mechanics, 2002, 13(6):615-638.

[8] Veletsos A S, Tang Y. Soil-structure interaction effects for laterally excited liquid storage tanks[J]. Earthquake Engineering and Structural Dynamics, 1990, 19(4):473-496.